中等职业教育改革创新示范教材

室内装饰设计与制作项目教程
——3ds Max 2012（中文版）

主　编　高宝芹
副主编　唐　勇
参　编　闵祥鹤　仲丽春

机械工业出版社

本书采用项目引领、任务驱动的方式编写。全书共计10个项目，按照3ds Max 2012（中文版）基础知识介绍、书房、客厅、餐厅、卧室等空间装饰物模型制作的顺序进行介绍，使读者在轻松的气氛中学习3ds Max 2012（中文版）的界面及相关命令。每个项目都包括项目描述、学习目标、项目实施、项目总结和项目实践5个环节。

本书可作为各类职业院校计算机平面设计专业、室内装饰装潢专业的教材，也可以作为广大自学爱好者的参考用书。

本书配有源文件及项目素材，可登录机械工业出版社教材服务网（www.cmpedu.com）以教师身份免费注册下载或联系编辑（010-88379197）咨询。

图书在版编目（CIP）数据

室内装饰设计与制作项目教程：3ds Max 2012：中文版/高宝芹主编．—北京：机械工业出版社，2013.8

中等职业教育改革创新示范教材

ISBN 978-7-111-42817-6

Ⅰ.①室…　Ⅱ.①高…　Ⅲ.①室内装饰设计-计算机辅助设计-三维动画软件-中等专业学校-教材　Ⅳ.①TU238-39

中国版本图书馆CIP数据核字（2013）第184366号

机械工业出版社（北京市百万庄大街22号　邮政编码100037）
策划编辑：梁　伟　责任编辑：李绍坤
责任校对：张　力　封面设计：陈　沛
责任印制：乔　宇
北京机工印刷厂印刷（三河市南杨庄国丰装订厂装订）
2013年10月第1版第1次印刷
184mm×260mm · 16.25印张 · 401千字
0 001—3 000册
标准书号：ISBN 978-7-111-42817-6
定价：39.00元

凡购本书，如有缺页、倒页、脱页，由本社发行部调换

电话服务	网络服务
社服务中心：(010)88361066	教材网：http://www.cmpedu.com
销售一部：(010)68326294	机工官网：http://www.cmpbook.com
销售二部：(010)88379649	机工官博：http://weibo.com/cmp1952
读者购书热线：(010)88379203	**封面无防伪标均为盗版**

本书是为了适应各类职业院校培养计算机应用（平面设计）及软件领域技能紧缺人才的需要而编写的，可作为计算机平面设计专业、室内装潢专业的教材，也可以作为有关方面的培训参考用书，同时也适合对3ds Max软件感兴趣的广大自学爱好者使用。全书以简明通俗的语言和生动的项目实例，详尽地介绍了3ds Max 2012（中文版）在建模、材质、灯光、摄像机和动画等方面的基本使用方法与操作技巧，通过大量的实践训练，突出对实际操作技能的培养。

本书项目内容丰富、覆盖面广，操作步骤解说详细。从实用性、易掌握性出发，简明易懂，重点突出，可操作性强。全书共10个项目，每个项目都包括项目描述、学习目标、项目实施、项目总结和项目实践5个环节。项目1介绍3ds Max 2012（中文版）基础知识概述、用户界面和一些基本操作。项目2～项目8按照书房、客厅、餐厅、卧室等空间顺序，以任务驱动的方式进行了大量家居及装饰物品的模型制作及材质的添加，在具体的任务制作中详细介绍了二维图形建模、三维几何体建模和编辑方法。在对创建的各种模型添加材质时，详细讲解了3ds Max 2012（中文版）的基本材质和贴图技术。项目9以客厅为例介绍了墙体、窗户、天花的制作方法以及客厅灯光的布设和摄影机的架设方法。在该项目中，并没有按照操作流程将前面创建的各家居及装饰物合并到室内空间中，只是介绍了合并方法。这样做的目的是想留给读者足够的想象空间，让读者根据个人爱好和习惯合理布局，以培养和提高读者的发散思维能力和审美能力。最后用摄影机技术制作室内空间游历动画效果，给人以身临其境的感觉。项目10是在前面所学知识的基础上，重点对3ds Max 2012软件的动画制作功能进行讲解，并通过具体的动画制作任务达到使学生掌握的目的，以扩展学生的视野。

建议本课程在多媒体机房或理实一体室采用边讲边练、讲练结合的方式进行教学。

教学建议：总计90学时，学时分配见下表。

项　　目	动手操作学时	理论学时
项目1 初识3ds Max 2012	2	2
项目2 制作书房装饰物	5	3
项目3 制作客厅摆设及装饰物（一）	6	3
项目4 制作客厅摆设及装饰物（二）	4	2
项目5 制作餐厅物品	4	2

（续）

项　　目	动手操作学时	理论学时
项目 6 设计与制作卧室家具及装饰物	8	4
项目 7 制作灯具	6	3
项目 8 制作门窗	5	3
项目 9 制作客厅效果图	8	4
项目 10 制作动画	6	4
机动	4	2
总计	58	32

本书由高宝芹任主编，唐勇任副主编，参加编写的还有闵祥鹤和仲丽春。其中，高宝芹编写了项目 1、项目 3、项目 6、项目 9 和项目 10，唐勇编写了项目 2、项目 4 和项目 8，闵祥鹤编写了项目 7，仲丽春编写了项目 5。

由于编者水平有限，书中难免存在疏漏和不足之处，敬请读者批评指正。

编　者

项目1　初识3ds Max 2012

本项目主要对3ds Max 2012（中文版）的基础知识进行介绍，使初学者初步认识3ds Max 2012（中文版）的界面及界面中各区域的用途，了解3ds Max 2012（中文版）软件的启动和退出方法以及常用单位的设置方法，为后续项目的顺利实施打下良好的基础。

1）了解3ds Max的工作界面和各区域的用途。

2）掌握单位的设置方法。

任务　3ds Max 2012基础知识介绍

1. 3ds Max 2012简介

3ds Max 2012是Autodesk公司开发的基于Windows操作系统的优秀三维制作软件。使用该软件可以在虚拟的三维场景中创建出精美的模型，并能生成精美的图像和视频动画文件，目前已被广泛应用于建筑装潢、工业造型、影视动画等设计领域。从诞生以来，该软件已经荣获近百项行业大奖，获得了业内人士的诸多好评，成为Windows操作系统下3D设计师的首选开发工具。用户通过使用3ds Max可以创建出各式各样的模拟现实效果及生动逼真的动画场景。

2. 3ds Max 2012的启动和退出

3ds Max 2012的启动非常简单，只要在计算机桌面上找到3ds Max 2012的启动图标，然后双击鼠标左键即可。还可以执行“开始”→“所有程序”→“Autodesk”→“3ds Max 2012”→“3ds Max 2012”命令，启动 3ds Max 2012（中文版）。其启动界面如图 1-1 所示。

图 1-1

等待几秒就可以看到 3ds Max 2012（中文版）的用户工作界面，如图 1-2 所示。

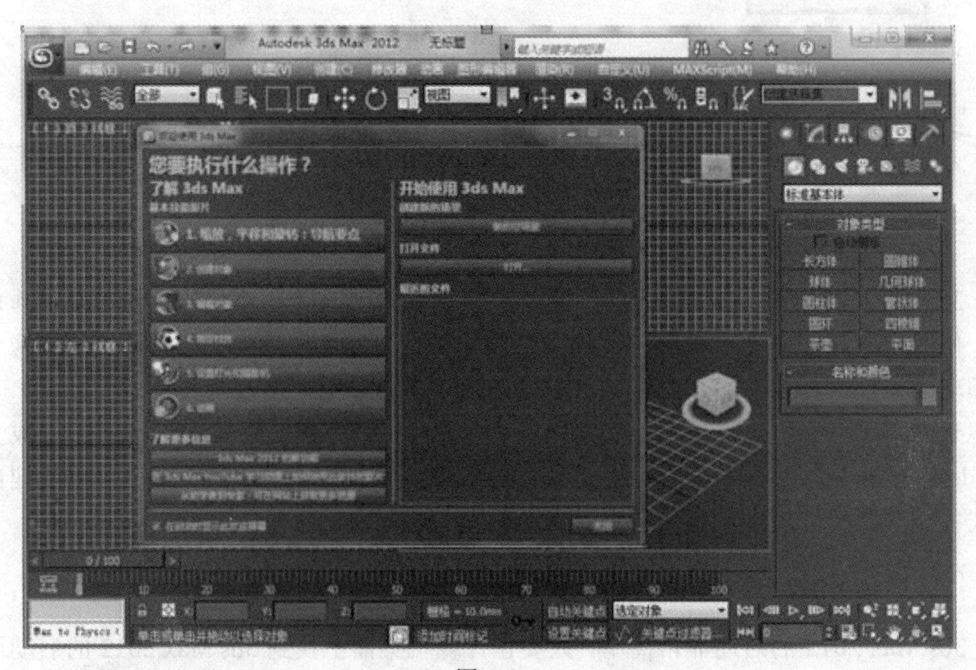

图 1-2

当不需要运行 3ds Max 或者在制作完成一个项目后需要退出时，只需保存制作完成的项目，然后单击 3ds Max 工作界面右上角的“关闭”按钮即可。

3．3ds Max 2012 的新特点及界面的更改方法

随着 3ds Max 版本的不断提升，其功能日趋完善，操作也更加人性化。3ds Max 2012 在建模方面改变了子对象编辑中的工作界面，使用新的助手界面，可以用参数化方式设置子对象，并立即在视口中查看结果。在材质方面，新增了“板岩”材质编辑器，用户可以更直观地编辑材质。在渲染方面，新增了 Quicksilver 硬件渲染器，使用图形硬件生成渲染，能够快速渲染场景并设置渲染级别。在动画方面，新增了 CAT 角色动画工具集，使角色动画的设置更为简便。还有其他共 25 项新增功能，这些新增功能全面提升了 3ds Max 2012 的使用性能。

为了更好地学习 3ds Max 2012，首先需要了解其初始界面的设置方法。当启动 3ds Max 2012 时，首先看到的是以黑色为主题的 UI 界面，如图 1-2 所示。在开始讲解之前对软件的初始界面进行了修改，读者可以根据自己的喜好及应用范畴进行更改或者依旧保持 3ds Max 2012 默认的界面。

更改 3ds Max 2012 界面的方法如下。

1）启动 3ds Max 2012 后，执行“自定义”→“自定义 UI 与默认设置切换器”命令，打开“为工具选项和用户界面布局选择初始设置”对话框，如图 1-3 所示。

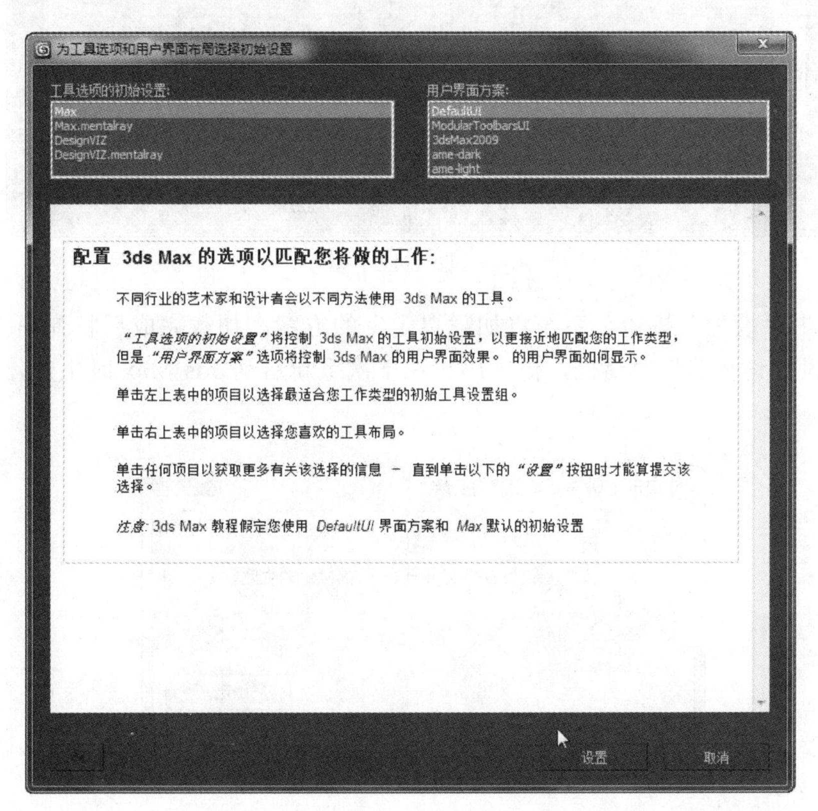

图 1-3

2）在“用户界面方案”列表中选择“ame-light”选项，如图 1-4 所示。

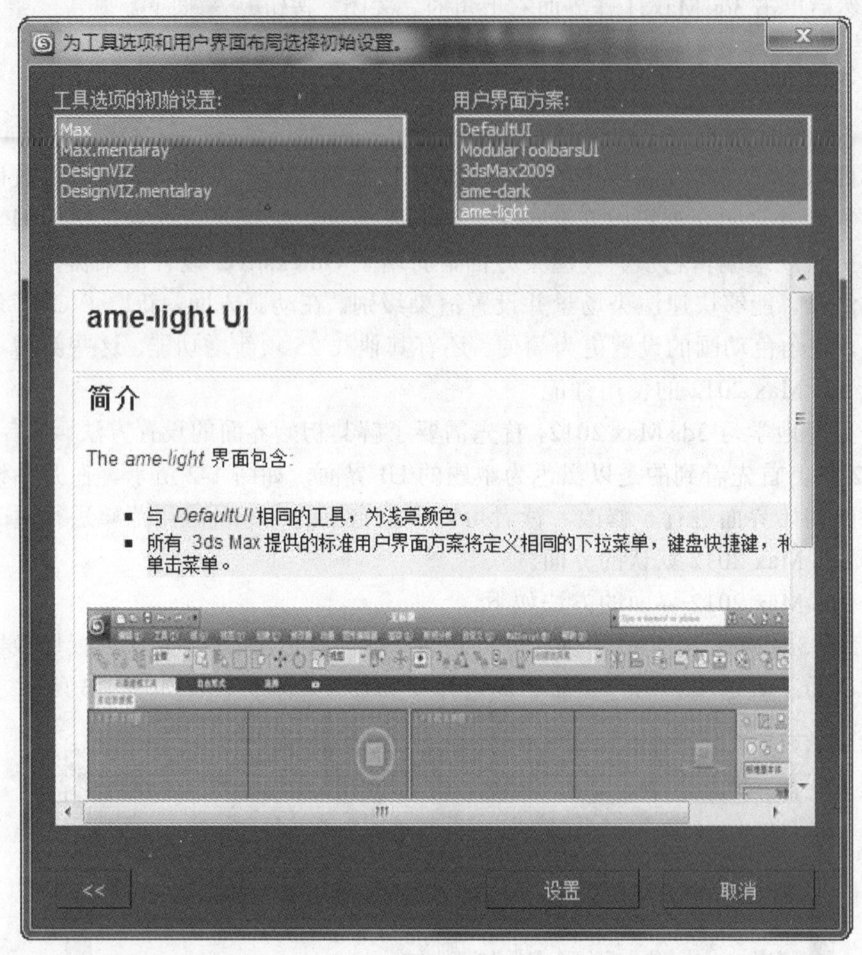

图 1-4

3）单击“设置”按钮，系统将加载自定义的方案，加载完成后将弹出“自定义 UI 与默认设置切换器”对话框，提示用户在下次重新启动 3ds Max 时生效，如图 1-5 所示。

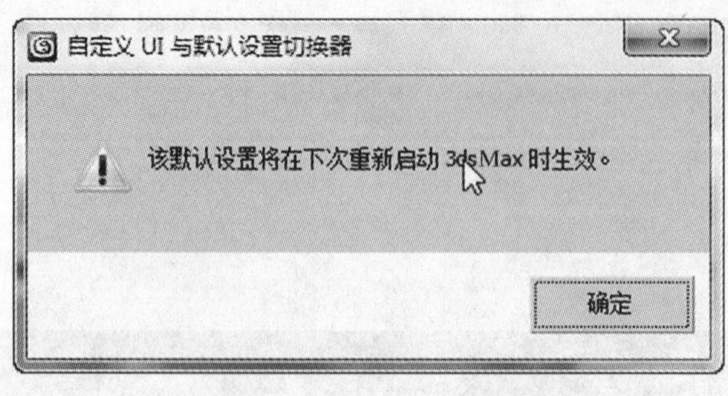

图 1-5

4）单击“确定”按钮，再单击软件界面右上角的“关闭”按钮，关闭 3ds Max 2012。再次启动 3ds Max 2012，此时的界面如图 1-6 所示。

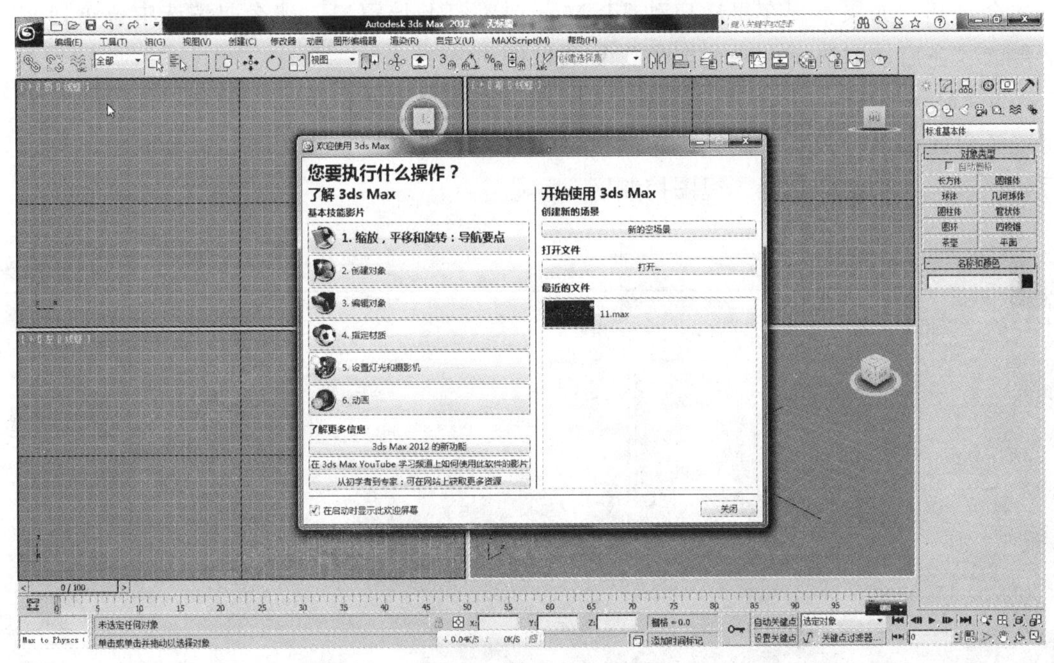

图 1-6

4. 3ds Max 2012 的基本布局

第一次启动 3ds Max 2012 时，会打开一个“欢迎屏幕”窗口，如图 1-7 所示。

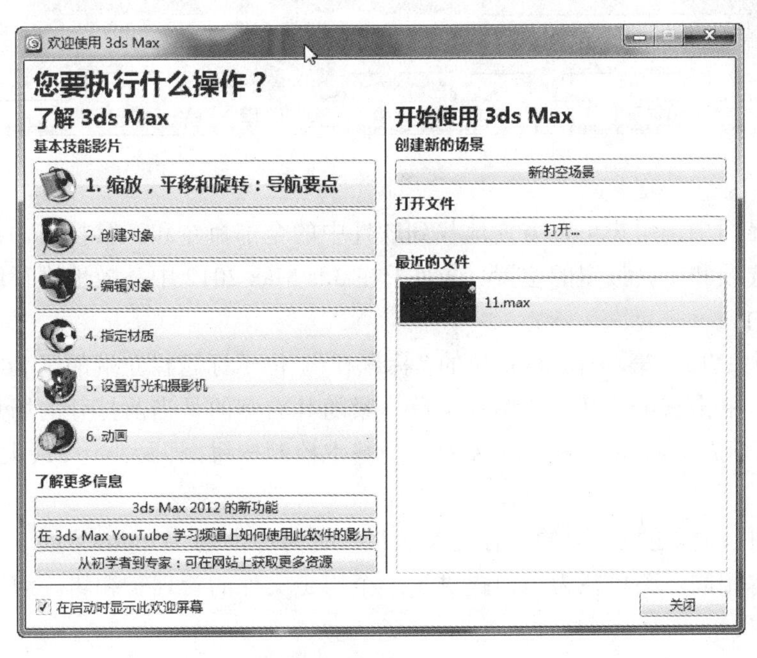

图 1-7

在该窗口中包含6个模块，如果已经连接互联网，则单击不同的按钮可以观看相关功能的技能影片。单击“关闭”按钮可以关闭该窗口。每次启动3ds Max时，该窗口都会打开。如果不想在每次启动3ds Max时都打开该窗口，那么取消选中该窗口左下角的“在启动时显示此欢迎屏幕”复选框即可。

3ds Max 2012的工作界面如图1-8所示。它不仅简洁、美观，而且更加方便、易用。其界面可以分为8个区域，标题栏、菜单栏、工具栏、视图区、命令面板、提示行和状态栏、动画控制区、视图控制区。

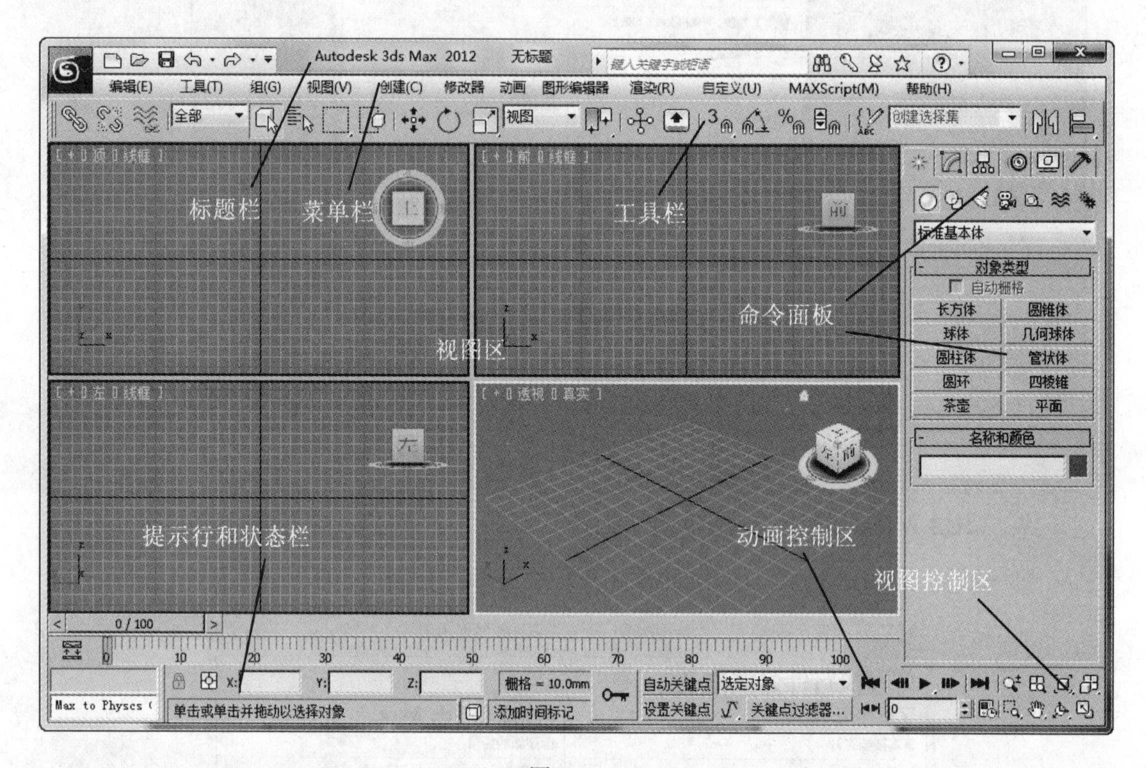

图 1-8

在整个界面中，用户可以方便地找到软件中的全部命令和工具按钮，熟悉工作界面中各命令选项和工具按钮的位置。这对于在3ds Max 2012中高效地进行编辑与创作是很有帮助的。

1）标题栏：顶部第一行，是系统的“标题栏”。位于标题栏左端的是3ds Max 2012的程序图标，单击它可打开一个图标菜单，紧随其右侧的是当前打开的场景文件名称和软件名称。标题栏右端是Windows的3个基本控制按钮，即最小化、最大化（还原）、关闭。

2）菜单栏：标题栏下面的一行是菜单栏。它与标准的Windows程序菜单模式及使用方法基本相同。菜单栏为用户提供了一个用于文件的管理、编辑、渲染及寻找帮助的用户接口。

3）工具栏：位于菜单栏的下方，由主工具栏和多个浮动工具栏组成。工具栏中许多工具按钮的功能与菜单栏命令是完全相同的，但是使用工具按钮更直观、更快捷。其中以主工具栏最为常用，它包含了一些使用频率很高的工具，如选择按钮、旋转按钮等。由于按钮图标太多，不能全部显示出来，此时可以把鼠标指针放置在工具栏上的任一空白处，当鼠标指针变成一个手形形状时，左右拖曳工具栏即可把隐藏的按钮图标显示出来。下面简要介绍一些常用按钮的功能。

选择并链接：单击该按钮可以把两个物体链接，使它们产生“父子”关系。

断开当前选择链接：单击该按钮可以把两个有“父子”关系的物体断开联系，使它们都成为独立的物体。

绑定到空间扭曲：单击该按钮可以把选择的物体绑定到空间扭曲物体上，使它们受空间扭曲物体的影响。

全部 选择过滤器：单击此下拉按钮可以按照3ds Max提供的选择方式选择场景中的物体，默认设置为“全部”。

选择对象：单击该按钮后可以在场景中选择物体，被选中的物体会以白色模式显示。

按名称选择：单击该按钮后将会打开“从场景选择”对话框，在该对话框中可以按照物体的名称选择它们。该按钮对于在比较复杂的场景中选择物体有很大的帮助。

矩形选择区域：使用鼠标按住该按钮可以打开一个下拉按钮列表，它们分别是矩形选择区域、圆形选择区域、围栏选择区域、套索选择区域、绘制选择区域。系统默认设置是矩形选择区域。在场景中拖动鼠标时，分别会以矩形、圆形、多边形、自由形状、绘制方式选择物体。

窗口/交叉：激活该按钮后，只有当一个物体全部位于选择框内时才能够被选择。

选择并移动：使用该工具，可以按一定的方向（按轴向）移动选择的物体。

选择并旋转：使用该工具，可以按一定的方向（按轴向）旋转选择的物体。

选择并均匀缩放：使用该工具，可以把选择好的物体按总体等比例进行缩放。如果把鼠标放在该按钮上并按住不动，那么将会打开两个新的缩放按钮，它们分别是“选择并非均匀缩放”和“选择并挤压”。

视图 参考坐标系：单击此下拉按钮，将会打开一个下拉菜单，在该菜单中可以选择不同的坐标系统。共包含7种选项，一般使用“视图”即可。

使用轴点中心：单击该按钮时，将使用物体自身的轴心作为操作中心。如果把鼠标放在该按钮上并按住不动，则将会打开两个新的按钮。其功能也各不相同，其中，单击“使用选择中心”按钮可将使用选择的轴心作为操作中心；单击“使用变换坐标中心”按钮可将使用当前坐标系统的轴心作为操作中心。

3 捕捉开关：单击该按钮可以锁定三维捕捉开关。如果把鼠标放在该按钮上并按住不动，则会打开两个新的按钮，分别是2和2.5。单击2按钮时可以锁定二维捕捉开关；单击2.5按钮时可以锁定2.5维捕捉开关。

角度捕捉切换：单击该按钮可以锁定角度捕捉开关。此时，在执行旋转操作时，将会把物体按固定的角度进行旋转。在该按钮上单击鼠标右键即可打开“栅格和捕捉设置”对话框，在打开的对话框中可设置捕捉角度，系统默认的捕捉角度是2°。

镜像：单击它可以按指定的坐标轴把一个物体以轴对称方式复制到另外一个方向上。在制作效果图时经常会使用该按钮。

对齐：单击该按钮可以使一个物体与另外一个物体在方位上对齐。如果把鼠标指针放在该按钮上并按住不动，则会打开5个新的按钮，鼠标指向该按钮时即可显示其功能。

材质编辑器：单击该按钮可以打开材质编辑器。材质编辑器是一个非常重要的窗口，它用于设置物体的材质，快捷键是<M>。

渲染设置：单击该按钮可以打开一个渲染对话框，用于对当前的场景进行渲染选项设置。

渲染帧窗口：单击该按钮用于打开渲染帧的窗口。

渲染产品：单击该按钮可以对当前视图进行快速渲染，快捷键是<F9>。

曲线编辑器：该工具主要在编辑动画时使用。单击该按钮，可以打开曲线编辑器窗口，通过在该窗口中调节相应的曲线点来改变物体的运动速度，使得制作出来的动画效果更接近现实。

4）视图区：系统默认的视图区共有4个视图，分别是顶视图、前视图、左视图和透视图。这4个视图是用户进行操作的主要工作区域，当然它还可以通过设置转换为其他视图。视图的转换可以通过在视图区上部的名称上单击鼠标左键或右键，在弹出的快捷菜单中进行选择，如图1-9所示。除此之外，也可以使用快捷键进行快速切换，如按<C>键切换为“摄影机”视图，按<F>键切换为“前”视图，按<B>键切换为“底”视图，按<U>键切换为“正交”视图，按<P>键切换为“透视”视图。

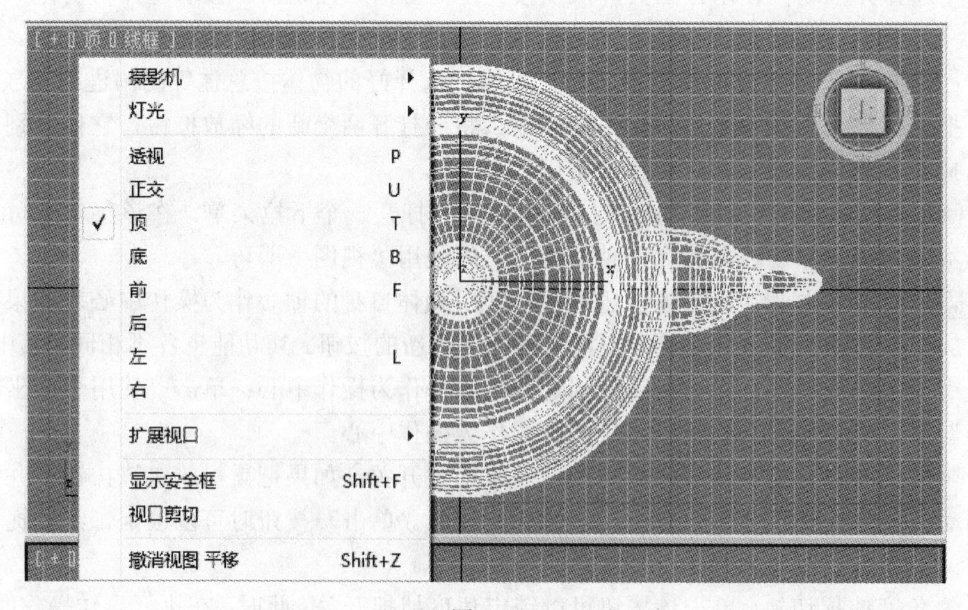

图 1-9

正常情况下，透视图是三维图，其他几个视图都是二维平面视图。在各视图的空白位置单击鼠标左键或右键，可激活视图，边缘框呈黄色显示，表示当前视图被选中，可对其进行操作，其他视图不变。

若将顶视图的二维显示切换为三维显示，可在顶视图左上角“线框”处单击鼠标左键或右键，执行“真实”（可理解为真实的三维显示效果）命令，可以看到物体在顶视图的三维效果，如图 1-10 所示。前视图、左视图也可用同样的方法进行二维到三维的显示方式的转换。

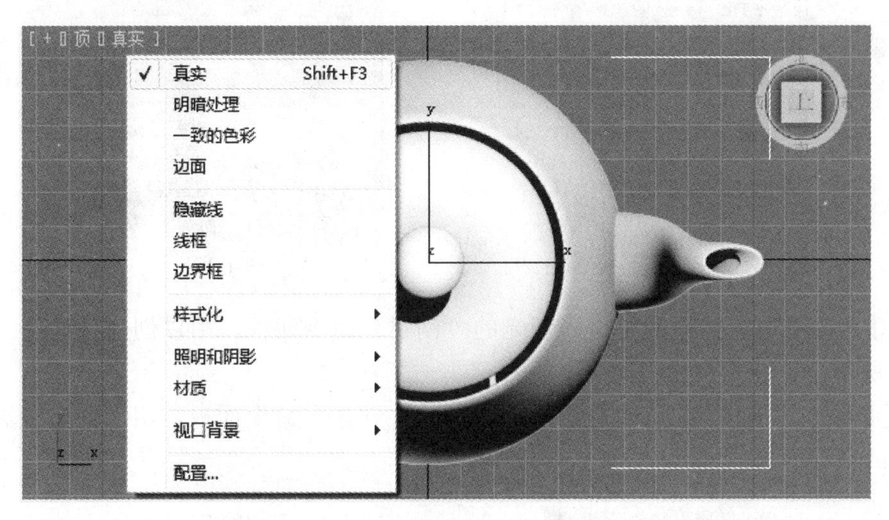

图 1-10

5）命令面板：在默认设置下，命令面板位于屏幕的右侧，它是用户访问最频繁的区域之一，同时也是 3ds Max 的核心工作区域。它包含了大多数工具和命令，对象的创建、修改以及动画设置等大部分工作都可以在这里完成。命令面板包含“创建”“修改”“层次”“运动”“显示”和“实用程序”6 类主体命令，每个主体命令下有各自的命令内容，有些内容还有命令分支，其中“创建”命令面板的层次最深。

每个面板都有卷展栏，其中包含按功能划分的命令和参数，卷展栏可以展开或折叠。要浏览整个面板，可以在空白区域进行拖动，或者拖动右侧边缘的窄滚动条。下面简单介绍各命令面板。

①“创建”命令面板。使用该面板可以创建需要的模型。“创建”命令面板下各按钮的功能如下：

几何体：单击该按钮即可进入三维物体的“创建”命令面板，如图 1-11 所示。单击该命令面板中的按钮，可以创建各种标准的三维物体。通常，在创建出基本物体后，再通过修改器中的修改命令将其转换为需要的形状。

注意：在创建模型时需要为它命名，在创建面板的底部名称输入文本框中就可以为模型设置名称。另外，在名称输入文本框右侧有一个颜色框，单击这个颜色框将会打开一个颜色设置对话框，使用它可以为所创建的模型设置和改变颜色。

图形：单击该按钮即可进入二维物体的“创建”命令面板，如图 1-12 所示。使用该面板中的按钮，可以创建线形、矩形等二维图形。

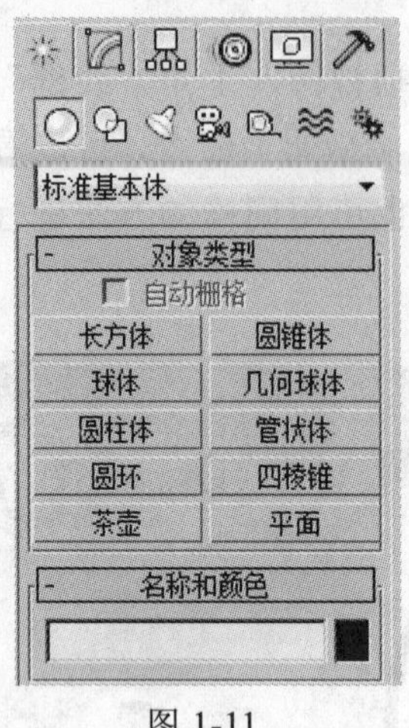

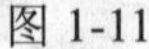
图 1-11

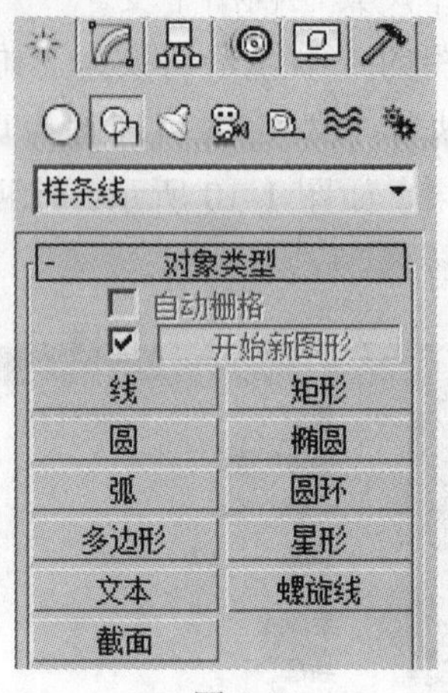

图 1-12

灯光：单击该按钮即可进入灯光的“创建”命令面板，用以创建各种灯光，如图 1-13 所示。

摄影机：单击该按钮即可进入摄影机的“创建”命令面板，用以创建摄影机，如图 1-14 所示。

图 1-13

图 1-14

②“修改”命令面板。“修改”命令面板用于对制作的模型进行修改，其中包含了 80 多条修改命令。“修改”命令面板中的修改器列表右侧有一个下拉按钮，单击该按钮就会打开一个修改命令菜单。

注意：只有在场景中创建了物体后，该下拉菜单才可用，否则在该菜单中不显示任何内容。

在对场景中制作的物体执行了修改命令之后，这些修改操作将被记录到“修改”命令面板中的一个区域中，并在该区域显示，这个区域称为修改堆栈，如图 1-15 所示。

③“层次”命令面板，如图 1-16 所示。该面板用于调节各相互关联的物体之间的层次关系，通过把一个对象与另一个对象相链接，可以创建“父子”关系，应用到“父”对象的变换同时将传递给“子”对象。通过将多个对象同时链接到“父”对象和“子”对象，可以创建复杂的层次。

图 1-15

图 1-16

④“运动”命令面板，如图 1-17 所示。该面板主要用于为物体设置动画、控制物体的运动轨迹。

参数：使用它可以指定动画控制器，也可以添加和删除关键帧。

轨迹：用于显示物体的运动轨迹。

“运动”命令面板包含几个卷展栏，分别用于指定控制器的类型、设置 PRS 参数、位置 XYZ 参数和关键点的基本信息。

⑤“显示”命令面板，如图 1-18 所示。该面板主要用于控制物体在视图中的冻结、显示和隐藏属性，从而可以更好地完成场景制作，加快画面的显示速度。

图 1-17

图 1-18

隐藏：是让选择的物体在视图中不显示出来，但是它们依然存在。在渲染时隐藏的物体不被渲染。将当前不需要的物体隐藏起来是为了加快视图的显示速度。

冻结：是把视图中的物体像冰冻物体那样冻结起来，冻结后的物体不能被选择，也不能被操作，而且不再占用系统的显示资源，从而提高视图的显示速度。

6）视图控制区：屏幕右下角有 8 个按钮，是当前激活视图的控制工具，主要用于调整视图显示的大小及方位。它可以对视图进行缩放、局部放大、满屏显示、旋转以及平移等显示状态的调整。视图控制区中有几个右下方带有小三角的按钮，如果在这些按钮上单击鼠标，则会弹出多个小按钮。这些按钮具有不同的作用，而且还会经常使用到，如图 1-19 所示。

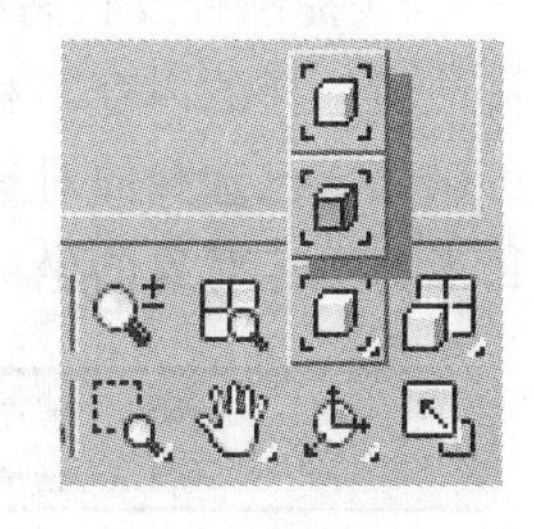

图 1-19

下面简单介绍视图控制区中各按钮的作用。

缩放：单击任意视图，然后按住鼠标左键上下拖动即可放大或者缩小视图中的物体。

缩放所有视图：单击任意视图，然后按住鼠标左键上下拖动即可同时放大或者缩小所有的视图。

最大化显示选定对象：单击任意视图的某一物体，然后单击该按钮，可以使选定物体在该视图中最大化显示。

最大化显示：单击任意视图，然后单击该按钮，可以使该视图所有物体最大化显示。

所有视图最大化显示：单击任意视图，然后单击该按钮即可使所有视图同时最大化显示。

缩放区域：单击该按钮，在任意视图中选中需要缩放显示的区域，即可将选定区域缩放。

平移视图：单击该按钮，即可在任意视图中拖动鼠标移动该视图，以方便观察视图效果。

环绕：单击该按钮，当前处于激活状态的视图就会显示出一个黄色的指示圈，并带有 4 个手柄，用户可以把鼠标移动到这个圈内或圈外，或者 4 个手柄上，然后按住鼠标左键拖动，这样可以使视图以弧状方式进行移动。

最大化视口切换：单击该按钮后，当前处于激活状态的视图将以最大化视口显示。再次单击该按钮，视图将恢复到原来的大小。

注意：视图控制区中的有些按钮会根据当前被激活视窗的不同而发生变化。摄影机视图控制区如图 1-20 所示。

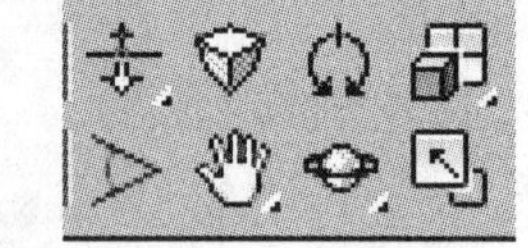

图 1-20

推动摄影机：该按钮组的作用是沿着目标点与摄影机的连线推动摄影机，在推动过程中，画面的透视效果保持不变，只是改变拍摄景物的远近效果。使用该按钮，可以制作出景物由近渐远或由远及近的动画。

透视：该按钮的作用是对摄影机的镜头尺寸和视阈进行微调，在保持拍摄主体不变的情况下，改变摄影机视图的透视效果。

摇动摄影机：该按钮的作用是通过摇动摄影机，使摄影机视图产生水平倾斜。

视阈：该按钮的作用是改变摄影机视阈的大小。

转动摄影机：该按钮组中包含两个按钮。默认按钮的作用是以目标点为轴心转动摄影机。另一个按钮的作用是以摄影机为轴心，转动摄影机的目标点。

7）提示行及状态栏：提示行和状态栏位于屏幕的底部。状态栏主要用于显示用户目前所选择的内容。利用状态栏左侧的“选择锁定切换”按钮或按键盘上的空格键，可以锁定已选择的对象，以免误选其他对象。状态栏还随时提供用户鼠标指针的位置和当前所选对象的坐标信息，如图 1-21 所示。

图 1-21

8）动画控制区：位于屏幕的下方，此区域的按钮主要用于制作动画时进行动画的记录、动画帧的选择、动画的播放以及动画时间的控制，如图 1-22 所示。

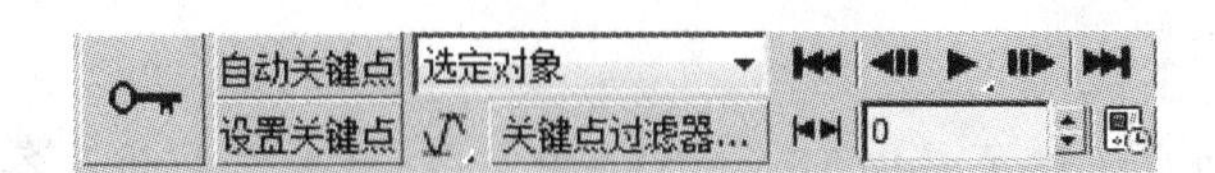

图 1-22

5. 单位设置

操作步骤

1）启动 3ds Max 2012（中文版）。

2）执行“自定义”→“单位设置”命令，打开“单位设置”对话框。

3）在“单位设置”对话框中选中“公制”单选按钮，在下拉列表中选择“毫米”选项，单击“系统单位设置”按钮，如图 1-23 所示。

4）此时将打开“系统单位设置”对话框，在“系统单位比例”选项组中的下拉列表中选择“毫米”选项，单击“确定”按钮，如图 1-24 所示。

5）再返回到“单位设置”对话框中单击“确定”按钮，此时单位设置已完成。在后面的制作中使用的单位全部为“毫米”，不再重复说明。

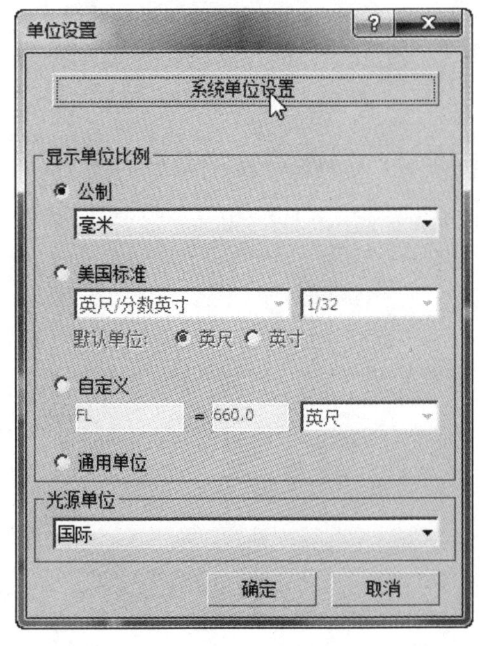

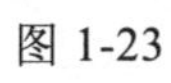

图 1-23

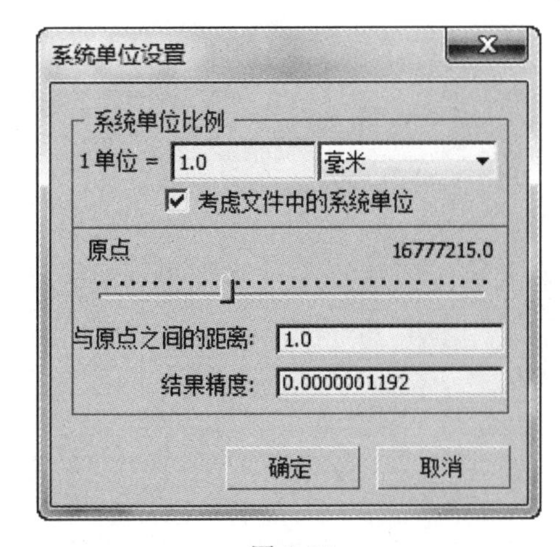

图 1-24

提示：也可以将单位设置为“厘米”，这样在建模过程中可以少输入一个“0”，具体情况也可以根据公司的整体要求来确定。

通过本项目，初步认识了 3ds Max 2012(中文版)的工作界面及各个区域的功能，学习了如何将单位设置为“毫米”的操作方法，方便今后建模时单位的统一。

1）进一步熟悉 3ds Max 2012 软件的工作界面，理解并掌握界面中各区域的功能以及常用命令按钮的含义。

2）掌握 3ds Max 的单位设置方法。

项目 2 制作书房装饰物

本项目分为 4 个任务，分别是显示器、电脑桌、电脑椅及书架的制作。这 4 个物品是书房常用的摆放物品，所以放在一个项目中。通过该项目中各实例的制作，学习建模的一些常用命令，例如，“编辑网格”“挤出”“倒角”等。为了使各模型达到逼真的效果，该项目还使用了“材质编辑器”和“UVW 贴图”。

1）掌握“长方体”和“切角长方体”等基本对象的创建方法，以及参数的精确修改。

2）掌握“编辑网格”修改命令的使用方法和技巧，学会对“编辑网格”的“点”和“多边形”子对象进行相应操作。

3）掌握“倒角”和“挤出”修改命令的使用方法。

4）掌握“选择”“移动”“旋转”“对齐”等工具的用法。

5）掌握运用“材质编辑器”调制材质以及赋材质给模型的方法，掌握“UVW 贴图”修改命令的运用方法和参数的设置。

相关知识介绍

1）“编辑网格”修改命令：在“修改”命令面板中对三维模型执行了“编辑网格”修改命令后，可以在堆栈列表中单击“编辑网格”前面的⊞按钮，展开顶点、边、面、多边形和元素 5 个子对象层级，选择某一子对象层级后即可对该子对象进行选择和相应的编辑操作，如移动、缩放等。

2）“挤出”：“挤出”修改命令的作用是将二维图形拉出厚度，使之变成三维模型，这是将二维图形转换成三维模型的最简单、最直接的方法。

“挤出”修改命令的主要参数有“数量”，设置拉伸的厚度；“段数”，设置拉伸后的模型在厚度方向上的分段数；“封口”，本组选项用于设置拉伸后得到的模型是否有顶面和底面（默认情况下，这两个复选框均被选中）。

3）“倒角”：“倒角”修改命令与“挤出”修改命令类似，但“倒角”修改命令可以在模型的拉伸面制作出倒角效果。

4）“复制”：复制对象也成为克隆对象，在场景中如果需要若干相同的对象，则可以用复制对象的方法来实现。按住<Shift>键的同时执行变换操作（包括移动、旋转和缩放），均会打开“克隆选项”对话框。

“克隆选项”对话框中常用的参数有“复制”，该选项生成与原始对象没有关联的复制对象；“实例”，该选项生成与原始对象有关联的复制对象，即修改原始对象，复制对象同时也被修改，修改复制对象，原始对象也被修改；“参考”，该选项生成的复制对象与原始对象有单向关联，即修改原始对象，复制后的对象同时被修改，修改复制对象，原始对象不会被修改；“副本数”，可在该文本框中输入复制对象的数目。

5）“对齐”：在效果图制作中，有些物体必须要进行对齐，对齐的要求也不尽相同。如在场景中要进行两个对象对齐时，可以先选择其中一个对象，再单击“对齐”工具按钮，然后单击另一对象，此时会打开“对齐当前选择”对话框。

“对齐当前选择”对话框中的常用参数有“对齐位置”，有“X 位置”“Y 位置”和“Z 位置”3 个复选项进行选择；“当前对象和目标对象”按中心、轴点或坐标的最小、最大值进行对齐。对齐的参数组合需要在实际操作中逐一体会。

6）“材质编辑器”：在 3ds Max 中所创建的三维对象本身不具备任何表面特征，只有对场景中的对象赋上合适的材质，才能使其呈现出逼真的效果。单击按钮或按<M>键，都可以打开“材质编辑器”对话框。

“材质编辑器”对话框中包括菜单栏、示例球窗口、工具栏、基本参数面板和参数面板。在工具栏中常用的工具按钮有“将材质指定给选定对象”按钮、“重置贴图/材质为默认材质”按钮、“视口中显示明暗处理材质”按钮、“显示最终结果”按钮、“转到父对象”按钮等，具体用法见本项目中任务的具体制作过程。

7）“UVW 贴图”修改器：在“材质编辑器”中调整贴图坐标时，场景中所有被赋予了该贴图的材质的物体，其贴图效果均会受到影响。如果希望只调整某个物体的贴图坐标，则可以在视图中选择要调整贴图坐标的对象后，打开“修改”命令面板，再在修改器下拉列表中选择“UVW 贴图”，这时命令面板中即会出现相关的参数卷展栏。

“UVW 贴图”参数卷展栏包括以下重要参数。

①“贴图”，提供了 7 种不同的贴图方式。给物体指定贴图材质时，最好能够根据物体的几何结构选择贴图方式。如对物体表面可用平面贴图方式，对近似球形的物体

可用球体贴图方式，对近似柱形的物体则可用圆柱贴图方式。

a)“平面”：平面贴图方式是将图案平铺在物体的表面上，这种贴图方式适用于物体上的长方形平面，如桌面、墙壁、地板等。

b)“柱形”：柱形贴图方式是以圆柱的方式围在物体的表面，这种贴图方式适用于柱体状的物体，如花瓶、茶杯等。

c)“球形”：球形贴图方式是将贴图向球体两侧包裹，然后在物体的上下顶收口，形成两个点，在球体的另一侧会产生缝，这种贴图方式适用于球状物体。

d)“收缩包裹”：对球形贴图方式的补充。贴图坐标也是按球体方式贴图，但与球形贴图不同的是：它将贴图从物体的顶部向下包裹，在物体的底部收口，形成一个点，点周围的贴图会产生变形。

e)“长方体”：这种贴图方式是在长方体的 6 个面上同时进行贴图。

f)“面”：在网格物体的每个面上产生一幅贴图。

g)“XYZ 到 UVW”：将 XYZ 坐标系转换为 UVW 坐标系。

h)“长度”“宽度”“高度”：用于控制贴图的大小。

i)“U 向平铺”“V 向平铺”“W 向平铺”：用于设置材质重复贴图的次数。它和“材质编辑器”中的贴图参数编辑器不同，“材质编辑器”是从中心开始的，而此处产生重复的基准点是右下角。其后的“翻转”可以使贴图在对应方向上发生翻转。

②“通道”：用于设置在哪个通道上显示贴图。

③“对齐”：用于设置贴图坐标的对齐方式，一般在平面方式时使用。

a)“适配”：改变贴图坐标原有的位置和比例，使贴图坐标自动与物体的外轮廓边界大小一致。

b)“中心”：使贴图坐标中心与物体中心对齐。

c)“位图适配”：使贴图坐标的比例与位图图片的比例一致。

d)“法线对齐”：使贴图坐标与物体的法线垂直。

e)“视图对齐”：使贴图坐标与当前视图对齐。

f)“区域适配”：使贴图坐标与所画区域比例一致。

g)“重置”：使贴图坐标恢复到初始状态。

h)“获取”：可以获取其他场景对象贴图坐标的角度、位置、比例。

任务 1　制作显示器

操作步骤

1）启动 3ds Max 2012（中文版），将单位设置为“毫米”。

2）单击前视图，使其处于激活状态。执行“创建”→“几何体”命令，在其下方的“对象类型”卷展栏中单击 长方体 按钮，然后在前视图拖动鼠标创建一个 300×375×30 的长方体，将视图区右侧的“参数”卷展栏中长、宽、高分段的数值分别设置为 5、5、3，该长方体被用作“显示器机壳”部分，结果如图 2-1 所示。

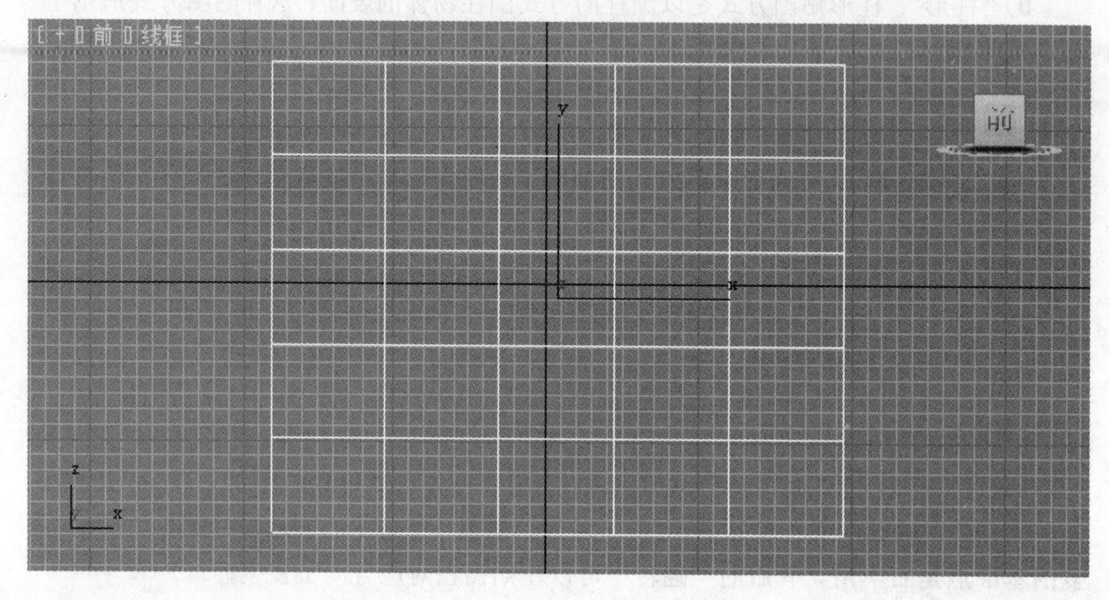

图 2-1

3）选择创建的长方体模型，单击“修改”按钮切换到“修改”面板，在 修改器列表 中选择“编辑网格”修改命令。在修改器堆栈中单击“编辑网格”前的按钮使其展开，如图 2-2 所示。选择其下方的“顶点”子对象，进入网格对象的顶点修改状态，然后利用工具栏中的“移动”工具对模型的顶点进行调整，最终结果如图 2-3 所示。

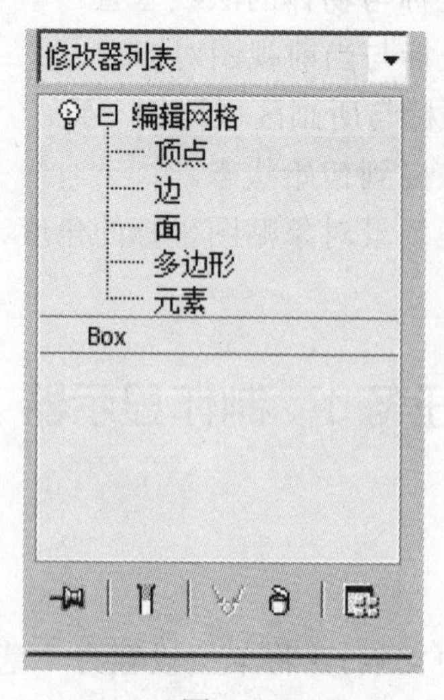

图 2-2

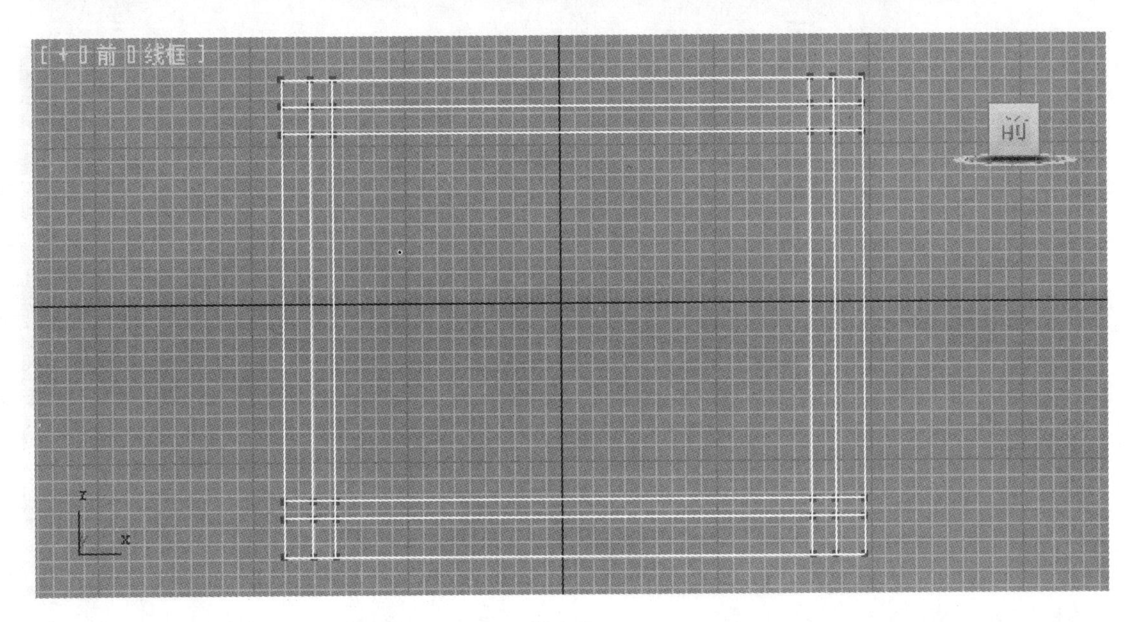

图 2-3

4）在“编辑网格”修改堆栈中选择“多边形”子对象，进入网格对象的多边形修改状态，然后在前视图选中如图 2-4 所示的将用作显示器屏幕部分的多个矩形面。

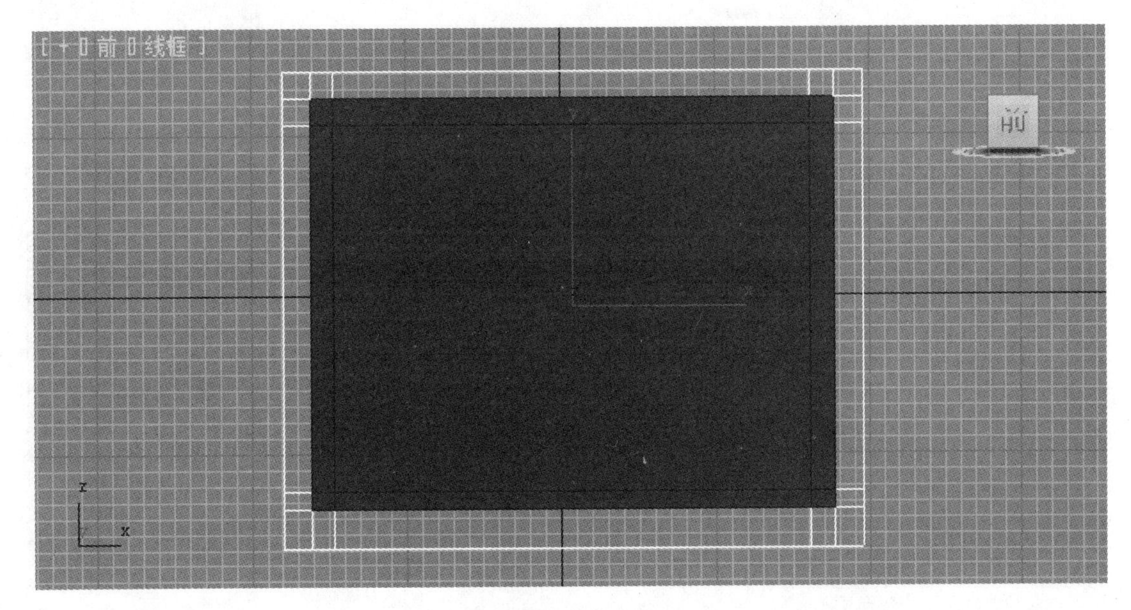

图 2-4

5）在视图区右侧的“编辑几何体”卷展栏下 挤出 和 倒角 右侧的文本框中均输入数值-5，然后取消“多边形”子对象的选择，如图 2-5 所示。

图 2-5

6）单击工具栏中的“旋转”工具按钮和“角度捕捉”工具按钮，然后在前视图中将整个模型绕 Y 轴逆时针旋转 180°，即旋转到显示器的背面，如图 2-6 所示。

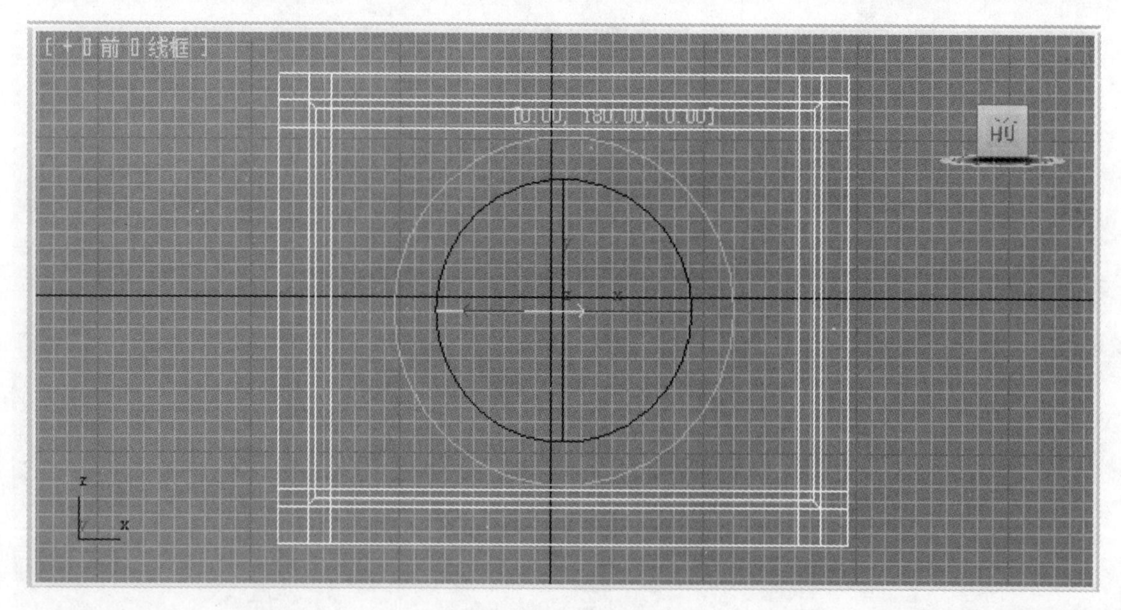

图 2-6

7）关闭“角度捕捉”工具。在修改堆栈中选择“多边形”子对象，进入网格对象的多边形修改状态，然后选择中间的矩形面，如图 2-7 所示。

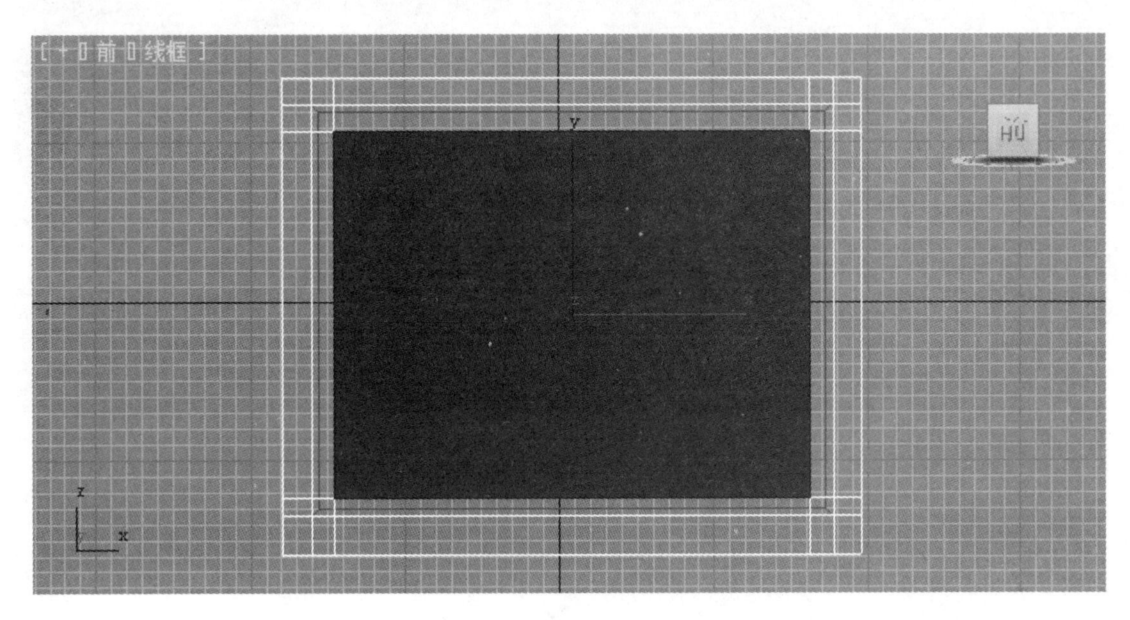

图 2-7

8）在视图区右侧“编辑几何体”卷展栏 挤出 右侧的文本框中输入数值 30，倒角 右侧的文本框中输入数值-20，然后取消“多边形”子对象的选择，如图 2-8 所示。

图 2-8

9）单击工具栏中的“旋转”工具按钮和“角度捕捉”工具按钮，然后在前视图中将整个模型绕 Y 轴顺时针旋转 180°，“显示器机壳”制作完成，如图 2-9 所示。

图 2-9

10）激活左视图，执行“创建”→“图形”命令，在其下方的“对象类型”卷展栏中单击 线 按钮，然后在左视图绘制如图 2-10 所示的线形，作为“显示器机壳”与“底座”的“连接部件”。

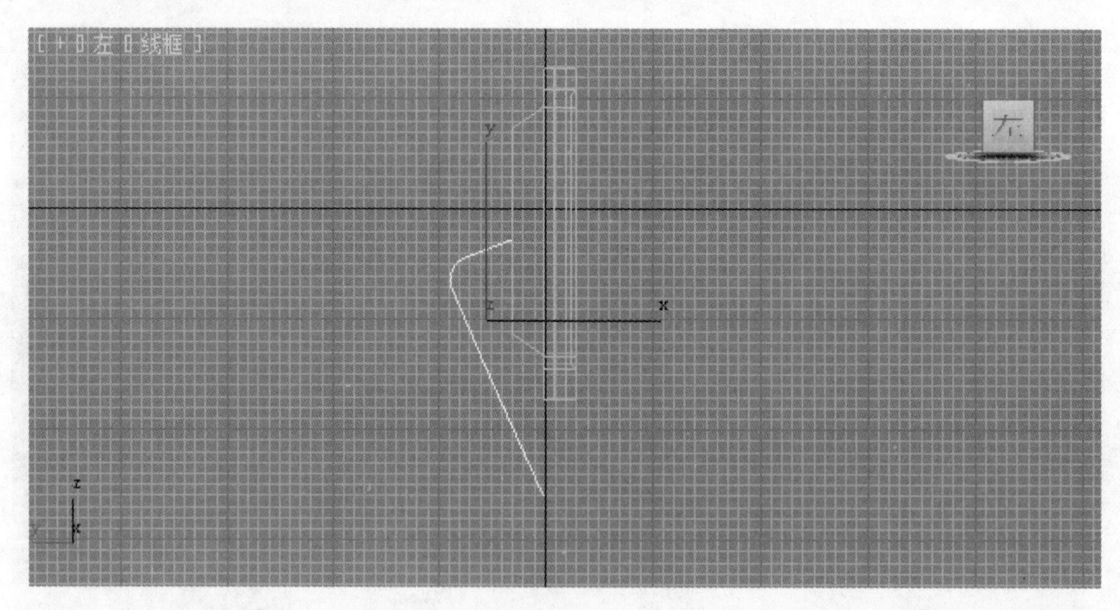

图 2-10

11）选中创建的线，切换到“修改”命令面板，在“Line”堆栈中选择“样条线”子对象，回到视图中单击该样条线，然后在“几何体”卷展栏 轮廓 右侧的文本框中输入数值 30，按<Enter>键，即为样条线加一个 30mm 的轮廓，如图 2-11 所示。

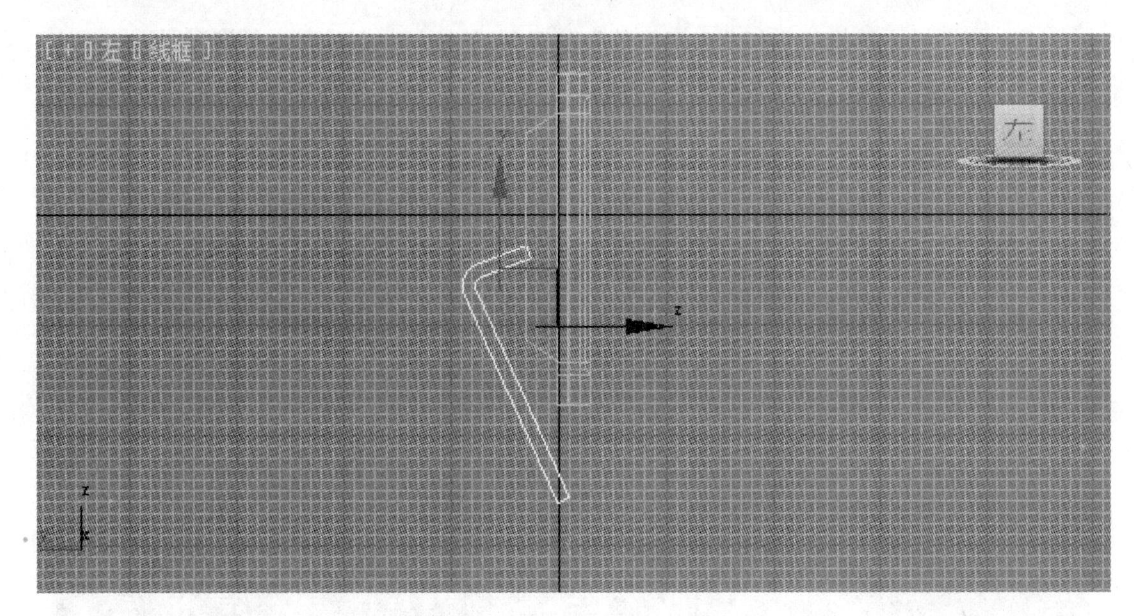

图 2-11

12）选中该轮廓线，单击按钮，切换到“修改”命令面板，在修改器列表中执行“倒角”修改命令，如图 2-12 所示。调整“倒角值”卷展栏中“级别 1”中的“高度”和“轮廓”分别为 5 和 5，“级别 2”中的“高度”和“轮廓”分别为 90 和 0，“级别 3”中的“高度”和“轮廓”分别为 5 和-5。“连接部件”已制作完成，如图 2-13 所示。

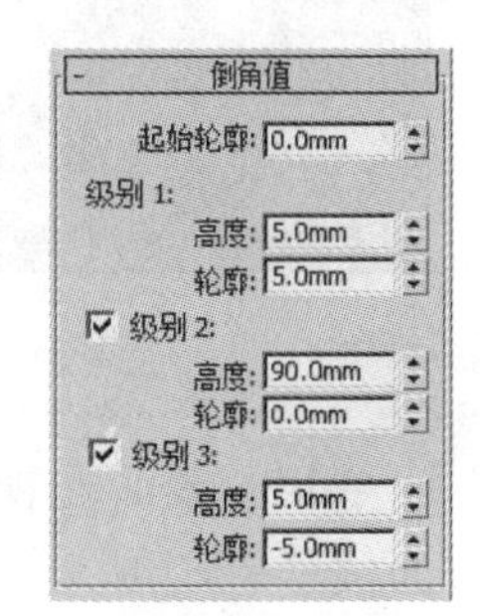

图 2-12

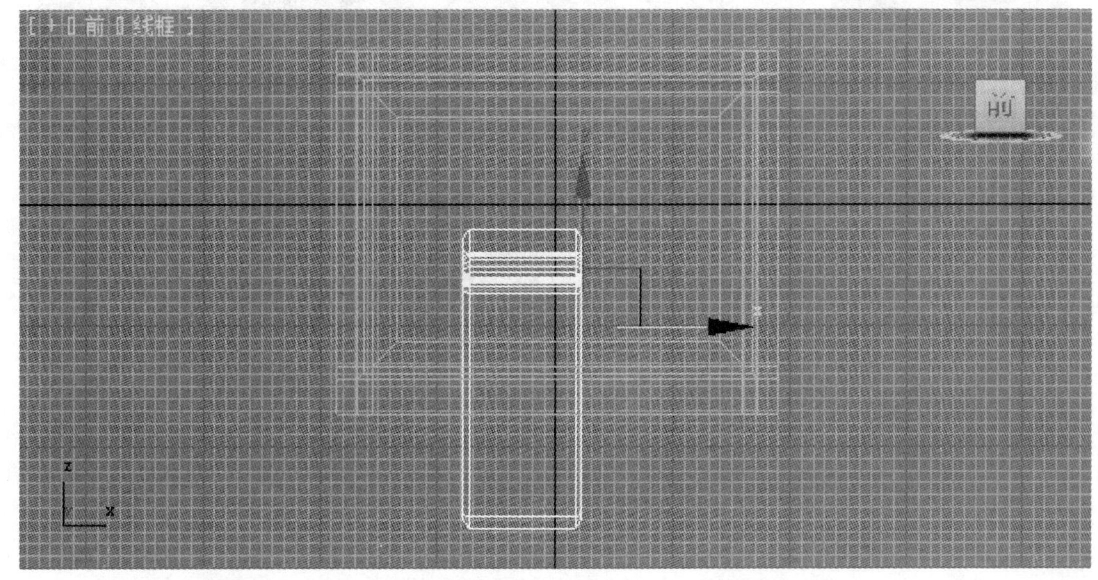

图 2-13

13）将“显示器机壳”和“连接部件”在X轴方向上中心对齐。在前视图选中“连接部件”，单击工具栏中的“对齐”按钮，再单击“显示器机壳”，打开“对齐当前选择”对话框，如图2-14所示。“对齐位置”选中“X位置”复选框，“当前对象”和“目标对象”选中“中心”单选按钮，最后单击 确定 按钮。

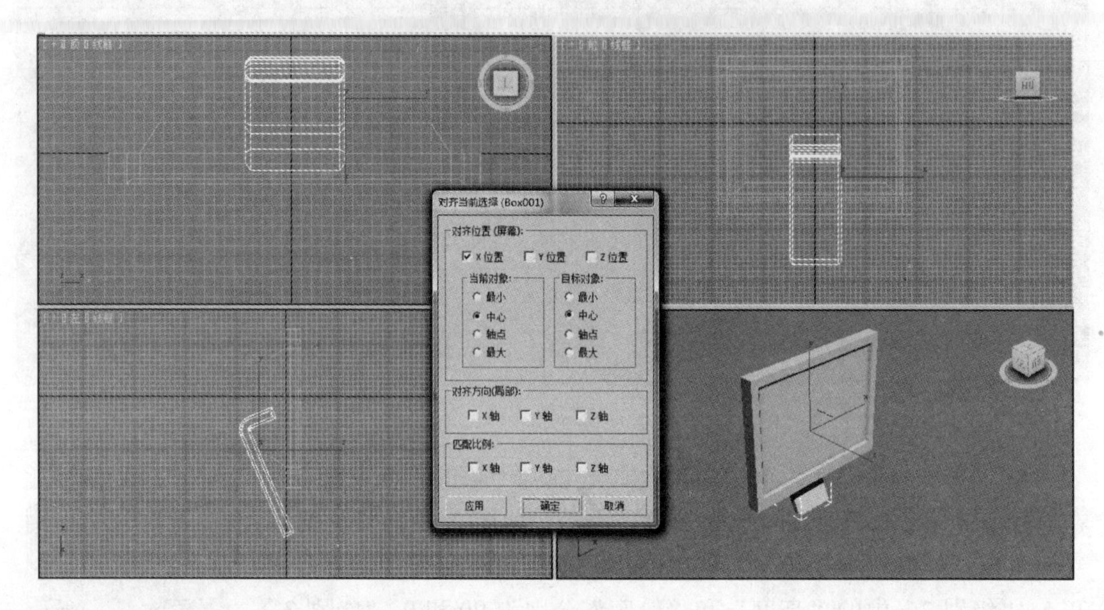

图 2-14

14）激活左视图，在左视图绘制如图2-15所示的闭合曲线，作为“底座”的截面线。

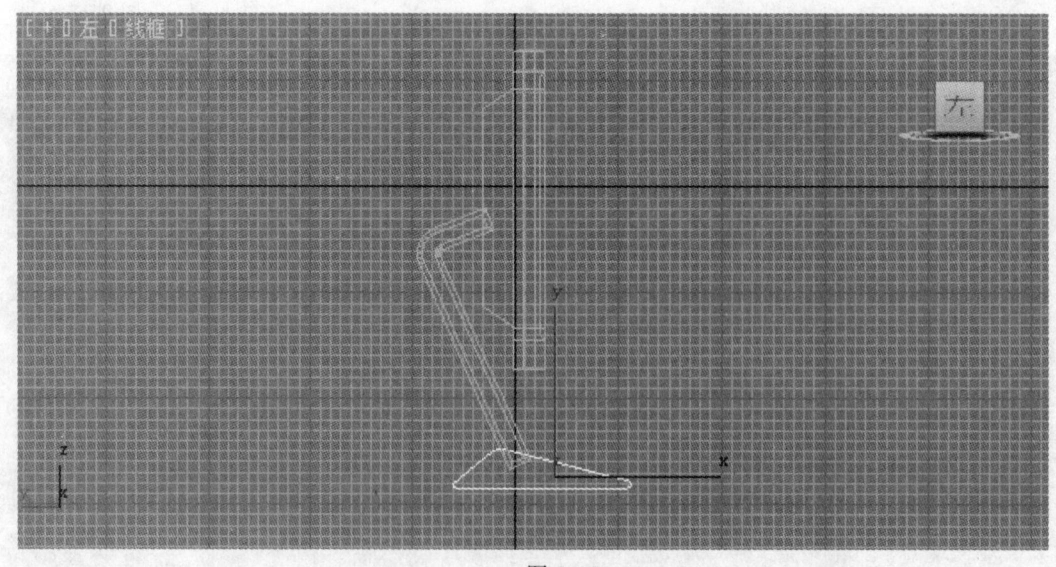

图 2-15

15）选中该闭合曲线，单击切换到“修改”命令面板，在修改器列表中执行“倒角”修改命令，如图 2-16 所示。调整“倒角值”卷展栏中“级别 1”中的“高度”和“轮廓”分别为 5 和 5，“级别 2”中的“高度”和“轮廓”分别为 160 和 0，“级别 3”中的“高度”和“轮廓”分别为 5 和-5。“底座”制作已完成，用步骤 13）中的方法将“底座”与“显示器机壳”及“连接部件”对齐，如图 2-17 所示。

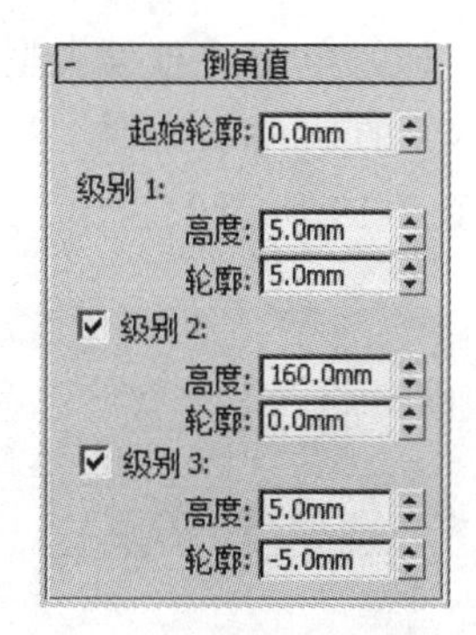

图 2-16

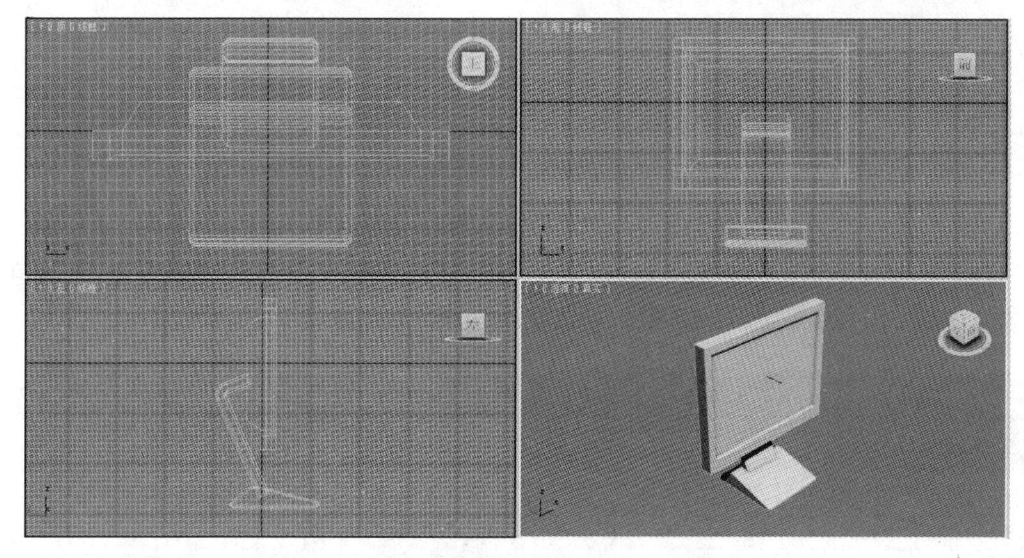

图 2-17

16）执行“创建”→“几何体”命令，在下拉列表中选择“扩展基本体”选项，如图 2-18 所示。

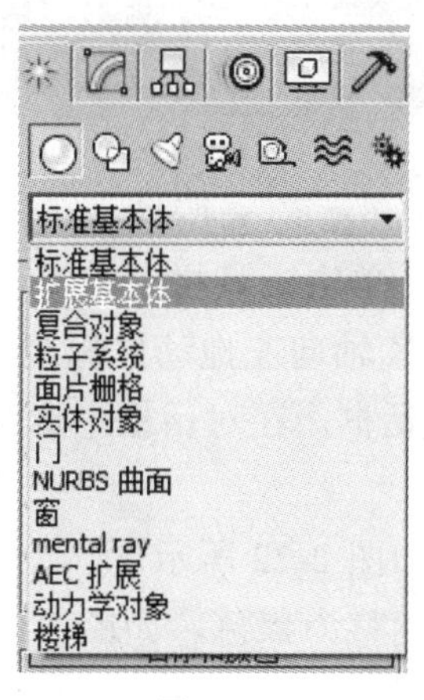

图 2-18

17）单击“对象类型”卷展栏下的 切角长方体 按钮，在前视图创建一个 18×18×10×1 的切角长方体，“圆角分段”为 5，作为显示器的电源按钮，调整其位置，如图 2-19 所示。

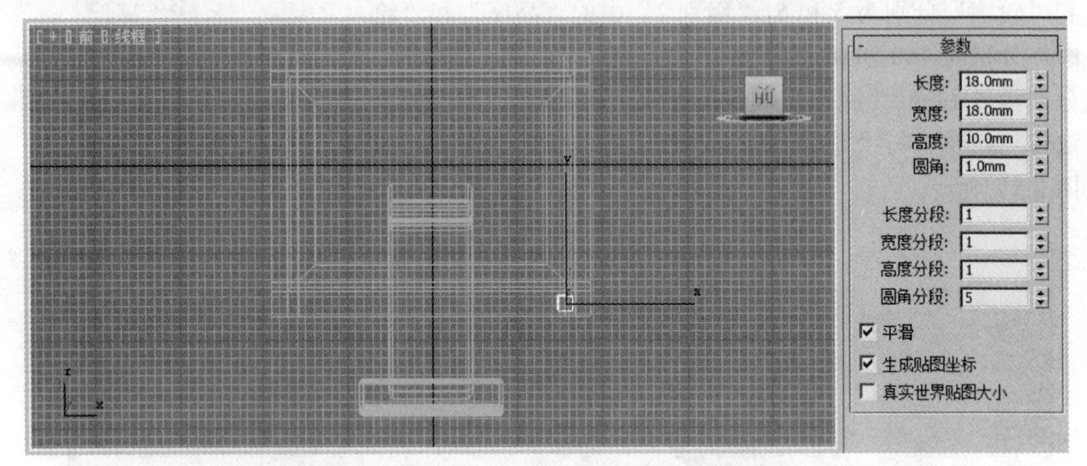

图 2-19

18）在前视图单击 切角长方体 按钮创建一个 12×18×10×1 的切角长方体，“圆角分段”为 5，作为显示器的调节按钮，调整其位置，效果如图 2-20 所示。

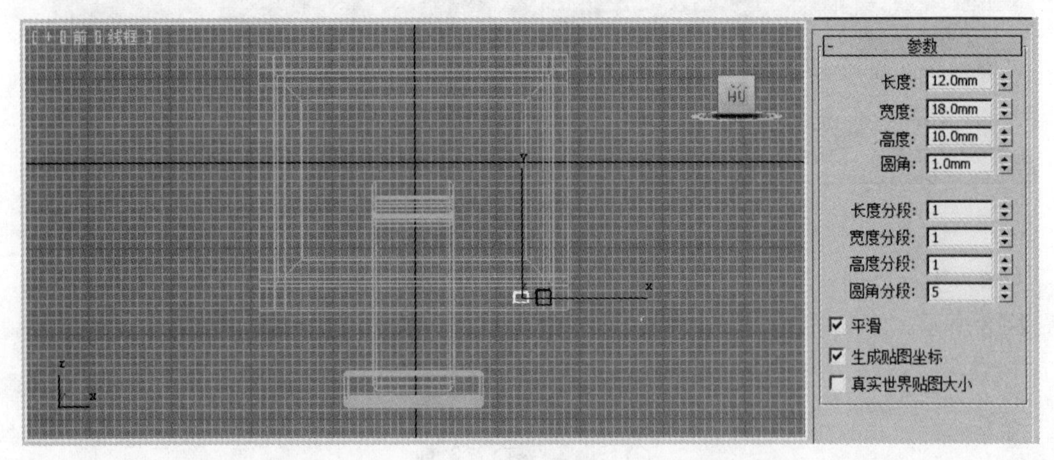

图 2-20

19）在前视图选中调节按钮，单击工具栏中的“移动”工具按钮，在键盘上按<Shift>键的同时按住鼠标左键沿 X 轴向左拖动鼠标至合适的位置处，释放鼠标，打开如图 2-21 所示的“克隆选项”对话框。在对话框中选中“实例”单选按钮，“副本数”设置为 3，然后单击 确定 按钮。

20）显示器建模完成，效果如图 2-22 所示。

21）将显示器的所有部分都调整为黑色，如图 2-23 所示。

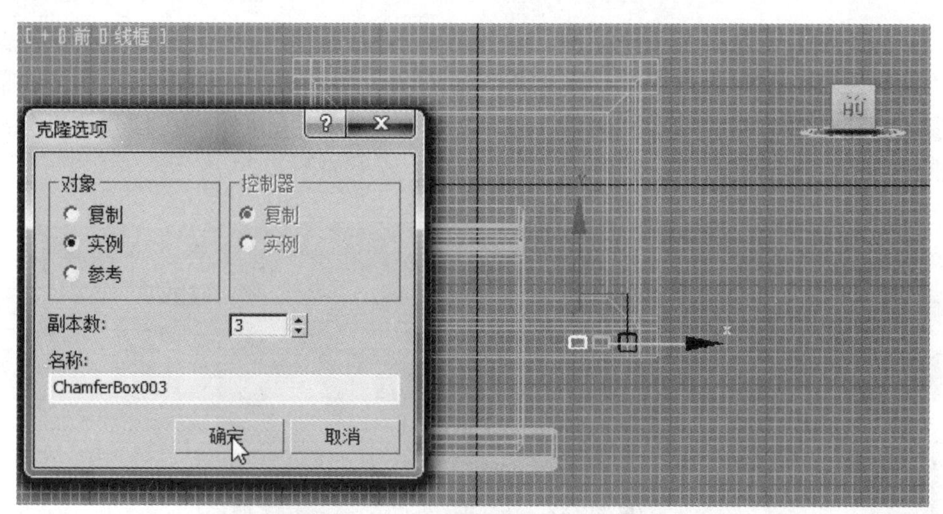

图 2-21

图 2-22

图 2-23

22）为了给显示器屏幕正确贴图，首先激活前视图，切换到“修改”命令面板，选择“编辑网格”修改堆栈中的“多边形”子对象，再选中所有的作为显示器屏幕部分的多边形，然后单击“编辑几何体”卷展栏中的 分离 按钮，在打开的“分离”对话框中单击 确定 按钮进行显示器屏幕分离，效果如图 2-24 所示。

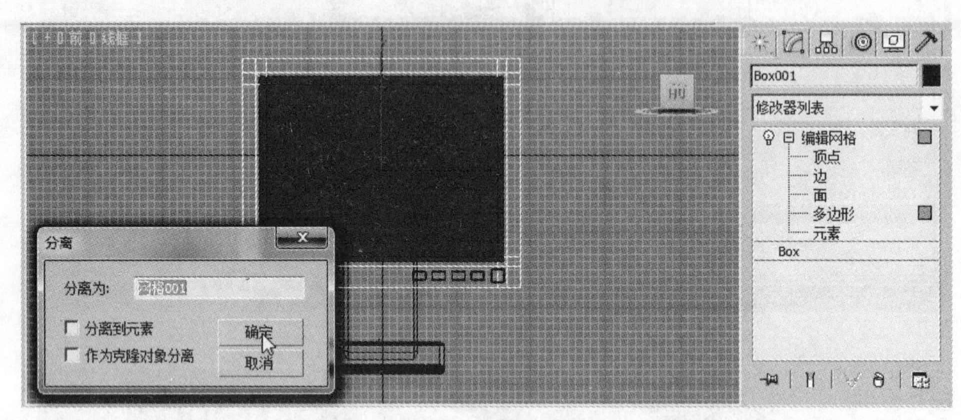

图 2-24

23）用位图贴图的方式为显示器的屏幕贴图，单击工具栏中的“材质编辑器”按钮，快速打开“材质编辑器”对话框。

24）选择第一个空白材质球，然后单击“漫反射”右侧的按钮，在打开的“材质/贴图浏览器”对话框中选择“位图”，单击 确定 按钮，如图 2-25 所示。

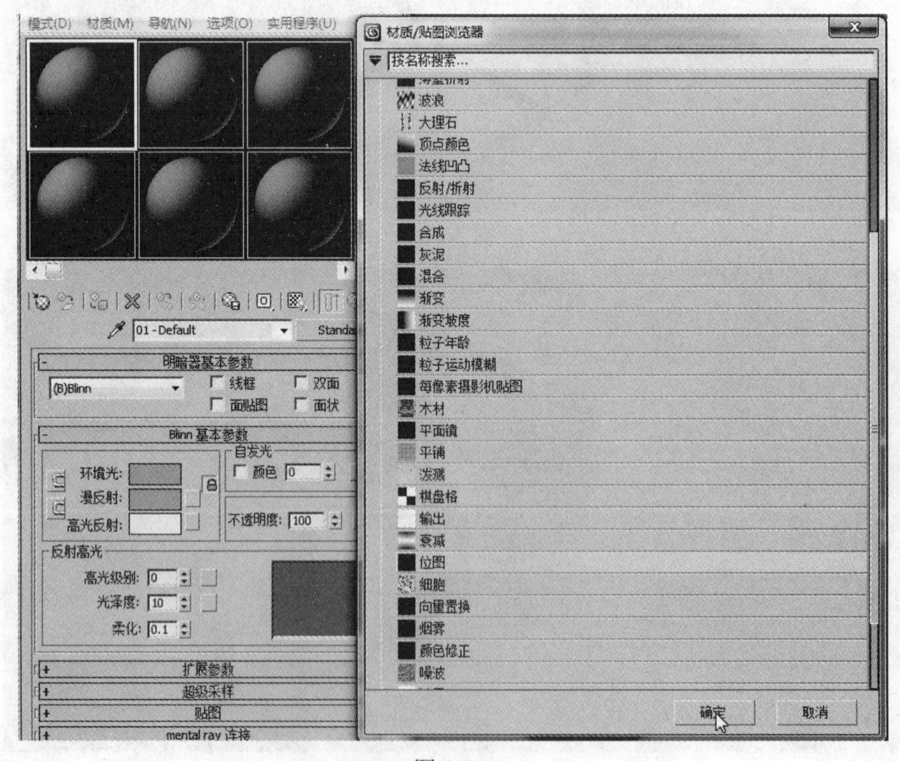

图 2-25

25）在打开的“选择位图图像文件”对话框中选择一幅图片文件（比如，“显示器屏幕.jpg”），单击 打开(O) 按钮，如图 2-26 所示。此时材质球的灰色会被“显示器屏幕.jpg”图片覆盖。

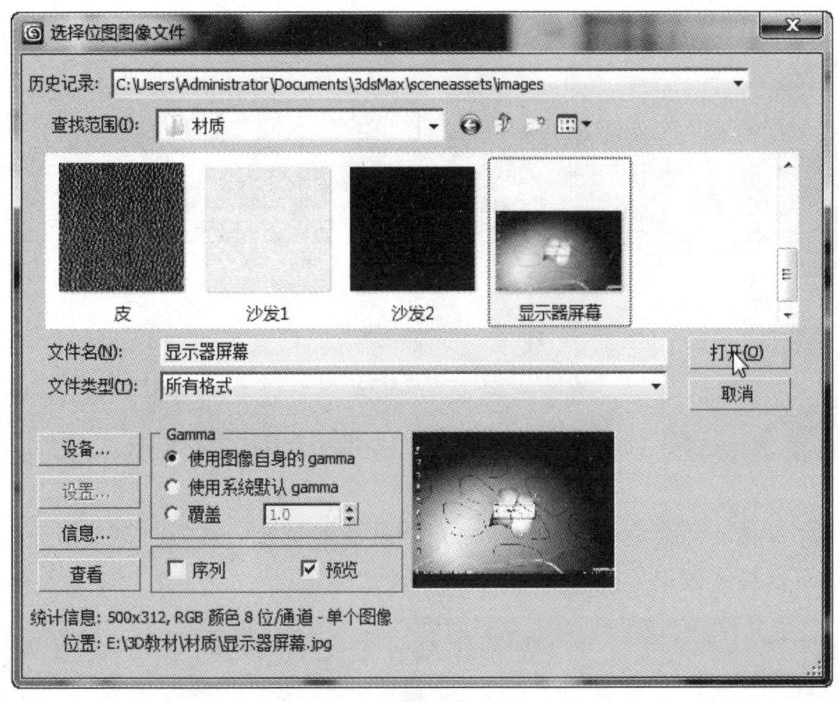

图 2-26

26）单击“转到父对象”按钮，返回到上一层级。然后在前视图中选择显示器屏幕，单击“将材质指定给选定对象”按钮，再单击“视口中显示明暗处理材质”按钮，显示器屏幕效果如图 2-27 所示。

图 2-27

27）此时可以看到效果很不理想，出现图像失真的现象，需要对物体执行“UVW贴图”修改命令。选中“显示器屏幕”，在修改器列表中执行“UVW贴图”修改命令，在“参数”卷展栏下的贴图类型中选中“平面”单选按钮，U、V、W 平铺值均选默认的 1，如图 2-28 所示。

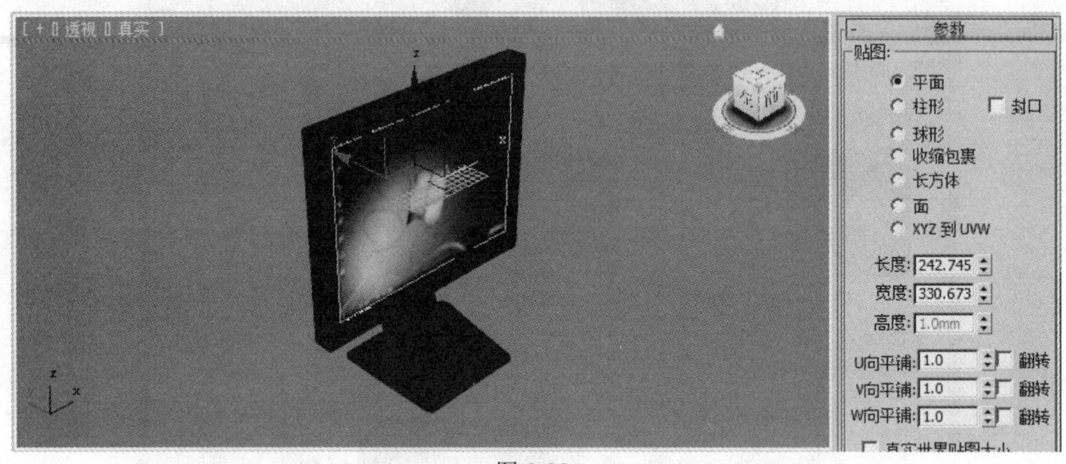

图 2-28

说明：除屏幕外其他部分的黑色也可用“材质编辑器”添加。

28）显示器最终效果如图 2-29 所示。

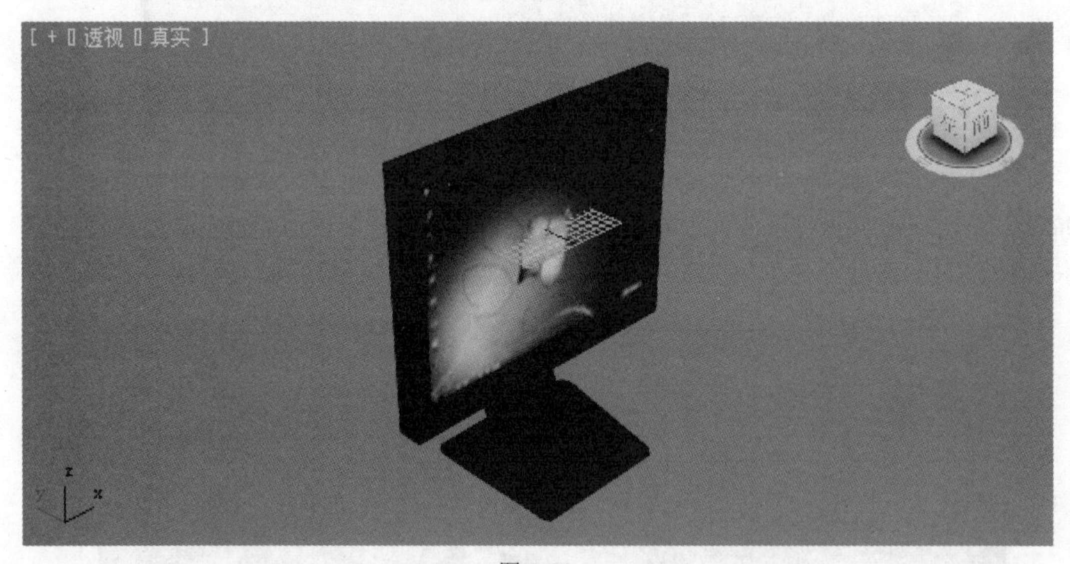

图 2-29

任务 2　制作电脑桌

操作步骤

1）启动 3ds Max 2012（中文版），将单位设置为“毫米”。

2）在顶视图绘制电脑桌桌面，执行“创建”→“图形”命令，单击 矩形 按钮，在顶视图绘制 1500×600 和 600×600 两个矩形，放置的具体位置如图 2-30 所示。

图 2-30

3）单击工具栏中的“选择对象”按钮，在顶视图中的大矩形上单击鼠标右键，在弹出的快捷菜单中选择“转换为”→“转换为可编辑样条线”命令。单击“修改”按钮切换到“修改”命令面板，在“几何体”卷展栏中单击 附加 按钮，再回到顶视图中单击小矩形，将两个矩形附加成为一体，如图 2-31 所示。

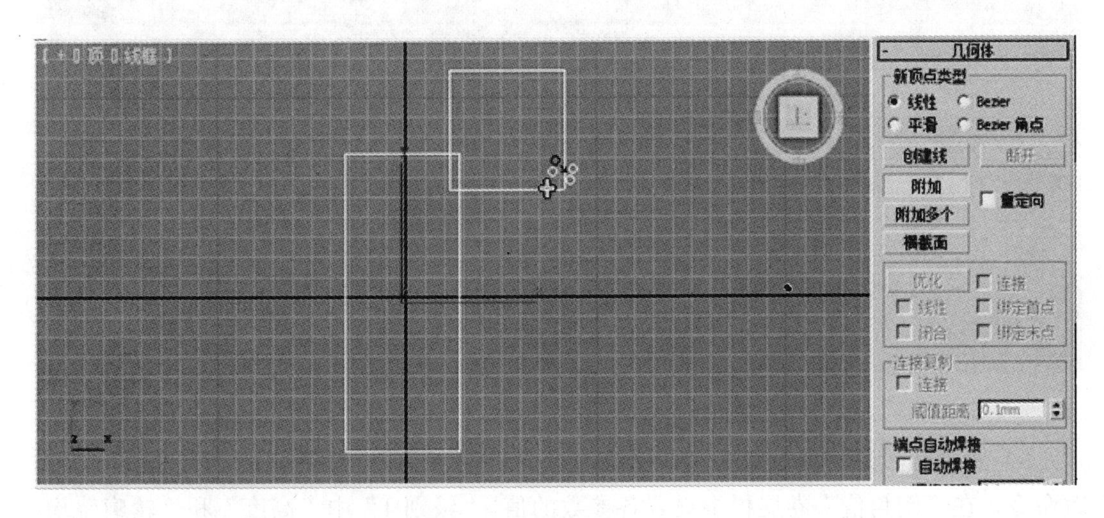

图 2-31

4）选择“可编辑样条线”修改堆栈中的“样条线”子对象，用“选择对象”工具先单击顶视图中的大矩形，再单击“几何体”卷展栏中的 布尔 按钮，然后回到顶视图单击小矩形，将两个矩形的样条线进行并集布尔，如图 2-32 所示。

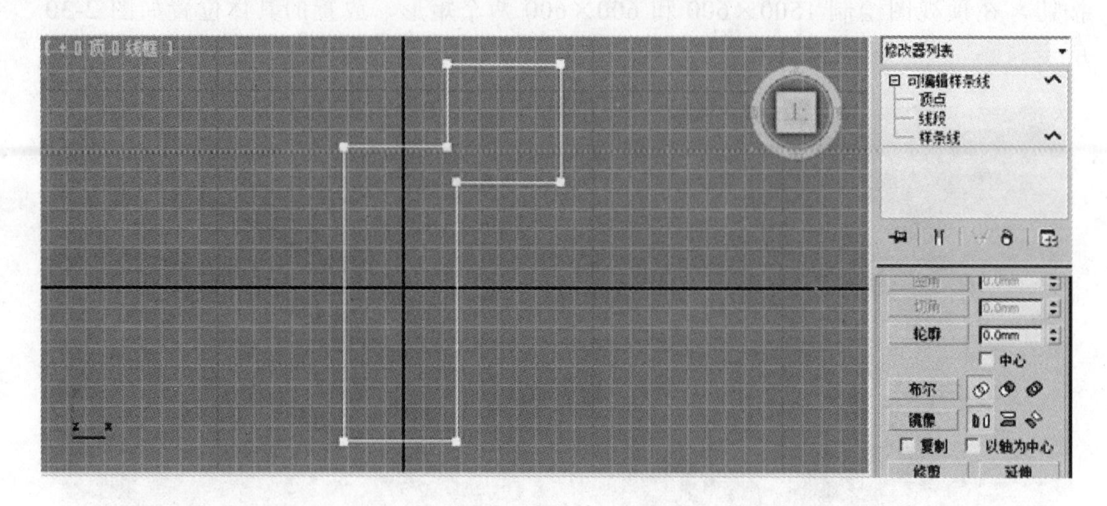

图 2-32

5）选择“可编辑样条线”堆栈中的“顶点”子对象，选中步骤 4）中线形上的顶点，然后修改“几何体”卷展栏中 圆角 按钮右侧文本框的数值，分别对各顶点作圆角修改，使曲线最终效果如图 2-33 所示。

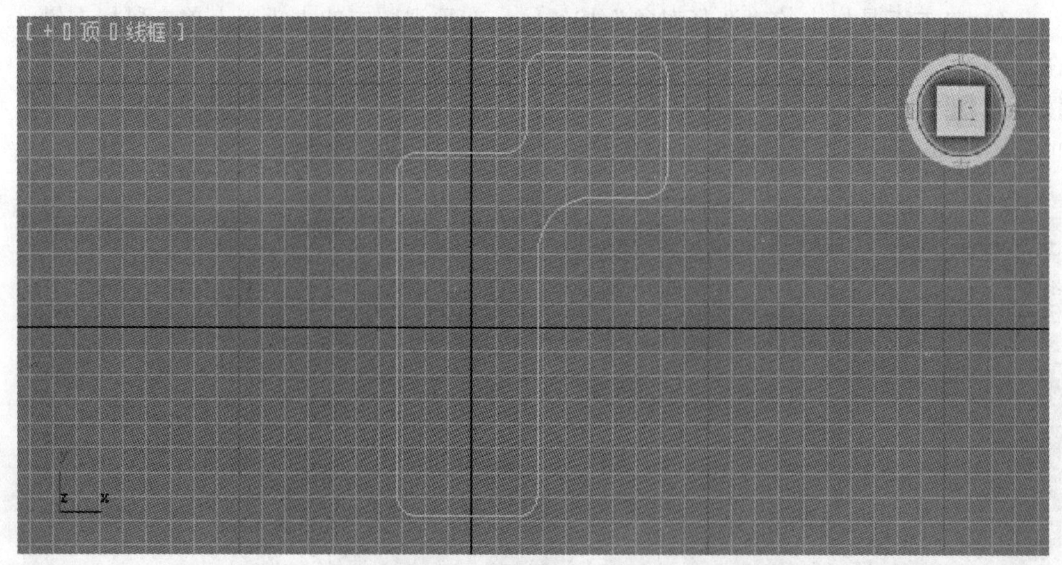

图 2-33

6）选中曲线，切换到“修改”命令面板，在 修改器列表 中执行“倒角”修改命令，在“倒角值”卷展栏中设置各参数的值。“级别 1”中“高度”和“轮廓”均为 5，“级别 2”中“高度”为 15、“轮廓”为 0，“级别 3”中“高度”为 5，“轮廓”为-5，如图 2-34 所示。

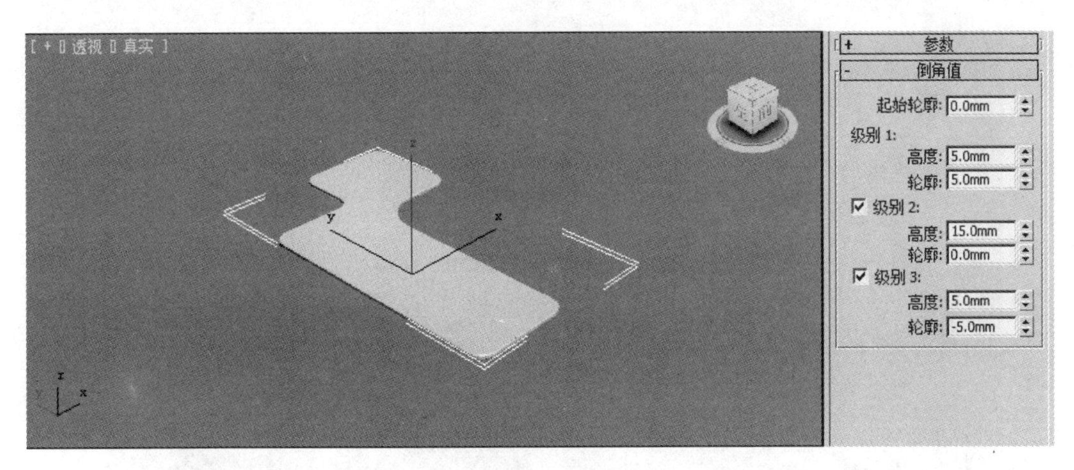

图 2-34

7）在顶视图绘制一个大小为 600×300，角半径为 30 的矩形，然后切换到“修改”命令面板，在修改器列表中执行“挤出”命令，设置数量为 2，作为电脑桌的黑板部分，电脑桌桌面制作完成，结果如图 2-35 所示。

图 2-35

8）在前视图绘制一个 700×550×15 的长方体，作为电脑桌的一个桌腿，将其移动复制一个作为电脑桌的另一个桌腿，结果如图 2-36 所示。

9）在左视图绘制一个 300×1300×15 的长方体，作为电脑桌的前面挡板，如图 2-37 所示。

10）在顶视图创建一个半径为 35、高度为-700 的圆柱体，作为侧面桌腿，电脑桌建模完成，最终效果如图 2-38 所示。

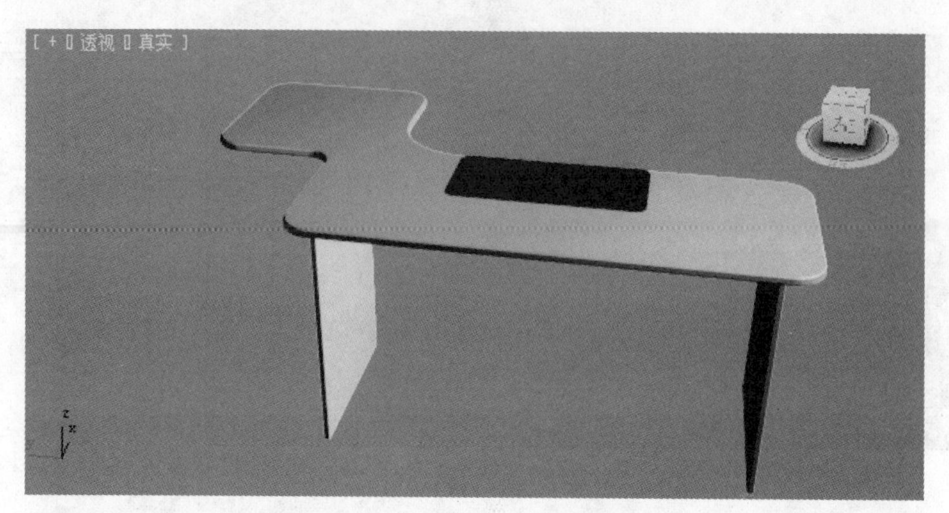

图 2-36

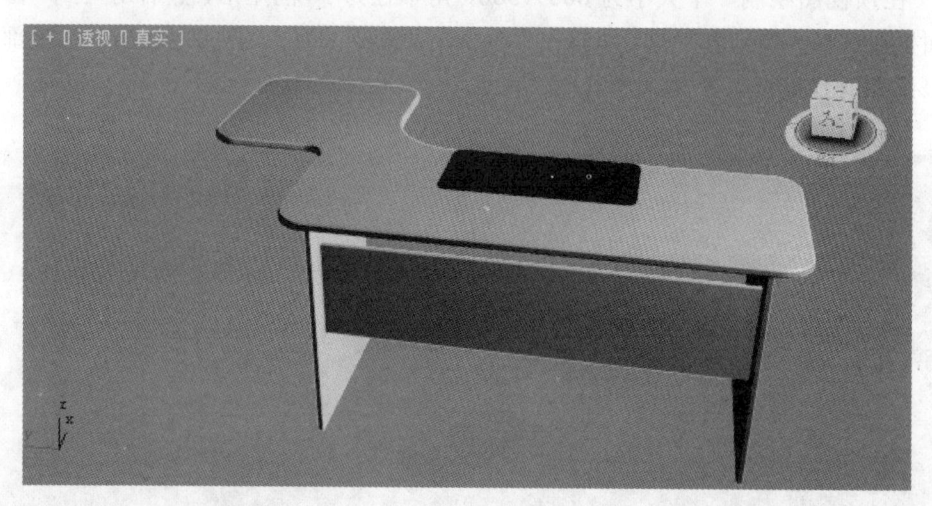

图 2-37

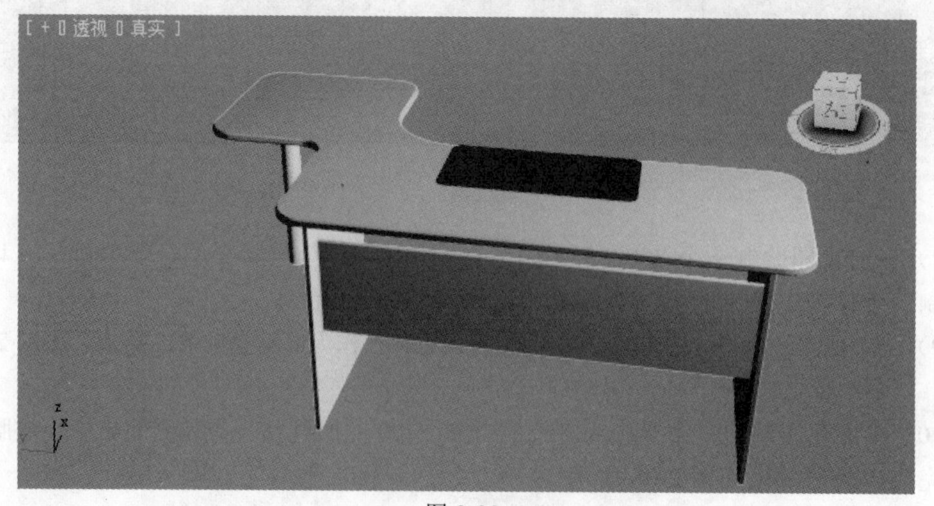

图 2-38

11）为电脑桌赋材质，桌面、桌腿及前挡板用位图贴图的方式赋木纹材质。

12）单击工具栏中的“材质编辑器”按钮，快速打开“材质编辑器”对话框，选择第一个空白材质球，然后单击“漫反射”右侧的按钮，在打开的“材质/贴图浏览器”对话框中选择“位图”，单击 确定 按钮。

13）在打开的“选择位图图像文件”对话框中选择一幅图片文件（比如，“黑胡桃.jpg”），单击 打开(O) 按钮，此时材质球的灰色会被“黑胡桃.jpg”图片覆盖，单击“转到父对象”按钮，返回到上一层级。

14）在视图中将电脑桌除黑板以外的部分全部选中，然后单击“将材质指定给选定对象”按钮，再单击“视口中显示明暗处理材质”按钮，效果如图 2-39 所示。

图 2-39

15）此时可以看到贴图效果不正确，出现图像失真的现象，需要对物体执行“UVW 贴图”修改命令。以电脑桌桌面为例，先在视图中选中桌面，然后在修改器列表中执行“UVW 贴图”修改命令，最后在“参数”卷展栏下的贴图类型中选中“长方体”单选按钮，其余参数值均默认即可。电脑桌桌面的贴图效果如图 2-40 所示。

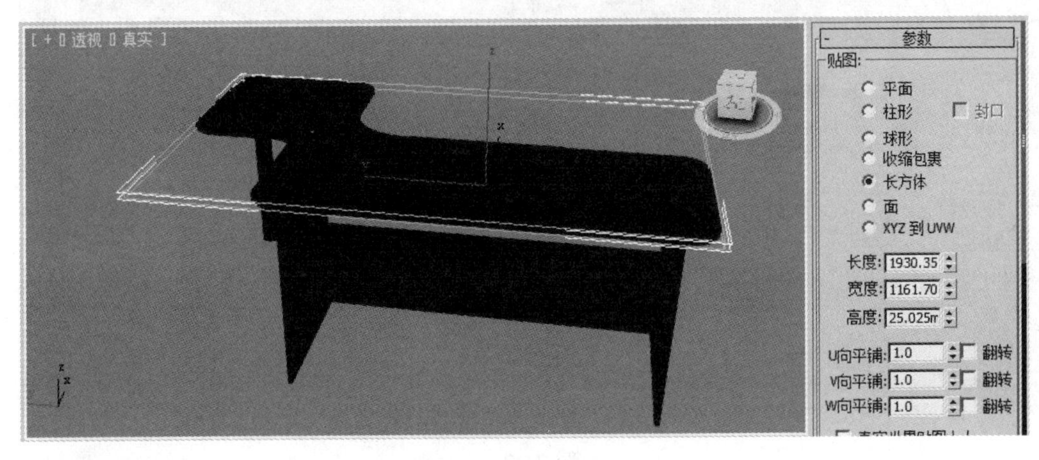

图 2-40

16）用同样的方法分别为电脑桌的两个桌腿和前面挡板执行“UVW 贴图”修改命令，显示效果如图 2-41 所示。

图 2-41

17）选中电脑桌的圆柱形侧腿，然后在修改器列表中执行“UVW 贴图”修改命令，在“参数”卷展栏下的贴图类型中选中“柱形”单选按钮，其余参数值默认，选中第 2 个材质球，单击“漫反射”后的色块，将颜色调为黑色，并将该材质赋予电脑桌的“黑板部分”。至此电脑桌材质添加完成，最终效果如图 2-42 所示。

图 2-42

任务 3　制作电脑椅

操作步骤

1）启动 3ds Max 2012（中文版），将单位设置为“毫米”。

2）在左视图绘制一个长度大约为 460、宽度大约为 650 的线形，如图 2-43 所示。

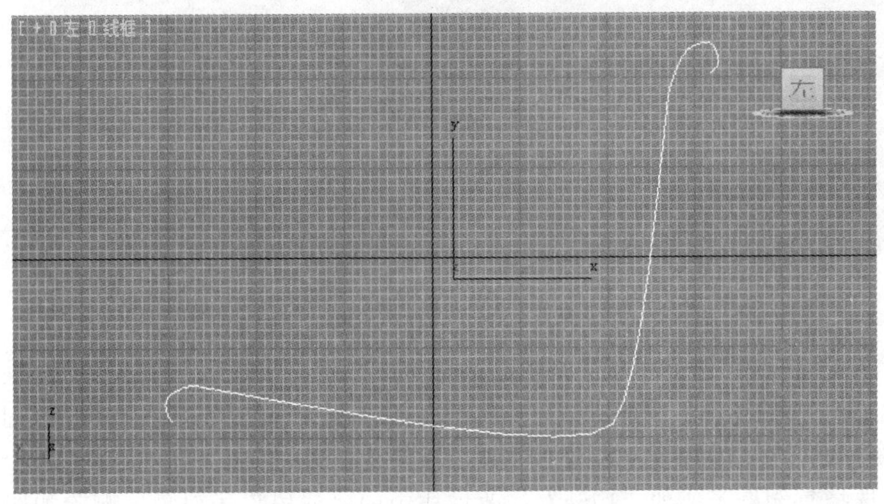

图 2-43

3）切换到“修改”命令面板，选择“Line”堆栈中的“样条线”子对象，然后选中视图中的样条线，在“几何体”卷展栏中 轮廓 按钮右侧的文本框内输入数值 15，即为其添加 15mm 的轮廓，如图 2-44 所示。

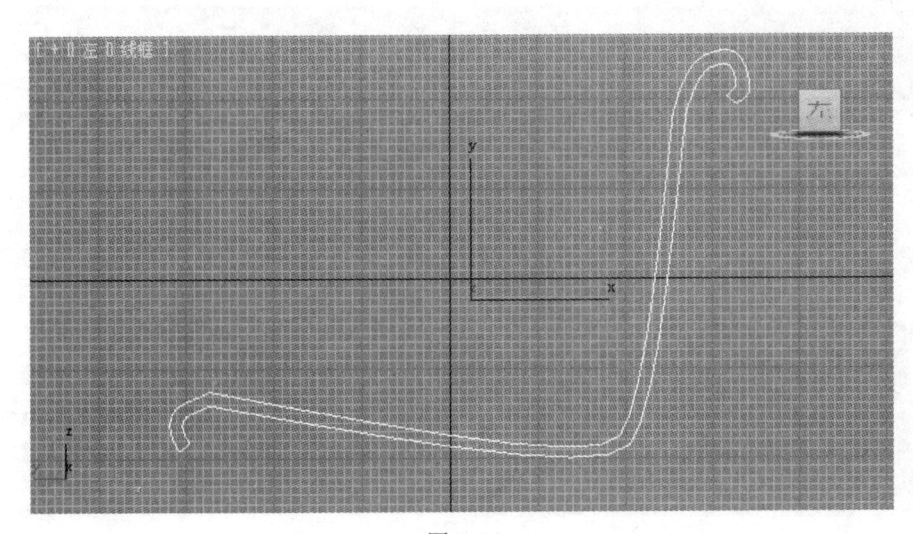

图 2-44

4）选中步骤3）中的线形，执行“修改”→“挤出”命令，设置挤出“数量”为430，椅子座制作完成，如图2-45所示。

图2-45

5）确认椅子座处于选中状态，在原位置复制一个，切换到“修改”命令面板，将复制后的椅子座修改堆栈中的“挤出”修改命令删除，即在“挤出”修改命令上单击鼠标右键，在弹出的快捷菜单中选择“删除”命令。

6）选择复制椅子座的“Line”修改堆栈中的“线段”子对象，删除如图2-46所示的多余线段。在“渲染”卷展栏中选中“在渲染中启用”和“在视口中启用”复选框，将“径向”下的“厚度”设置为25。更改颜色，得到如图2-47所示的线形，作为椅子座的收边。

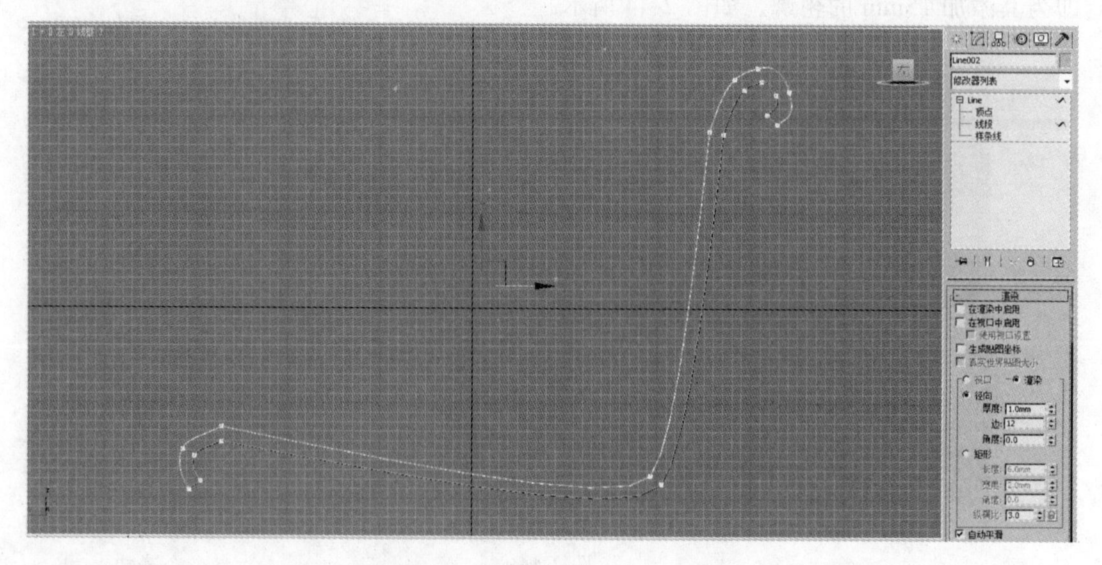

图2-46

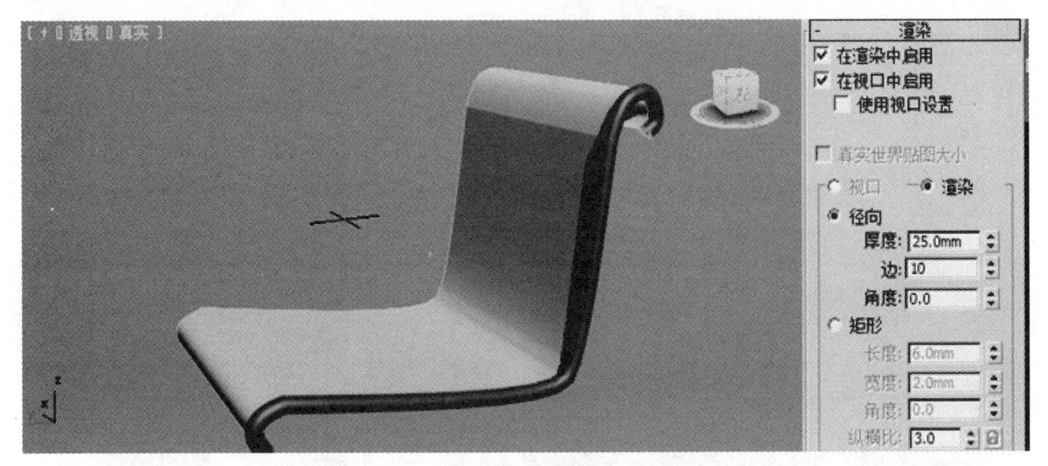

图 2-47

7）继续使用线绘制椅子扶手，通过修改“渲染”卷展栏中的“厚度”来改变扶手的粗细，并将制作的扶手和椅子座的收边用移动复制的方法复制一组移至另一侧，如图 2-48 所示。

图 2-48

8）激活顶视图，执行“创建”→“图形”命令，单击 线 按钮，在顶视图创建如图 2-49 所示的线形。

9）选中步骤 8）中绘制的曲线，切换到“修改”命令面板，选择“Line”修改器堆栈中的“顶点”子对象，在“几何体”卷展栏中单击 优化 按钮，然后在图 2-50 所示的两条边上单击鼠标，各增加一个节点。

10）关闭 优化 ，在左视图中用鼠标框选的方法同时选中如图 2-51 所示的两个顶点。

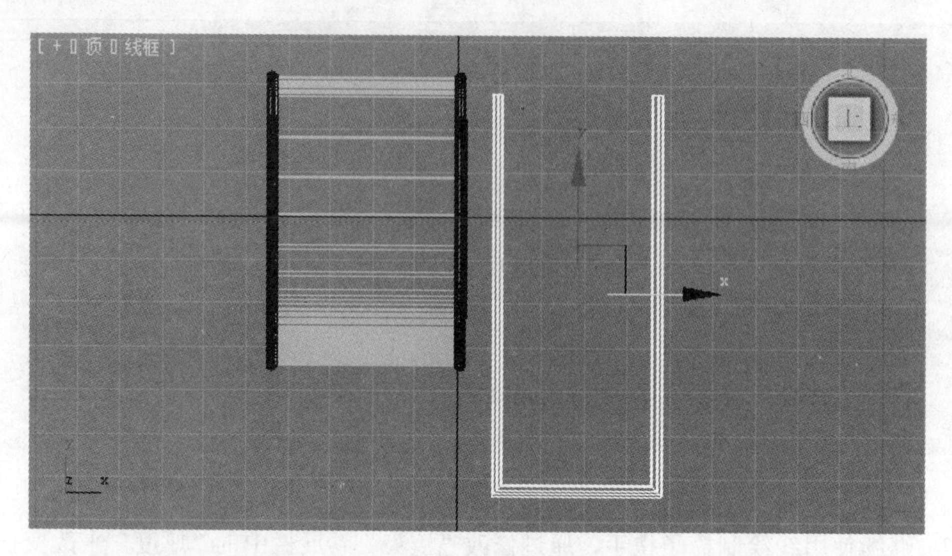

图 2-49

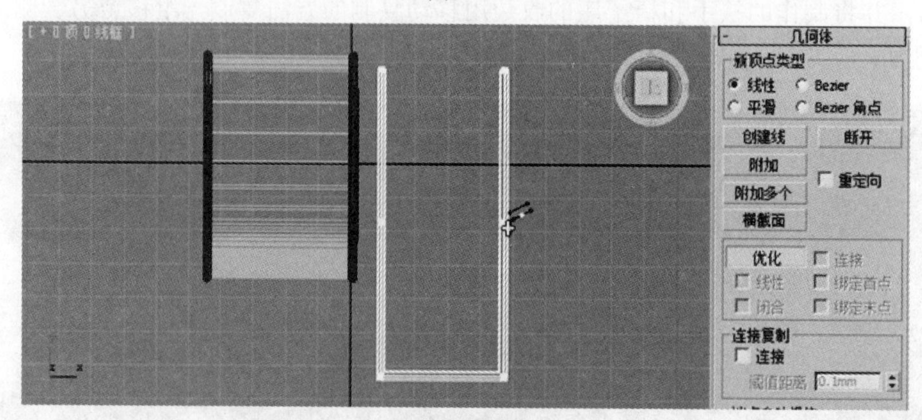

图 2-50

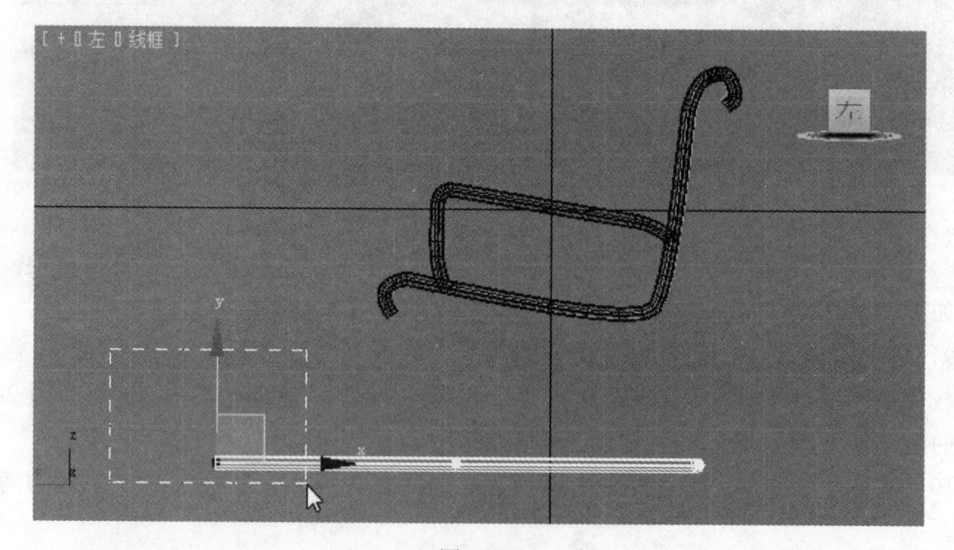

图 2-51

11）用主工具栏中的“移动”工具移动步骤 10）中选中的两个顶点，使其调整到如图 2-52 所示的位置。

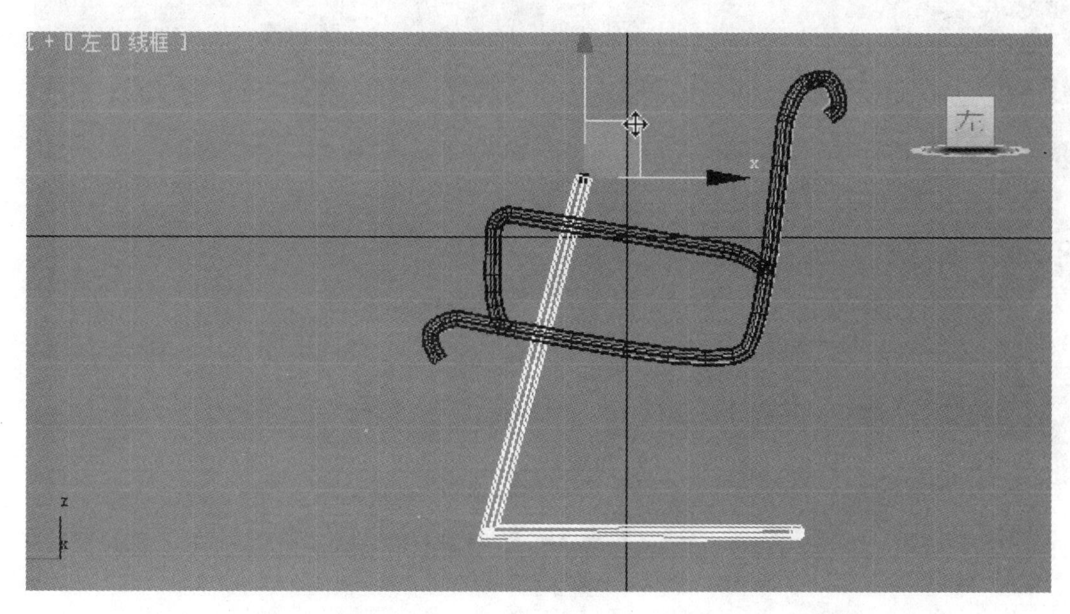

图 2-52

12）激活前视图，单击“几何体”卷展栏中的 优化 按钮，在如图 2-53 所示的两条边各添加一个节点。

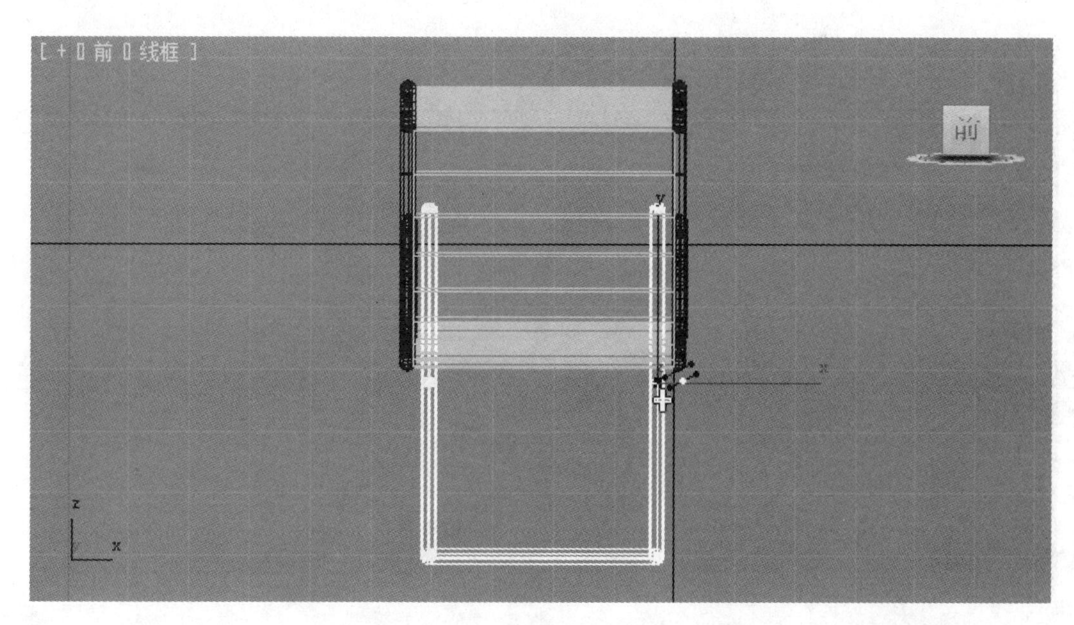

图 2-53

13）关闭 优化 ，在左视图用调整顶点和新增加的两个节点的位置，使结果如图 2-54 所示。

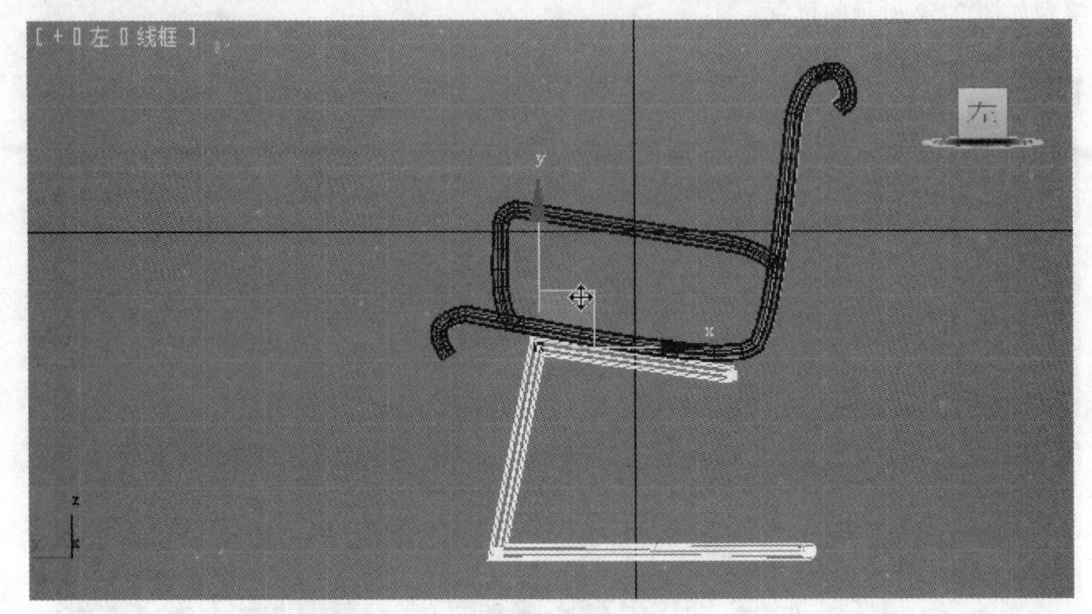

图 2-54

14）选中椅子腿的所有节点，单击“几何体”卷展栏中的 圆角 按钮，在选中的节点上按住鼠标左键拖动，对各节点进行圆角修改，如图 2-55 所示。至此，电脑椅建模完成。

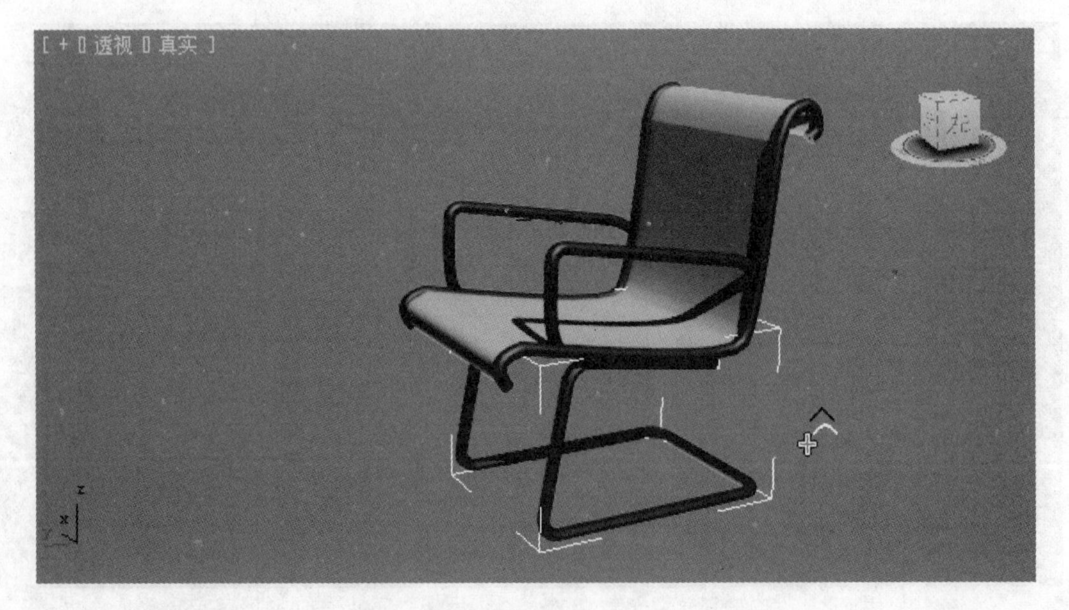

图 2-55

15）对椅子座用位图贴图的方式赋“皮”材质。单击工具栏中的“材质编辑器”

按钮，快速打开“材质编辑器”对话框，选择第一个空白材质球，然后单击“漫反射”右侧的按钮，在打开的“材质/贴图浏览器”对话框中选择“位图”，单击确定按钮。

16）在打开的“选择位图图像文件”对话框中选择一幅图片文件（比如，“皮.jpg”），单击打开(O)按钮，此时材质球的灰色会被“皮.jpg”图片覆盖，单击“转到父对象”按钮，返回到上一层级。

17）回到视图中选中椅子座，单击“将材质指定给选定对象”按钮，将“皮”材质赋给椅子座，然后在修改器列表中选择“UVW 贴图”修改命令，在“参数”卷展栏下的贴图类型中选择“长方体”，其余参数值均默认，椅子座添加材质完成。

18）对椅子收边、扶手和腿赋不锈钢材质。在“材质编辑器”对话框中选择第 2 个材质球，将材质的着色方式选择为“金属”。

19）将“环境光”和“漫反射”的锁解开，调整“环境光”的 RGB 分别为（33，33，33），调整漫反射的 RGB 分别为（210，210，210），调整“高光级别”为 125，光泽度设置为 65，如图 2-56 所示。

20）单击“贴图”按钮，在“贴图”卷展栏中的“反射”选项里施加“光线跟踪”贴图，将“反射”的数值设置为 85。

21）在“光线跟踪器参数”卷展栏下单击无按钮，如图 2-57 所示。

22）在打开的“材质/贴图浏览器”对话框中选择“衰减”贴图，不锈钢材质制作完成，然后单击“转到父对象”按钮两次，回到“材质编辑器”对话框的最初界面。

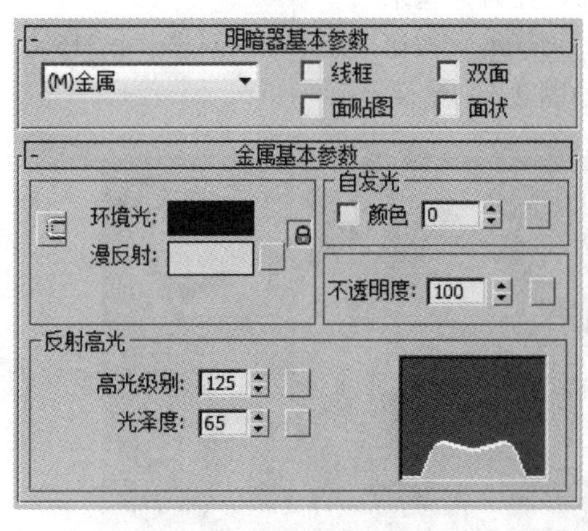

图 2-56

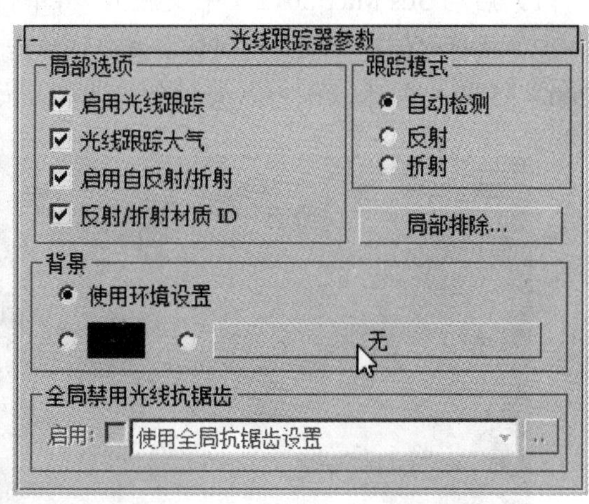

图 2-57

23）在视图中同时选中电脑椅的收边、扶手和椅子腿，然后选中不锈钢材质球，单击“将材质指定给选定对象”按钮将不锈钢材质赋给所选对象，再单击“视口中显示明暗处理材质”按钮，电脑椅制作完成，最终效果如图 2-58 所示。

图 2-58

任务 4　制作书架

操作步骤

1）启动 3ds Max 2012（中文版），将单位设置为“毫米”。

2）执行“创建”→“几何体”命令，单击 长方体 按钮，在顶视图创建一个 315×1200×35 的长方体，作为书架顶部的木板，如图 2-59 所示。

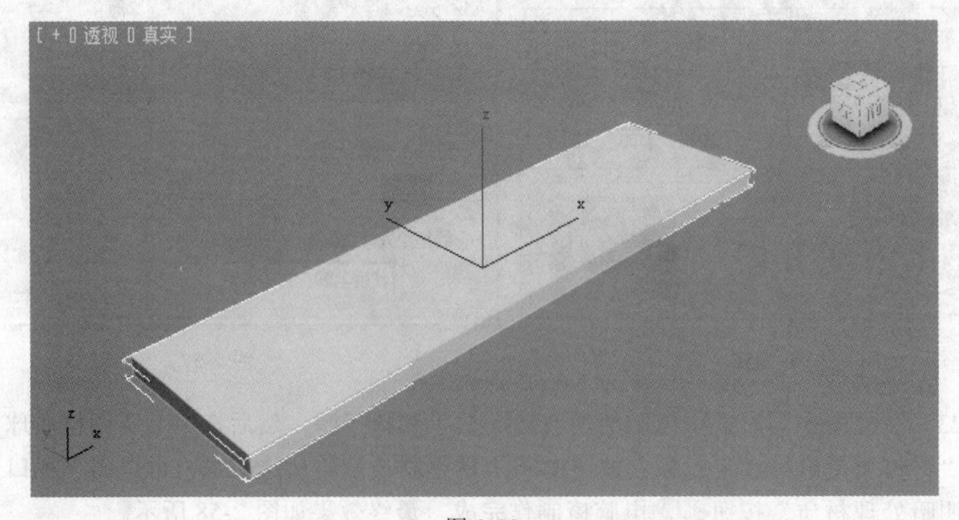

图 2-59

3）执行“创建”→“图形”命令，单击 线 按钮，在顶视图绘制一个长为350mm、宽为160mm的书架外框截面线，然后为其添加“挤出”修改命令，设置挤出的“数量”为-2560mm，作为书架的外框，如图2-60所示。

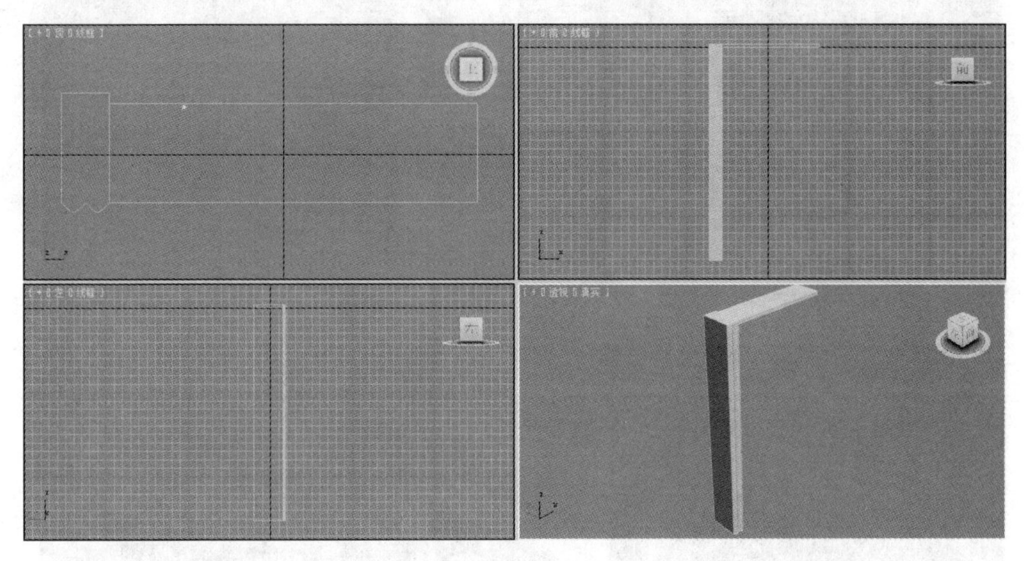

图2-60

4）将制作的外框在顶视图沿X轴向右移动复制一个并调整位置，使两外框与书架顶板间的位置关系如图2-61所示。

5）激活前视图，将书架顶部的木板沿Y轴向下移动复制5个，其中最下面的长方体是书架的底板，使书架底板与地面的距离为50mm，底板与其上侧紧相邻的隔板间的距离是700mm，其余各隔板间的距离均是400mm，如图2-62所示。

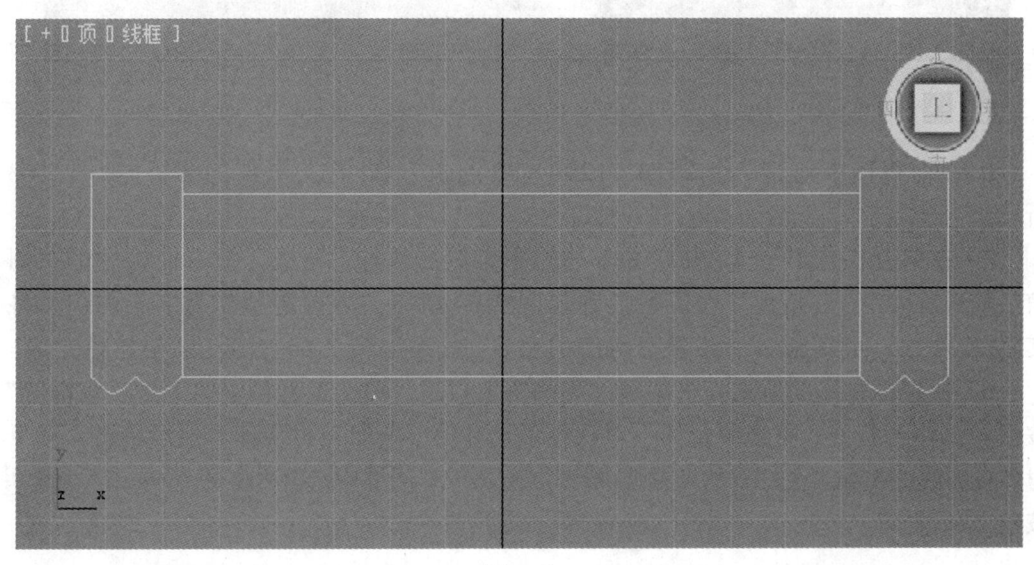

图2-61

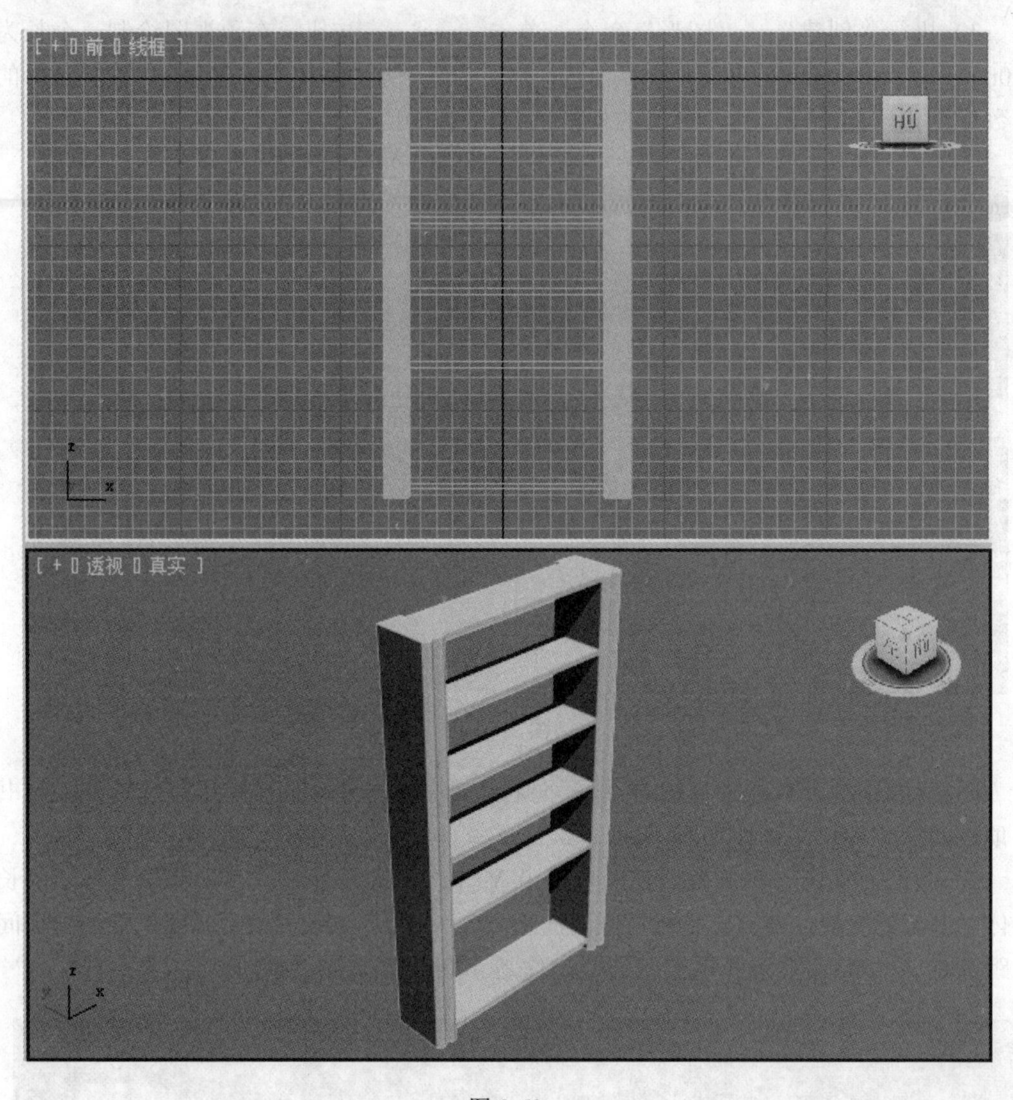

图 2-62

6）在前视图中创建一个 2510×1200×35 的长方体，作为书架的背板，如图 2-63 所示。

7）在前视图绘制一个 700×600 的矩形，然后执行“修改”命令面板中的“倒角”修改命令，“倒角值”卷展栏设置如图 2-64 所示。所得造型作为书架的门，将其沿 X 轴方向再复制一个并调整两门的位置，效果如图 2-65 所示，书架建模完成。

8）用位图贴图的方式为书架赋“黑胡桃”材质。单击工具栏中的“材质编辑器”按钮，快速打开“材质编辑器”对话框，选择第一个空白材质球，然后单击“漫反射”右侧的按钮，在打开的“材质/贴图浏览器”对话框中选择“位图”，单击确定按钮。

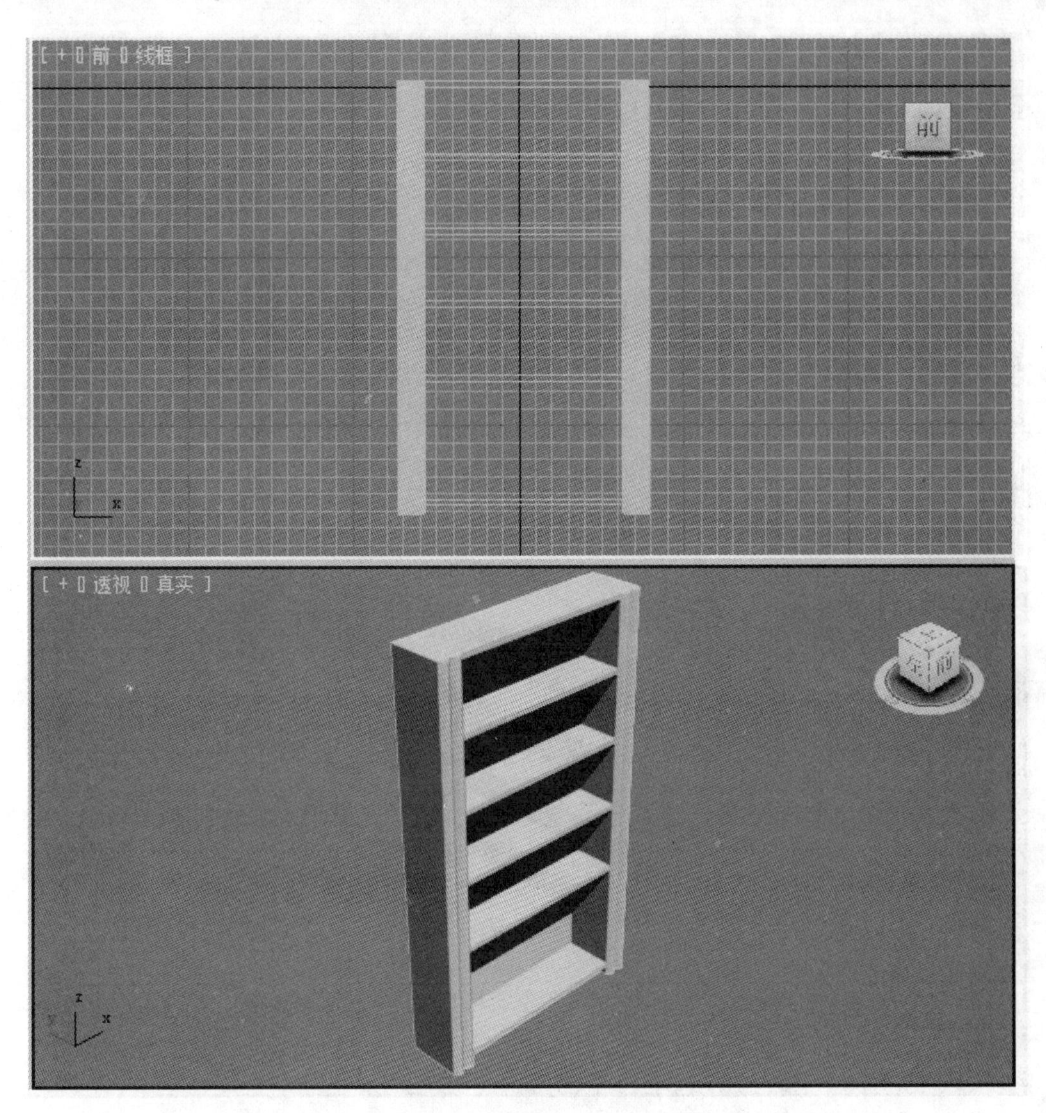

图 2-63

倒角值

起始轮廓: 0.0mm

级别 1:

高度: 5.0mm

轮廓: 0.0mm

☑ 级别 2:

高度: 0.0mm

轮廓: -10.0mm

☑ 级别 3:

高度: 15.0mm

轮廓: -20.0mm

图 2-64

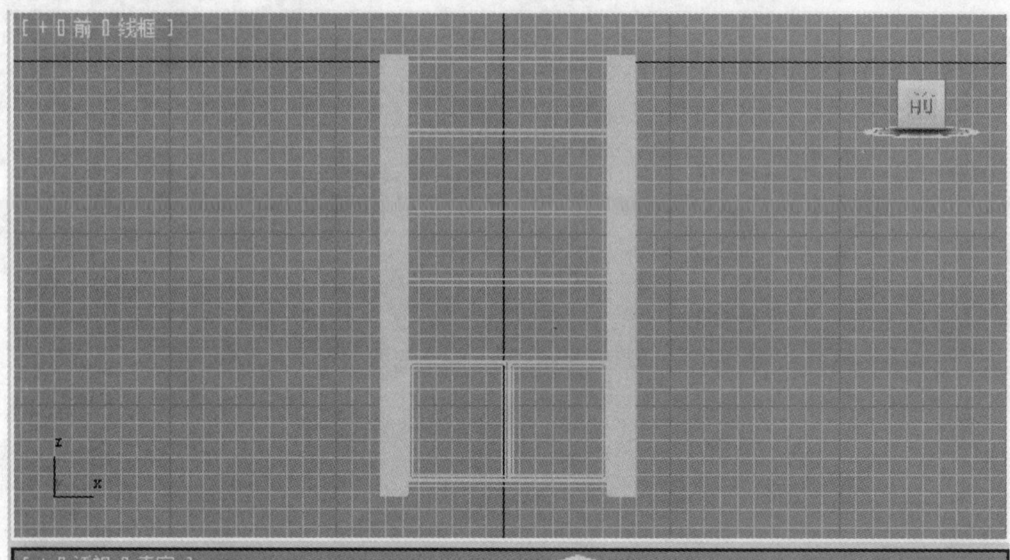

图 2-65

9）在打开的“选择位图图像文件”对话框中选择一幅图片文件（比如，“黑胡桃.jpg”），单击 打开(O) 按钮，此时材质球的灰色会被“黑胡桃.jpg”图片覆盖，单击“转到父对象”按钮，返回到上一层级。

10）回到视图中选中书架的所有部分，单击“将材质指定给选定对象”按钮，将“黑胡桃”材质赋给书架，再单击“视口中显示明暗处理材质”按钮，然后把书架材质显示不正确的部分分别执行“修改”命令面板中的“UVW 贴图”修改命令，在“UVW 贴图”的“参数”卷展栏中，贴图类型选择“长方体”选项，其余参数值默认，书架制作完成，最终效果如图 2-66 所示。

图 2-66

通过本项目，重点学习了用“编辑网格”修改模型、用“挤出”和“倒角”修改命令将二维线形转三维物体、三维建模、材质添加方法，尤其是在材质添加后出现失真现象时，“UVW 贴图”修改命令的运用和参数修改方法。

设计并制作电脑桌和书架。

项目3 制作客厅摆设及装饰物（一）

本项目为客厅部分摆放及装饰物品制作，为了分散制作难点，将该项目分成了 4 个任务，分别是液晶电视、电视柜、客厅装饰架、鞋架制作。

通过本项目的制作，学习“标准基本体”“扩展基本体”的创建方法以及二维图形转三维模型的修改方法。为了使模型产生更逼真的效果，使用了“材质编辑器”和“UVW 贴图”修改命令。

1）掌握“编辑多边形”修改命令的运用技巧，学会对“编辑多边形”下的“面”层级子对象进行“倒角”和“挤出”的操作方法。

2）掌握“挤出”修改命令的运用方法。

3）熟练掌握“材质编辑器”以及“UVW 贴图”修改命令的运用方法。

4）熟练掌握“移动”“复制”“对齐”等工具的用法。

相关知识介绍

1）“编辑多边形”修改命令。在修改面板中对三维模型执行“编辑多边形”修改命令后，可以在修改堆栈中单击“编辑多边形”前面的⊞，展开顶点、边、边界、多边形和元素 5 个子对象层级，选择某一子对象层级后即可对该子对象进行选择和相应的编辑操作，如移动、缩放等，从而实现三维模型形状的修改。

2）原位复制，即在物体原位置复制的方法。具体操作时可按住<Shift>键的同时单击该物体，即可完成原位复制操作。

3）移动复制，即复制物体的同时，使复制的物体发生一定位置的移动。

具体操作方法常用的有以下 2 种。

①<Shift>+移动物体。即先单击工具栏中的“移动”按钮，然后按住<Shift>键的

同时，用鼠标左键按住选定物体沿某个坐标轴移动一定位置后松开鼠标，在打开的对话框中设置相应参数即可。

②原位复制，再移动物体。

4）旋转复制，即将选定对象复制的同时，将复制的物体旋转一定角度的复制方法。具体操作方法常用的有以下 2 种。

①<Shift>+旋转物体。即单击工具栏中的“旋转”按钮，然后按住<Shift>键的同时，在某视图中绕一定的轴向将选定物体旋转一定角度后松开鼠标，打开“克隆选项”对话框，在该对话框中设置克隆选项及副本数，单击“确定”按钮即可。

②原位复制，再将复制的物体进行旋转。

任务 1　制作液晶电视

操作步骤

1）启动 3ds Max 2012（中文版），将单位设置为“毫米”。

2）在前视图中创建一个 850×1375×50，长、宽、高分段分别为 5、5、3 的长方体，作为“液晶显示器机壳”，如图 3-1 所示。

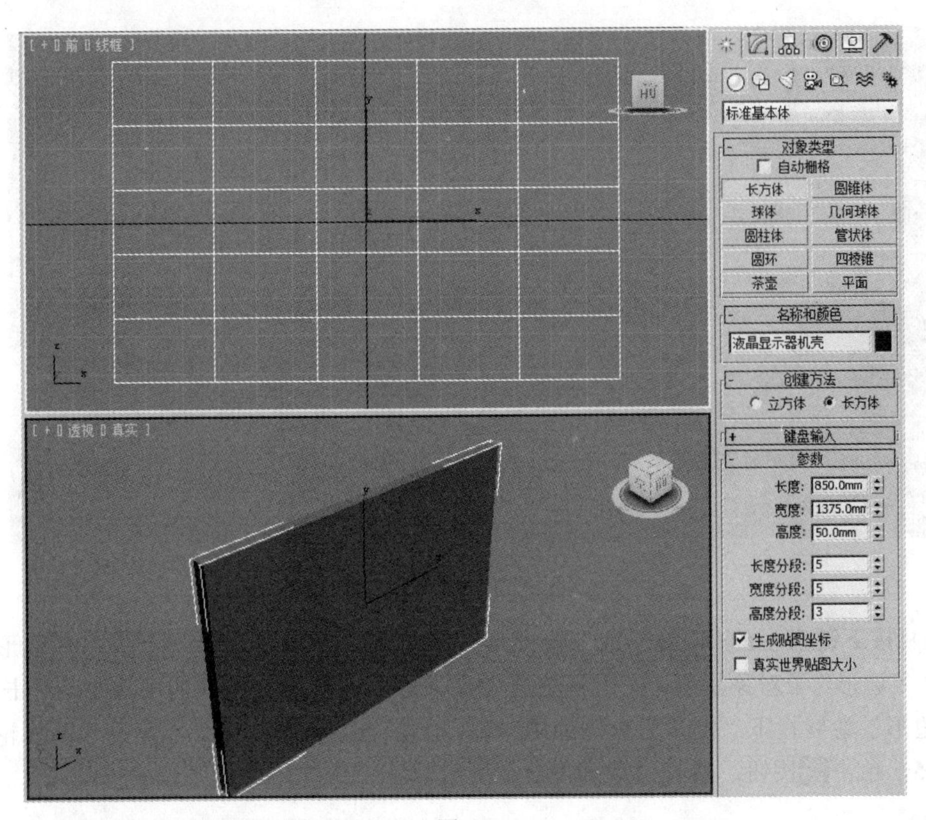

图 3-1

3）在前视图选中长方体，在“修改器列表”中选择“编辑多边形”，按下键盘上的<1>键，或在修改堆栈中单击“编辑多边形”下的“顶点”，打开“顶点”子对象层级，如图 3-2 所示。

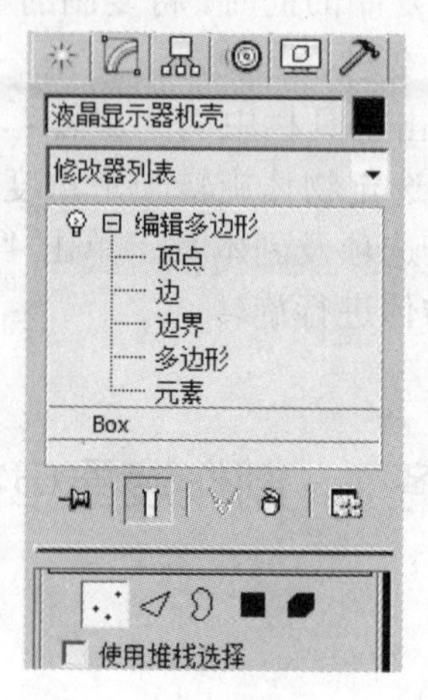

图 3-2

分别选择中间的四排顶点，用“选择并移动”工具分别向四周移动顶点，用于制作显示器屏幕的外框，调整后的结果如图 3-3 所示。

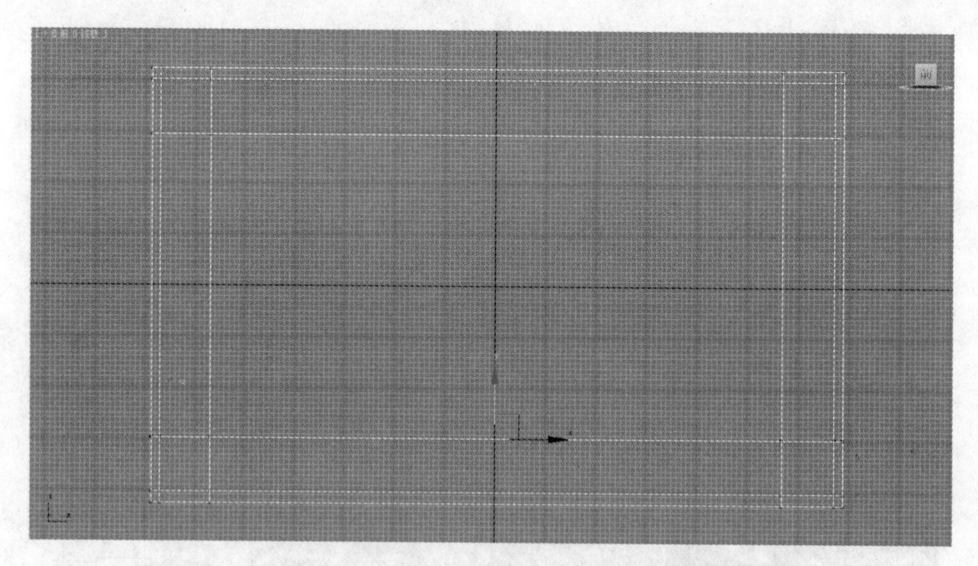

图 3-3

4）按下键盘上的<4>键，或在修改堆栈中单击“编辑多边形”下的“多边形”，打开“多边形”子对象层级，在前视图选中除外边框外的所有中间的多边形，单击“编辑多边形”卷展栏下“倒角”右侧的按钮，如图 3-4 所示。设置“高度”和“轮廓”均为-5，单击按钮，透视效果如图 3-5 所示。

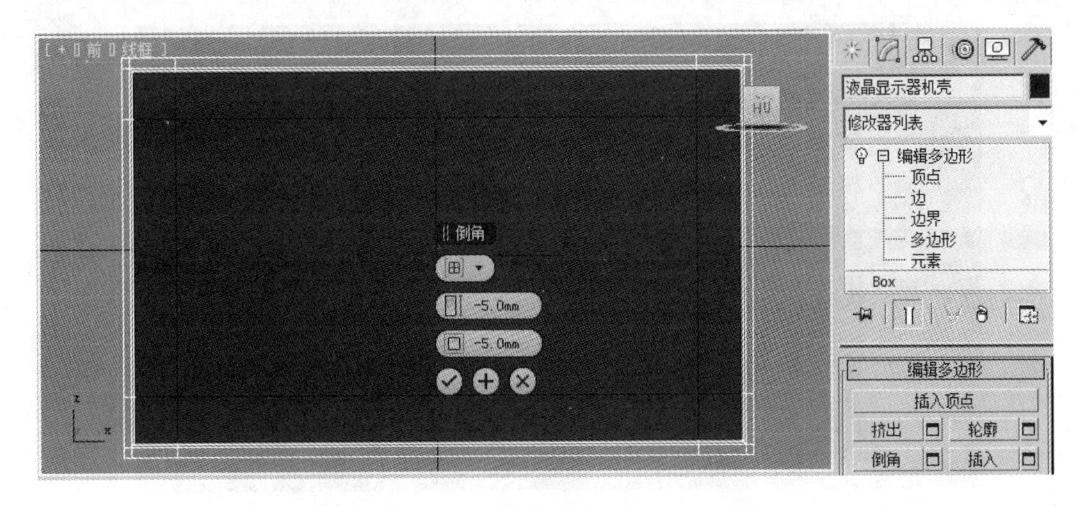

图 3-4

图 3-5

5）制作显示器后面造型。将前视图转换为后视图，按<4>键，转到“多边形”子对象层级，按<Ctrl>键的同时单击除了“显示器外边框”外的各多边形，单击 “编辑多边形”卷展栏下的“挤出”右侧的按钮，在打开的对话框中输入数值为 40，如图 3-6 所示。最后单击按钮。

6）选中后视图中间的多边形，单击“编辑多边形”卷展栏下的“倒角”右侧的按钮，在打开的对话框中输入“高度”为 40，“轮廓”为-50，如图 3-7 所示。最后单击按钮，各视图效果如图 3-8 所示。

图 3-6

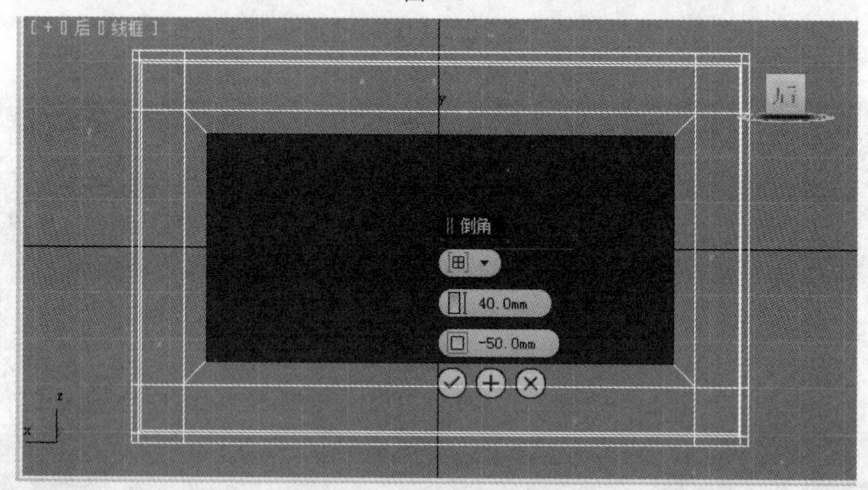

图 3-7

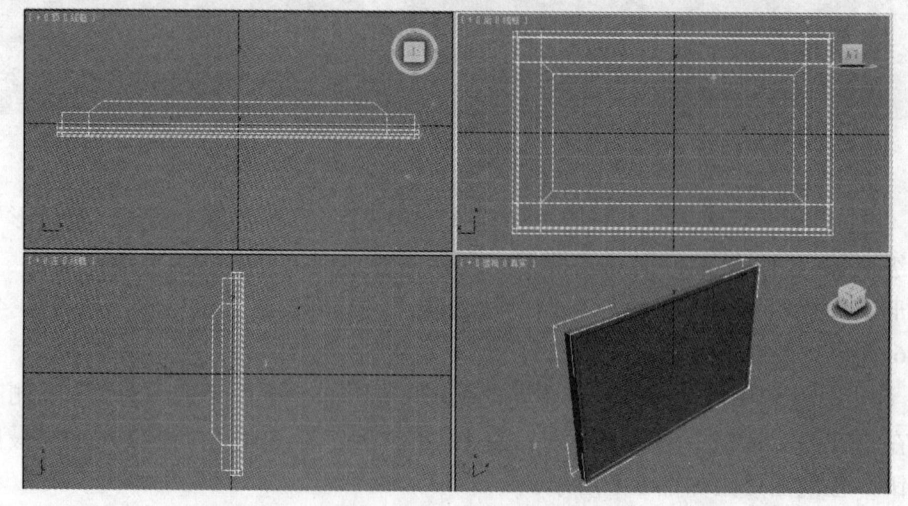

图 3-8

7）将前视图转换成右视图，在显示器侧面如图 3-9 所示的位置创建一个 20×20×2 的长方体，并将其命名为“显示器开关”。

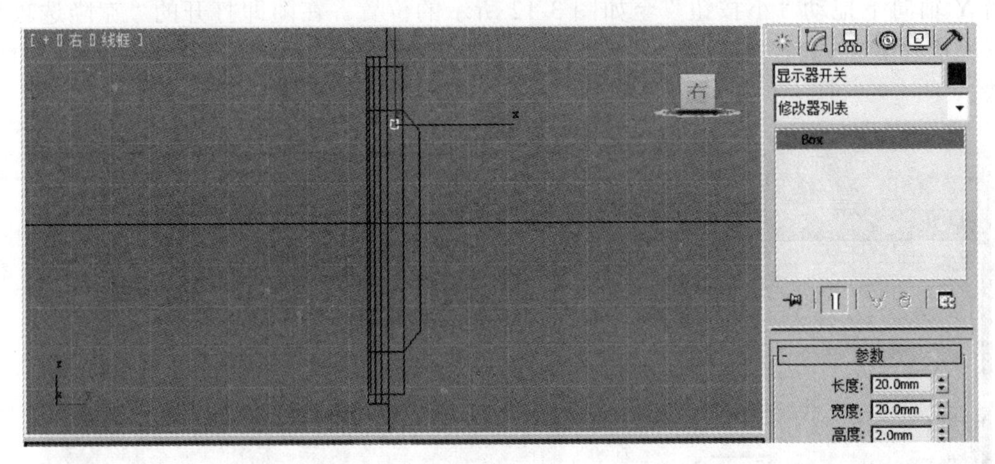

图 3-9

8）移动复制小按钮。确认“显示器开关”处于选中状态，单击“选择并移动”工具，使之处于激活状态，此时按住键盘上的<Shift>键的同时，用鼠标左键沿 Y 轴向下拖动鼠标，出现如图 3-10 所示的对话框。

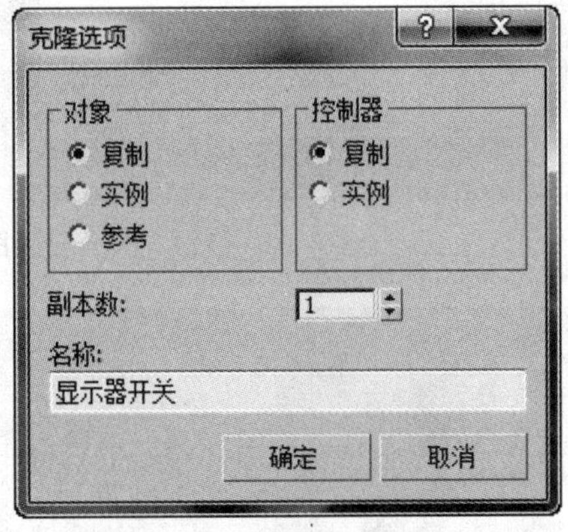

图 3-10

确认“克隆选项”对话框中的“对象”为默认的“复制”，“副本数”为 1，单击“确定”按钮，即可将“显示器开关”移动复制一份。再单击“修改”命令按钮，在“参数”卷展栏下将尺寸修改为 12×20×2 作为显示器的“小按钮”，位置如图 3-11 所示。

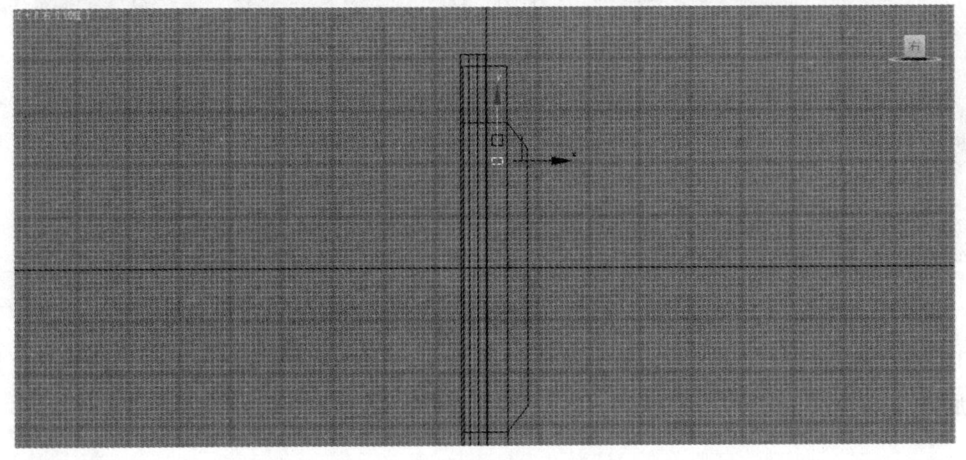

图 3-11

9）在右视图实例复制 3 个“小按钮”。在右视图选中“小按钮”，单击工具栏上的“选择并移动”工具，使其处于激活状态，按住<Shift>键的同时，用鼠标左键沿 Y 轴向下拖动“小按钮”至如图 3-12 所示的位置。在随即打开的“克隆选项”对话框中设置“对象”为“实例”，“副本数”为 3，单击“确定”按钮，如图 3-13 所示。

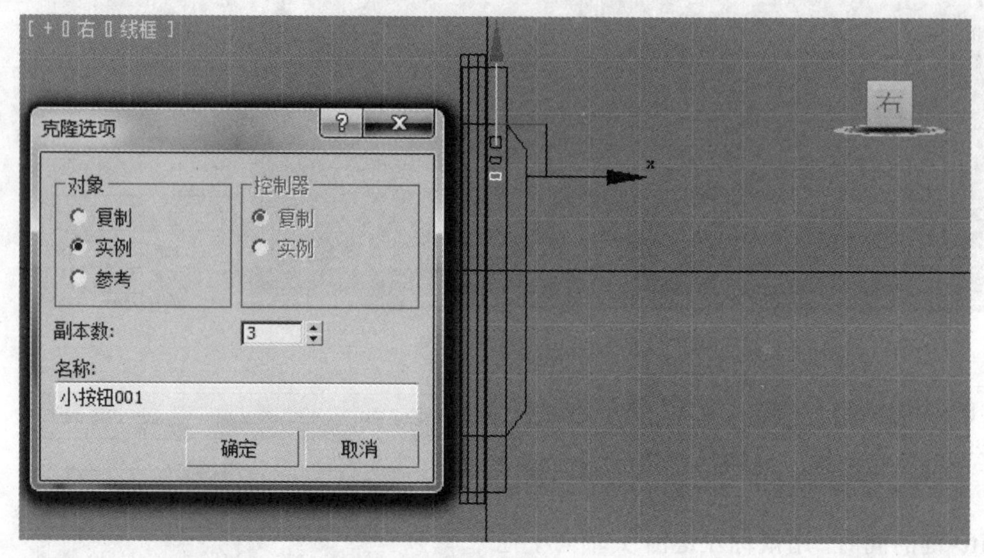

图 3-12

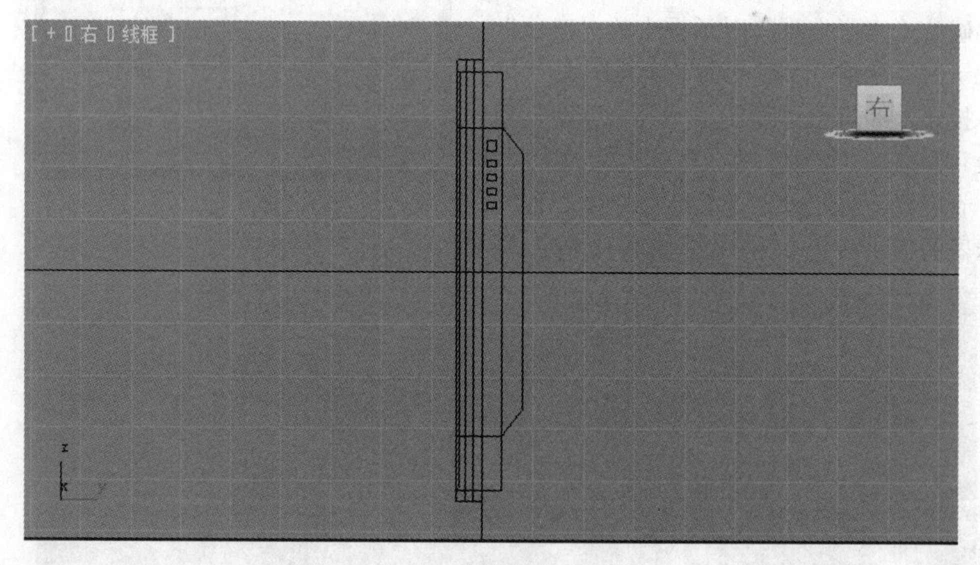

图 3-13

10）制作显示器底座支架。在顶视图创建一个 50×200 的椭圆形，将其命名为“显示器底座支架”，位置如图 3-14 所示。

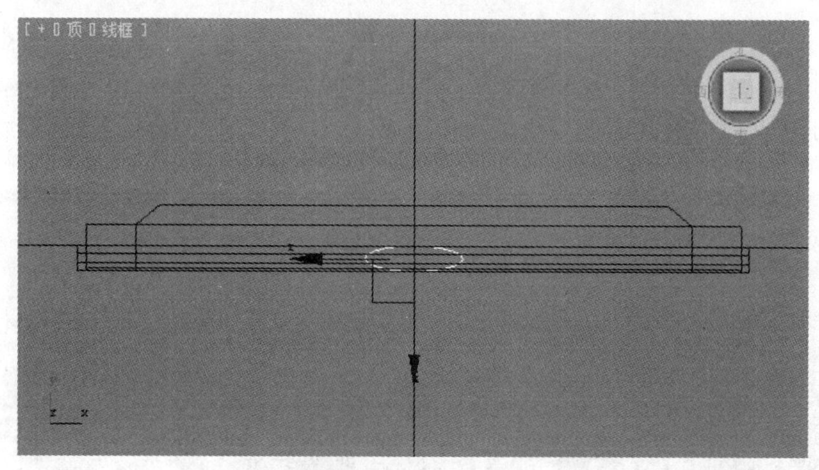

图 3-14

11）单击“修改”按钮，在修改器列表中选择“挤出”命令，对制作的椭圆（显示器底座支架）执行“挤出”命令，挤出数量为 150，如图 3-15 所示。

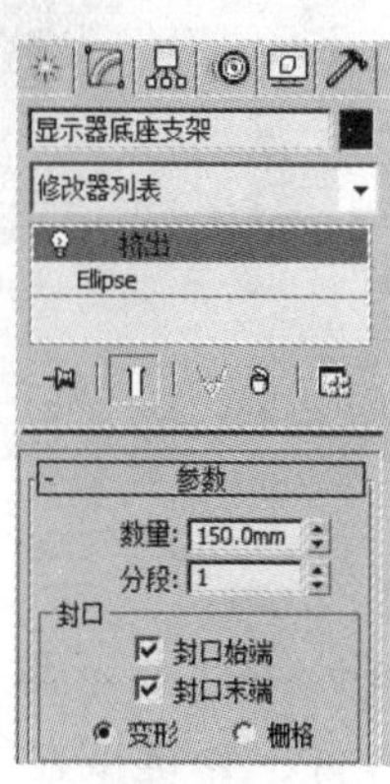

图 3-15

12）将“显示器机壳”与“显示器底座支架”对齐。激活前视图（将右视图再转换为前视图 ），确定“显示器底座支架”处于选中状态，单击工具栏中的“对齐”工具按钮，再单击“显示器机壳”，打开“对齐当前选择”对话框，在对话框中“对齐位置”选中“Y 位置”复选框，“当前对象”选中“最大”（坐标最大值）单选按钮，“目标对象”选中“最小”（坐标最小值）单选按钮，最后单击“确定”按钮，如图 3-16 所示。

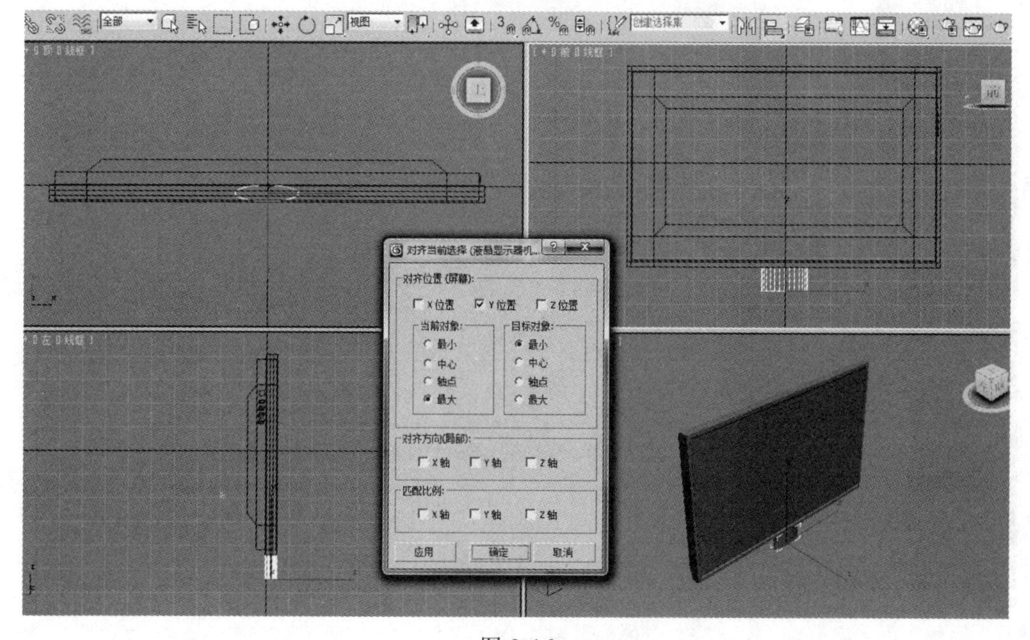

图 3-16

13）在顶视图创建一个尺寸为300×600×20×10、圆角分段为3的切角长方体。并在前视图用“对齐”工具将创建的“底座”与“显示器底座支架”对齐，效果如图3-17所示。此时“液晶电视”模型制作完成。

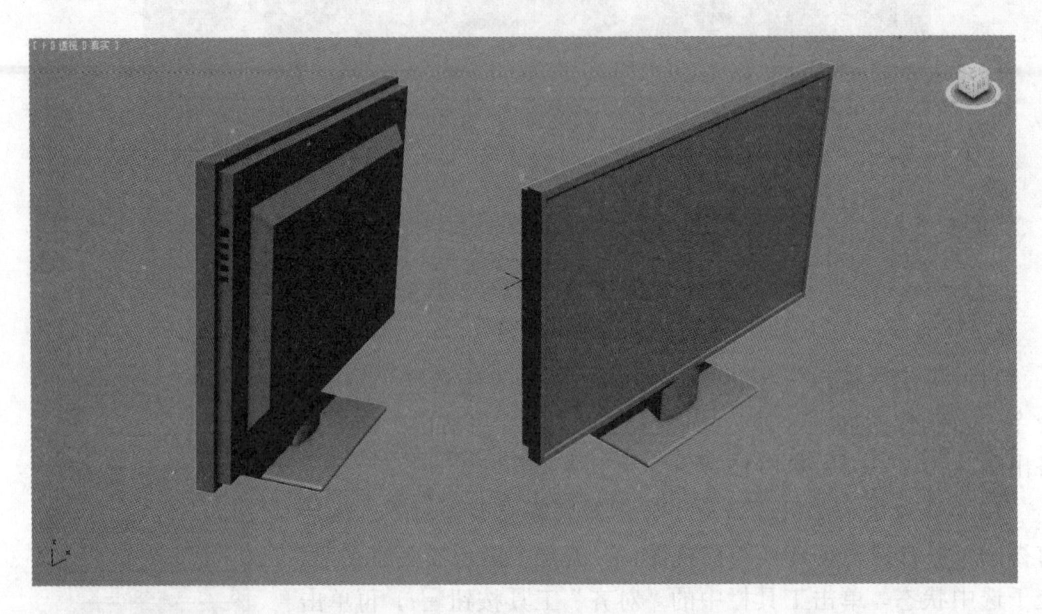

图 3-17

14）将“显示器屏幕”从显示器机壳中分离出来。选中显示器机壳，单击“修改”按钮，按<4>键或在修改堆栈中单击“编辑多边形”下的“多边形”子对象层级，进入多边形编辑状态，选中作为“液晶电视屏幕”的所有多边形，如图3-18所示。

图 3-18

在 - 编辑几何体 卷展栏下，单击 分离 右侧的□按钮，如图3-19所示。

图3-19

在随即打开的“分离”对话框中，“分离为”后输入“液晶电视屏幕”，其他项默认，单击“确定”按钮，即可将选中的多边形（液晶电视屏幕）从“显示器机壳”中单独分离出来。这样做的目的是为了方便单独对“液晶电视屏幕”赋予材质。

15）为“液晶电视屏幕”加贴图材质。退出多边形编辑状态，在前视图中单击“液晶电视屏幕”，使其处于选中状态，如图3-20所示。单击工具栏中的“材质编辑器”按钮，打开如图3-21所示的对话框。

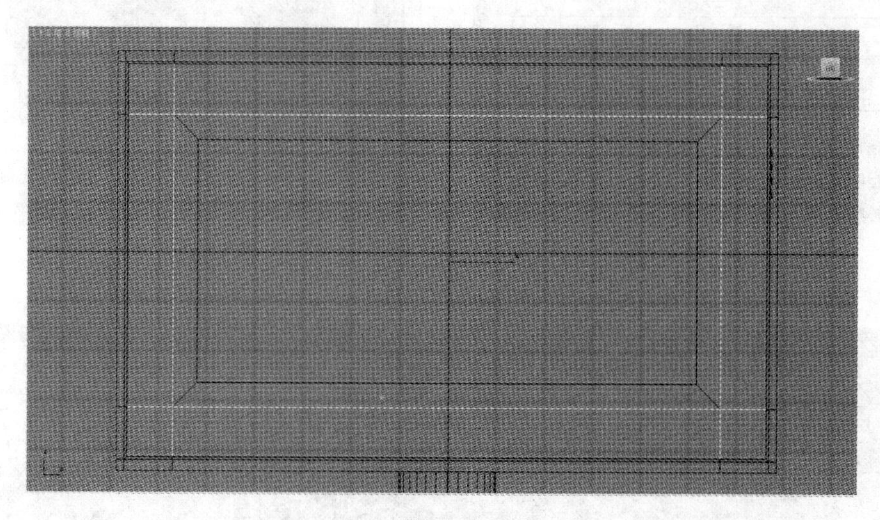

图3-20

16）选中第一个材质球，在“Blinn基本参数”卷展栏下，单击漫反射右侧的小方块，打开“材质/贴图浏览器”对话框。选择“位图”选项，再单击“确定”按钮，或直接双击“位图”选项，即可打开“选择位图图像文件”对话框。选择一幅位图图片后，单击“打开”按钮，材质球变化如图3-22所示。

17）单击材质球下方的按钮（“将材质指定给选定对象”），再单击按钮（“视口中显示明暗处理材质”），可以看到，透视图中的“液晶电视屏幕”上已经显示了贴图效果，如图3-23所示。

18）从上一步的结果可以看到，贴图材质效果很不理想，出现图像失真的现象。此时需要对“屏幕”执行“UVW贴图”修改命令。选中“液晶显示器屏幕”，在修改器列表中选择“UVW贴图”修改命令，在“参数”卷展栏下的贴图类型选择“平面”，U、V、W平铺数值均保持默认值1，效果如图3-24所示。此时可以看到“液晶电视屏幕”材质添加后的最终效果。

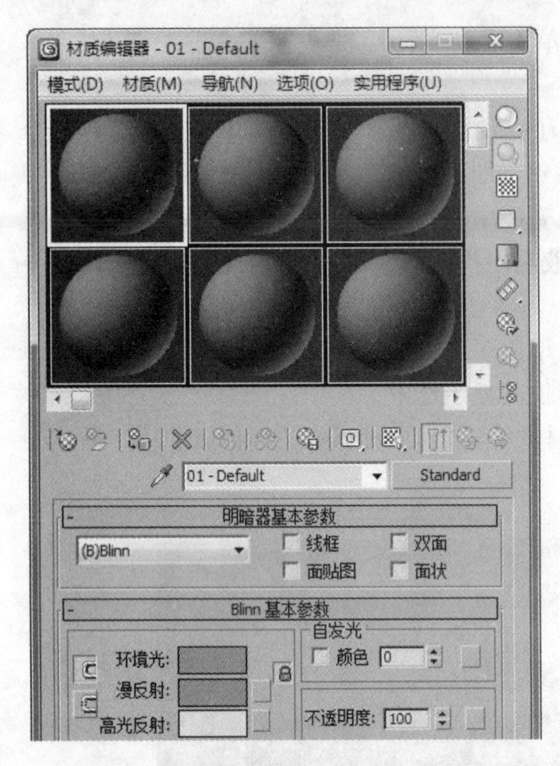

图 3-21

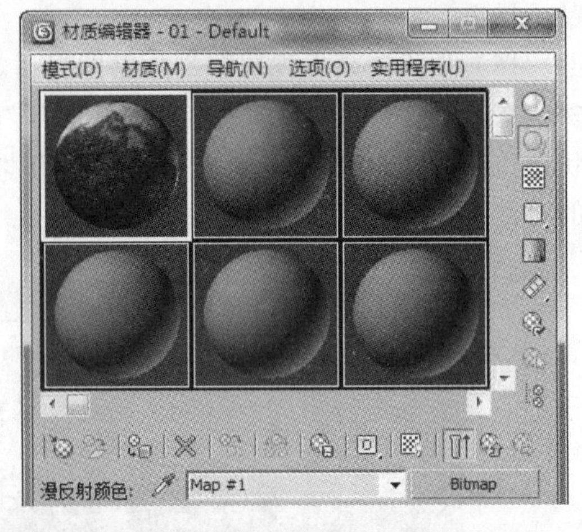

图 3-22

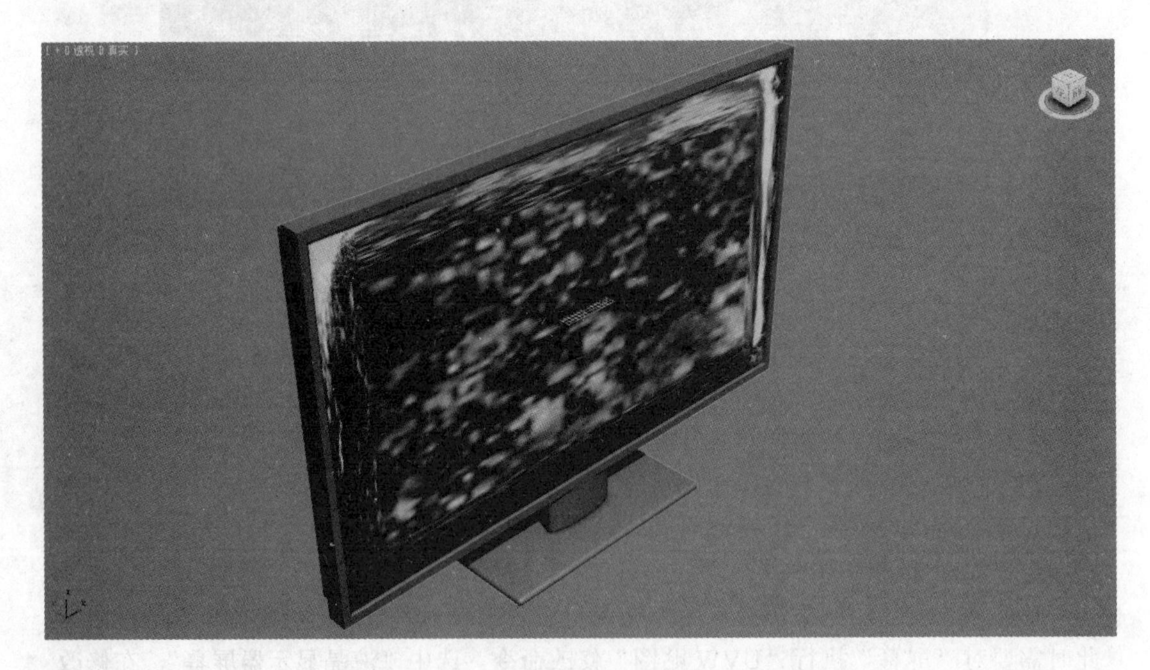

图 3-23

19）为“液晶电视”其他部位添加黑色材质。选择“机壳”“底座支架”和“底座”，在“材质编辑器”中单击第 2 个材质球，漫反射颜色选择黑色，并将黑色材质赋予选定对象，为了产生一定的高光效果，可适当设置一定的“高光级别”和“光泽度”。此处将“高光级别”设置为 30，“光泽度”设置为 20。液晶电视最终效果如图 3-25 所示。

图 3-24

图 3-25

任务 2　制作电视柜

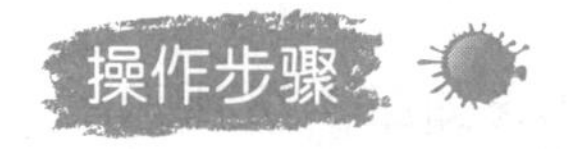

1）启动 3ds Max 2012（中文版），将单位设置为“毫米”。

2）在命令面板中执行“创建”→“几何体”命令，单击 标准基本体 下的 长方体 按钮，在顶视图中创建一个560×2500×250的长方体，作为电视柜的台面，如图3-26所示。

图 3-26

3）在前视图依次创建两个尺寸分别为172×780×5和15×485×10的长方体，作为电视柜的“柜门”及“把手”，调整后的位置如图3-27所示。

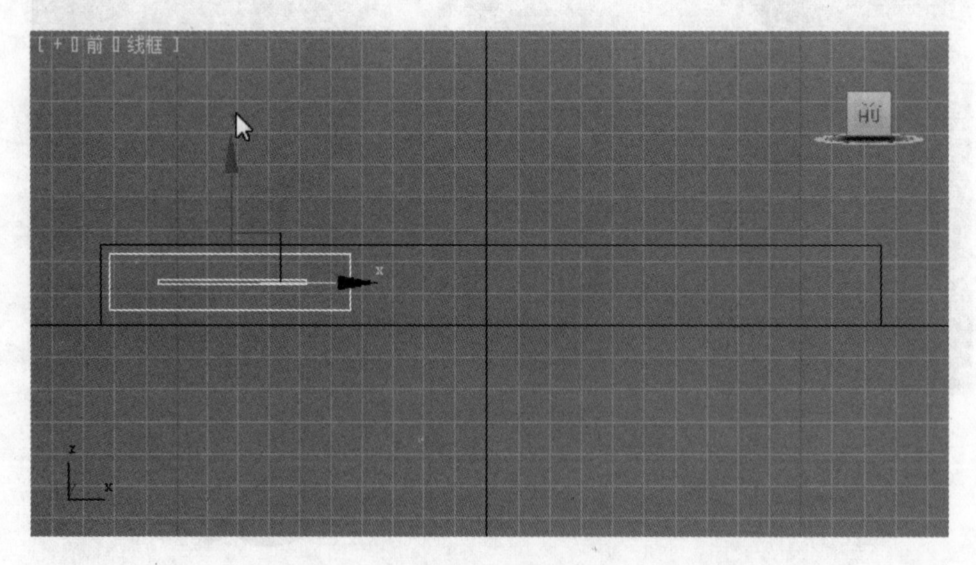

图 3-27

4）在前视图沿X轴向右实例复制两组柜门及把手，位置和形态如图3-28所示。至此电视柜模型制作完成，透视效果如图3-29所示。

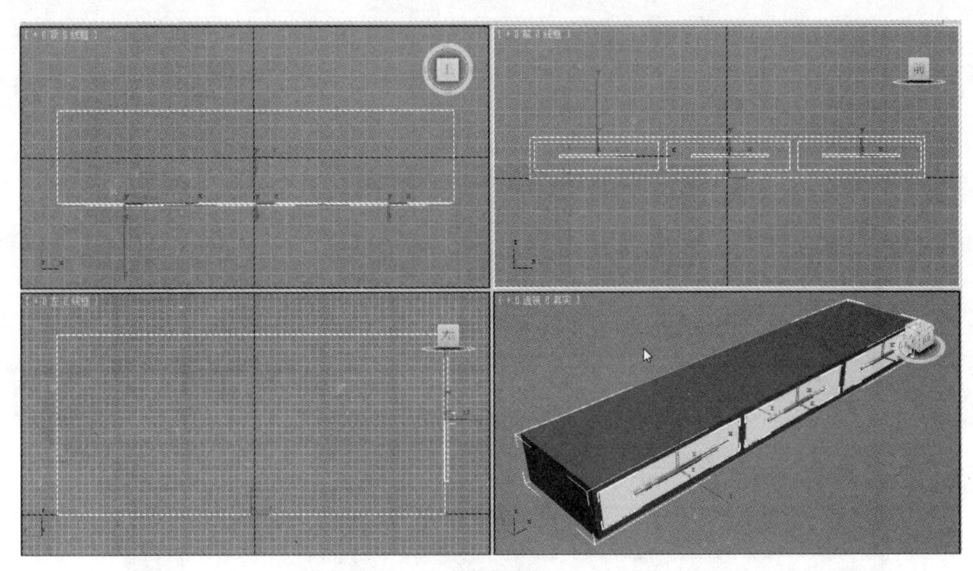

图 3-28

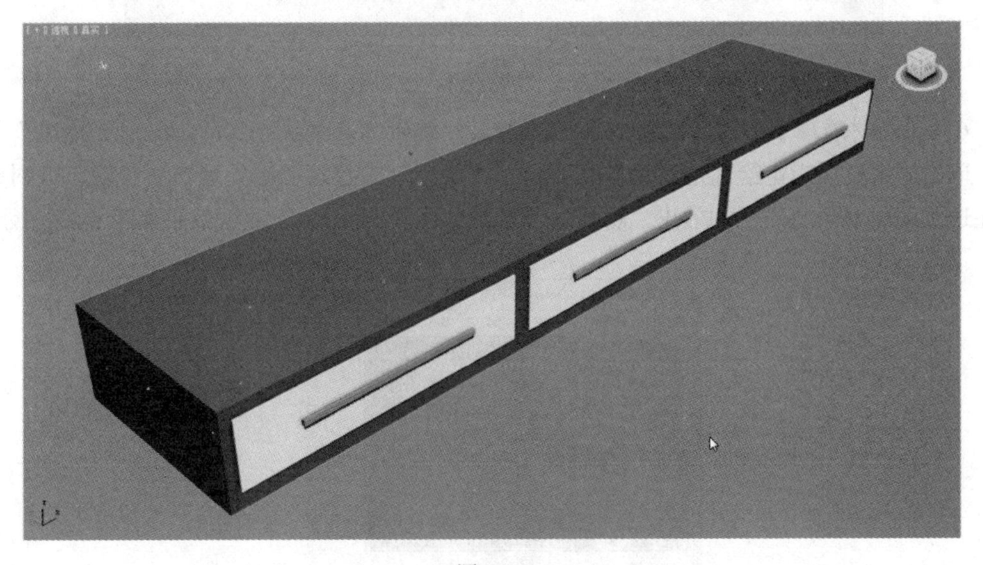

图 3-29

注意：如果复制的对象尺寸与原尺寸相同，则在“克隆选项”对话框中的“对象”选中“实例”单选按钮，如果复制的对象尺寸与原尺寸不同，复制后尺寸需要修改时，则选中“复制”单选按钮。此处选中“实例”单选按钮，“副本数”选2。移动复制是模型制作过程中常用的方法。

5）为“电视柜”柜体添加材质。选中“电视柜”柜体，再单击“材质编辑器”按钮，在打开的对话框中单击第一个材质球，单击“漫反射”右面的小方块按钮，在打开的“材质/贴图浏览器”对话框中双击“位图”，再在随即打开的“选择位图图像文件”对话框中选择一幅位图文件，本例选择“木纹26.jpg”文件，如图3-30所示。最后单击“打开”按钮。

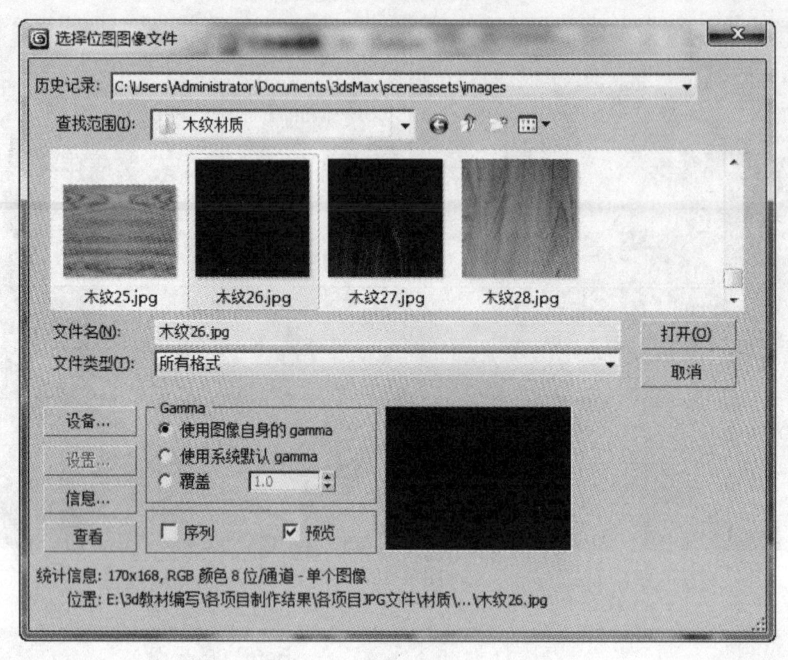

图 3-30

6）单击材质球下的“转到父对象”按钮，设置“高光级别”为 80，“光泽度”为 25。单击“将材质指定给选定对象”，再单击“视口中显示明暗处理材质”，此时即可在透视图中显示材质添加效果。材质球和参数如图 3-31 所示，透视效果如图 3-32 所示。

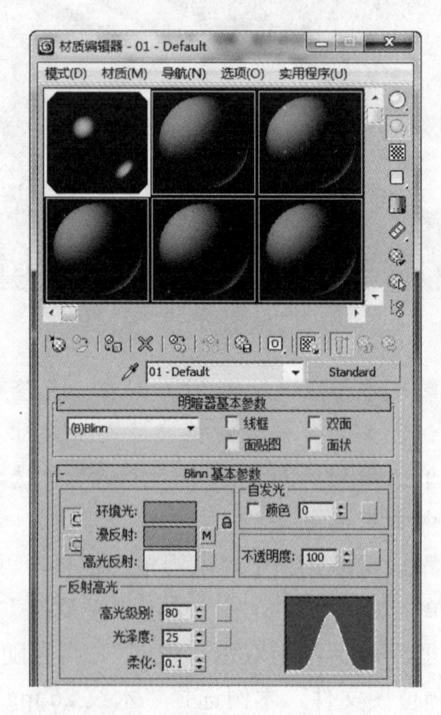

图 3-31

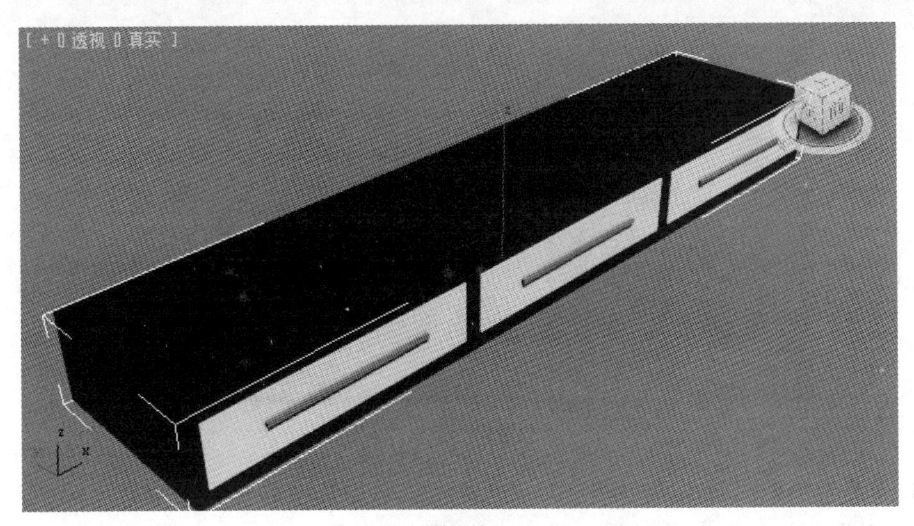

图 3-32

7）从上一步透视效果可以看出，木纹纹理不真实，还需对它执行“UVW 贴图”修改命令。在命令面板中单击修改命令按钮，在修改器列表中选择“UVW 贴图”修改命令，在 参数 卷展栏下选择“长方体”贴图选项，边看效果边调整长和宽的数值。此处长、宽值均取 500，其他不变，效果如图 3-33 所示。可以看到，电视柜木纹效果较真实了。

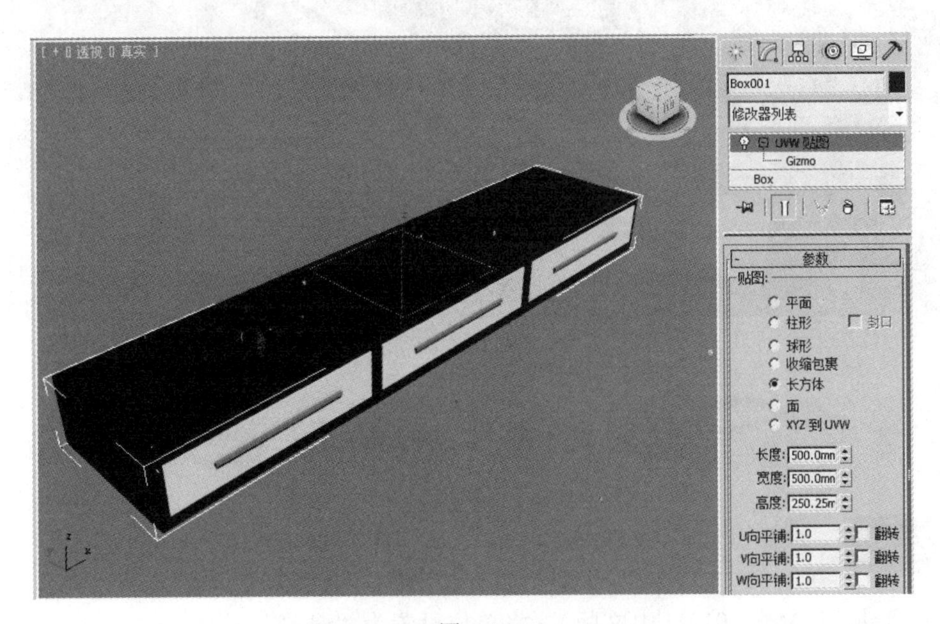

图 3-33

8）为“柜门把手”添加黑色材质。同时选择三个柜门把手，单击“材质编辑器”对话框中的第 2 个材质球，单击“漫反射”后面的　按钮，在打开的对话框中选择黑色，如图 3-34 所示。最后单击“确定”按钮，并将材质赋予选定对象“柜门把手”。

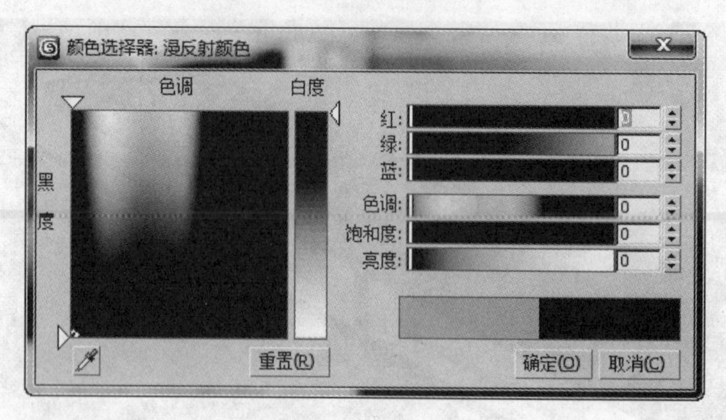

图 3-34

9）确定 3 个柜门处于选中状态，在“材质编辑器”中选择第 3 个材质球，用上一步的方法对柜门添加银白色材质，最终电视柜效果如图 3-35 所示。

图 3-35

任务 3　制作客厅装饰架

操作步骤

1）启动 3ds Max 2012（中文版），将单位设置为“毫米”。

2）在顶视图创建一个 200×1500×20，圆角为 2，圆角分段为 3，其他参数为默认值的切角长方体，如图 3-36 所示。

3）按住<Shift>键，使用“角度捕捉”和“旋转”工具，在前视图绕 Z 轴旋转复制一个切角长方体，旋转角度为 90°，如图 3-37 所示。

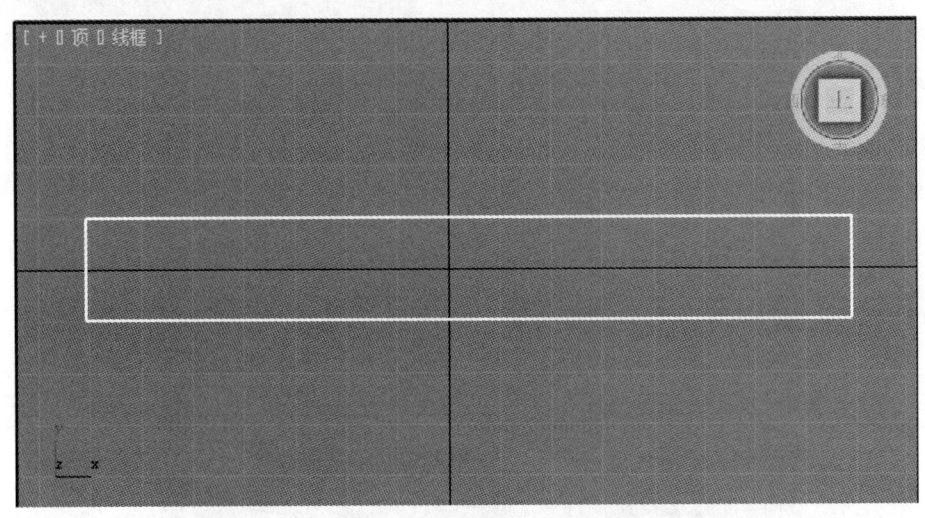

图 3-36

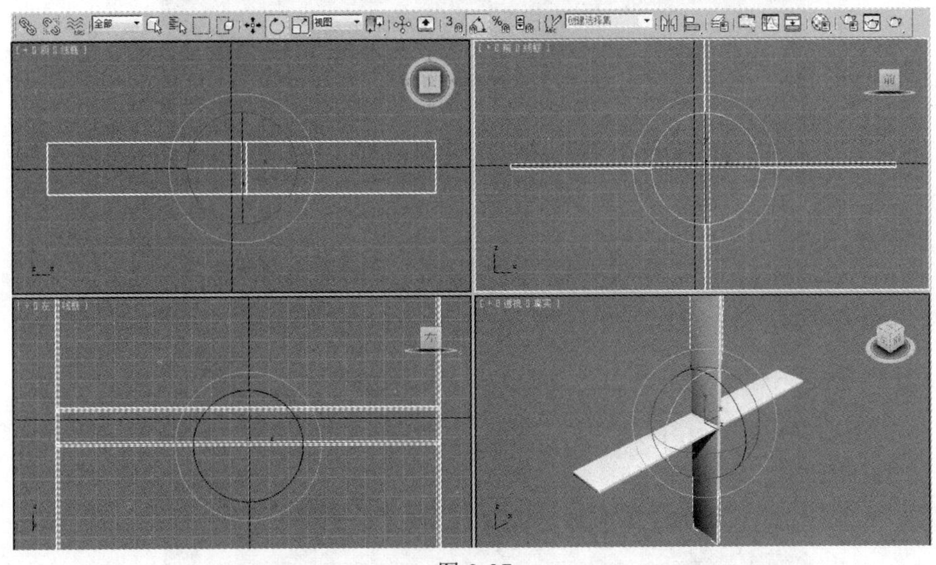

图 3-37

注意：此处旋转复制操作时，采用了<Shift>+旋转物体的方法，即分别单击“旋转”和“角度捕捉”工具，使其处于激活状态。然后按住<Shift>键的同时，在前视图绕 Z 轴顺时针或逆时针旋转 90°，具体角度值可以在旋转的同时观察状态栏下相应坐标轴的数值变化。当 Z 轴值变换 90° 时停止旋转即可。系统默认捕捉角度为 2°。如果想快速捕捉 90°，则可在“角度捕捉”按钮处单击鼠标右键，在打开的对话框中设置角度捕捉值为 90° 即可。

在前视图综合运用“移动”和“对齐”工具调整其位置，如图 3-38 所示。

4）在前视图用移动复制的方法分别在水平和竖直方向各复制一个切角长方体，并分别将复制的切角长方体放置在合适位置，如图 3-39 所示。

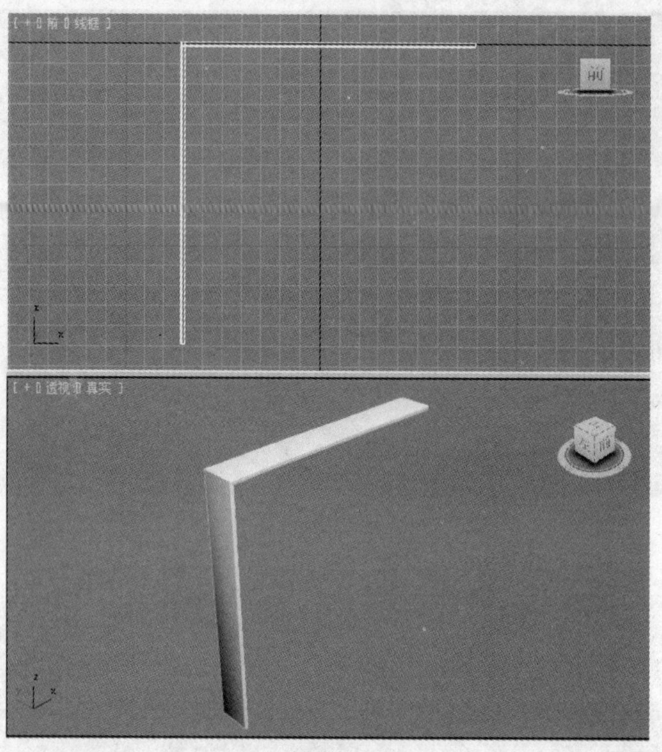

图 3-38

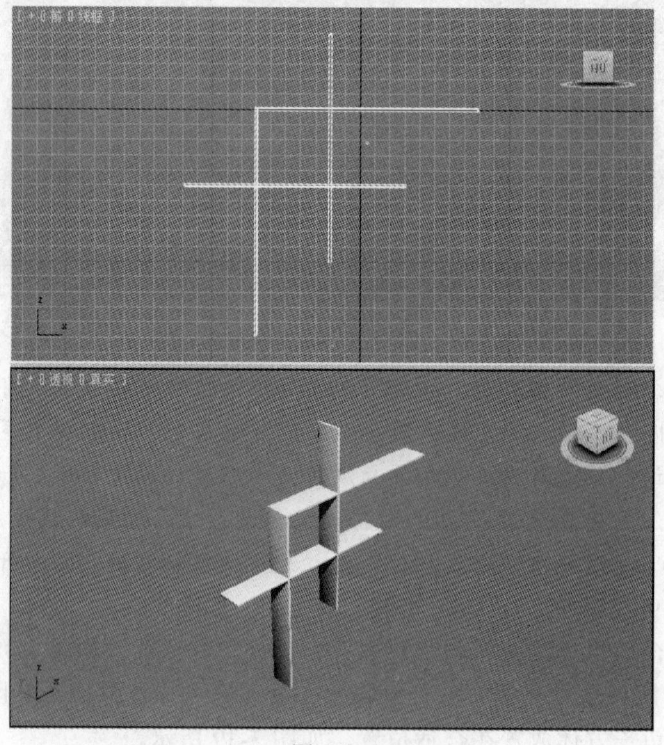

图 3-39

5）在水平和竖直方向再分别复制一个切角长方体，并将宽度值参数由原来的1500改为1000，其他参数不变。并将修改后的切角长方体移至合适位置，如图3-40所示。至此，装饰架模型制作完成。

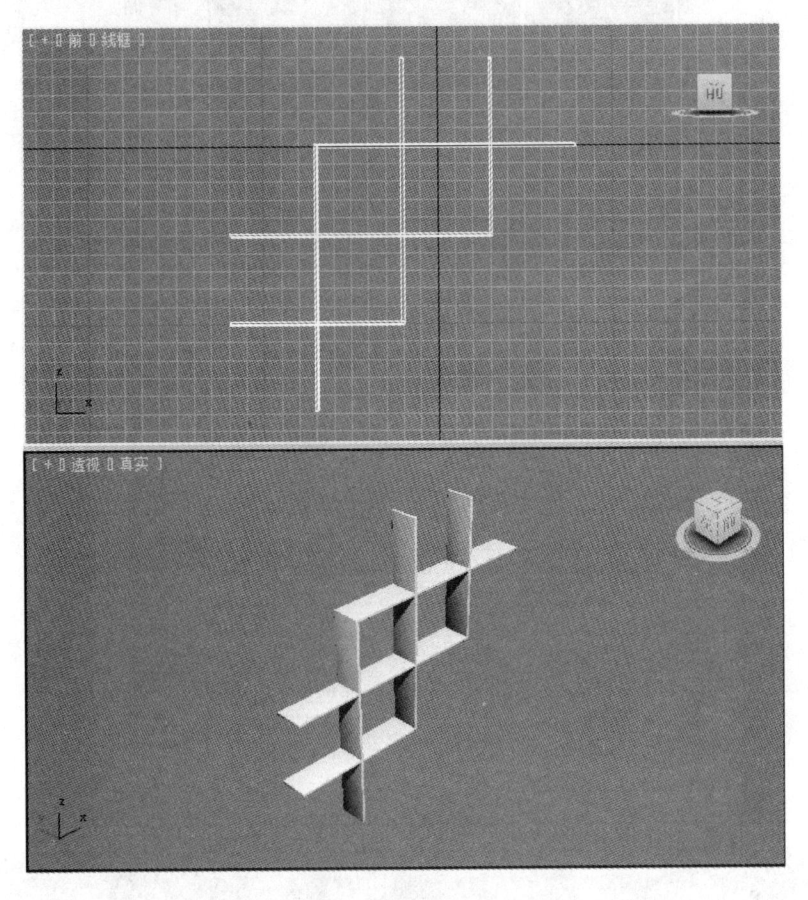

图3-40

6）为装饰架添加木纹材质。选中整个装饰架，单击“材质编辑器”按钮，单击第一个材质球，用前面讲述的添加贴图的方法或单击“贴图”按钮，展开“贴图”卷展栏，单击“漫反射颜色”右面的“None”按钮，添加一幅漫反射贴图，本例选择“木纹26”，设置“高光级别”为60，“光泽度”为30，如图3-41所示。并将调制好的材质赋予装饰架，装饰架效果如图3-42所示。还可以选择其他材质，参数根据想要的效果进行设置，可以边调参数边看效果，直至满意为止。

7）选中装饰架的其中一个水平板，对其执行“UVW贴图”修改命令，选中“长方体”贴图类型，设置长为80，宽为8000，高为10，效果如图3-43所示。其他横板设置方法与此相同。可以看到，水平各板木纹纹理较设置前美观了。

8）用同样的方法对竖直板执行“UVW贴图”修改命令，参数与水平板的设置相同，最终效果如图3-44所示。至此，装饰架制作完毕。

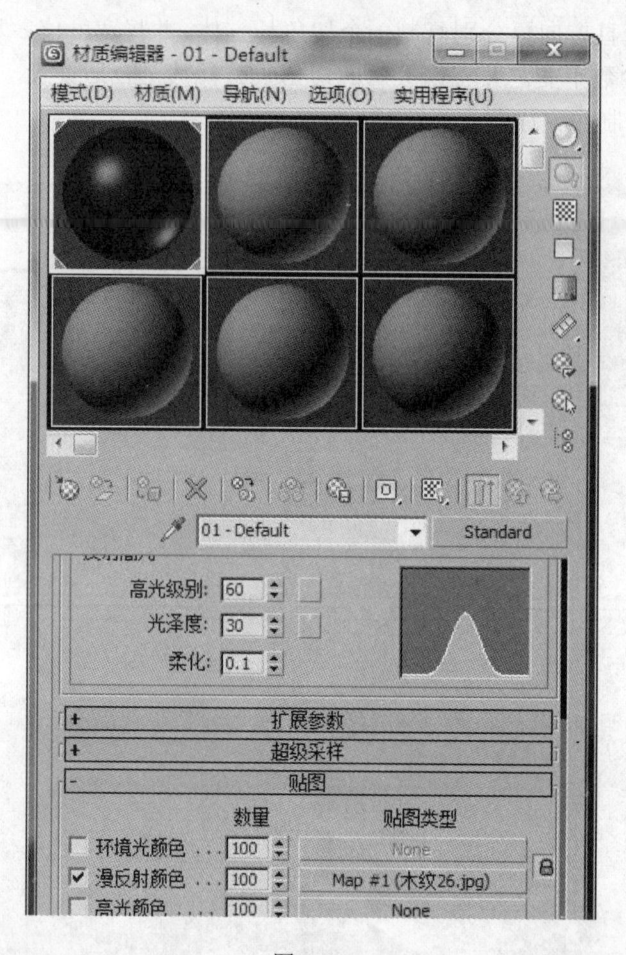
材质编辑器 - 01 - Default
模式(D) 材质(M) 导航(N) 选项(O) 实用程序(U)
01 - Default
Standard
高光级别: 60
光泽度: 30
柔化: 0.1
扩展参数
超级采样
贴图
数量
贴图类型
环境光颜色 100 None
漫反射颜色 100 Map #1 (木纹26.jpg)
高光颜色 100 None

图 3-41

图 3-42

图 3-43

图 3-44

任务4 制作鞋架

1）启动 3ds Max 2012（中文版），将单位设置为“毫米”。

2）在左视图创建一个尺寸为 800×300 的长方形，如图 3-45 所示。

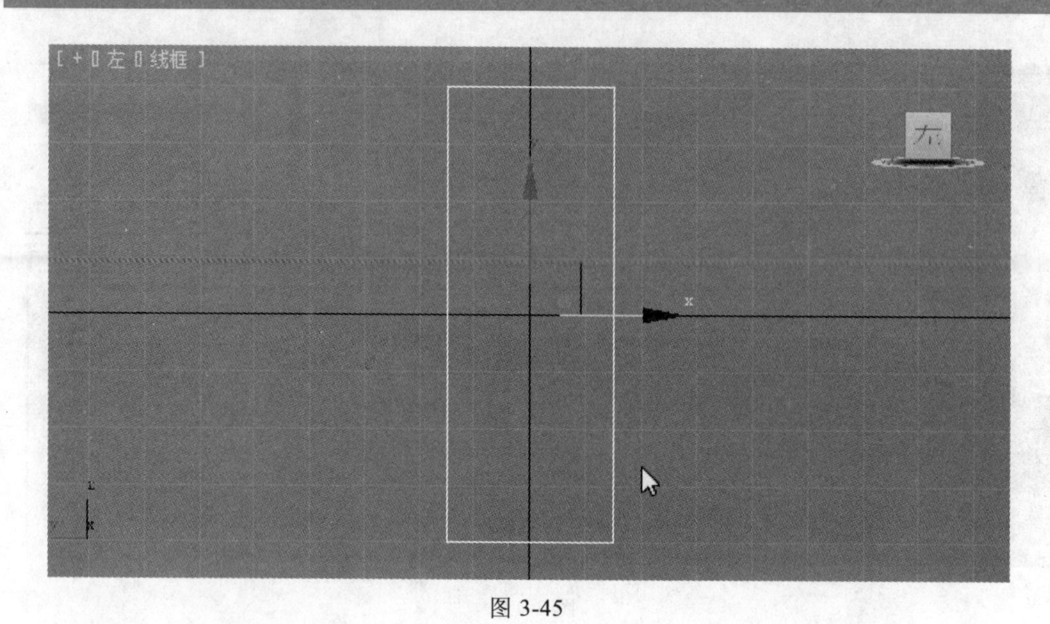

图 3-45

3）在工具栏中的“捕捉”工具 上单击鼠标右键，在打开的对话框中设置“顶点”捕捉后，在左视图执行“线”命令捕捉“矩形”顶点，绘制一个下框，如图 3-46 所示。

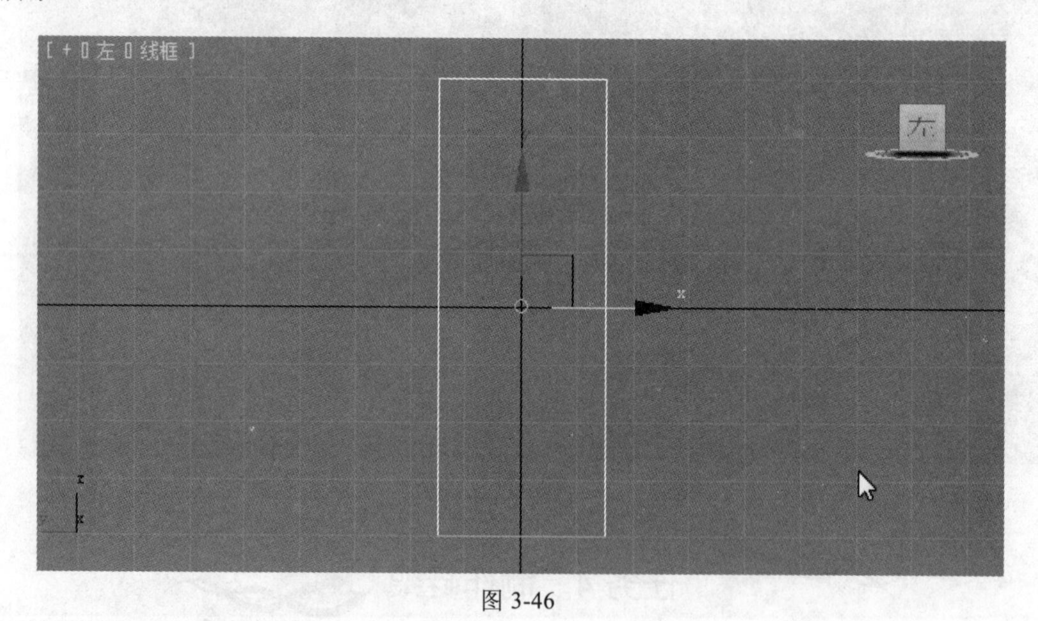

图 3-46

4）删除已创建的矩形，左视图中仅留下框线形，如图 3-47 所示。

5）选中下框线形，在修改堆栈中单击“顶点”层级子对象，进入“顶点”编辑状态。选中图形上方的两个顶点，然后在“几何体”卷展栏中单击“圆角”按钮，再将鼠标移到要变圆角的顶点处，按住鼠标左键拖曳至合适位置，使图形上方的两点变成圆角效果，如图 3-48 所示。

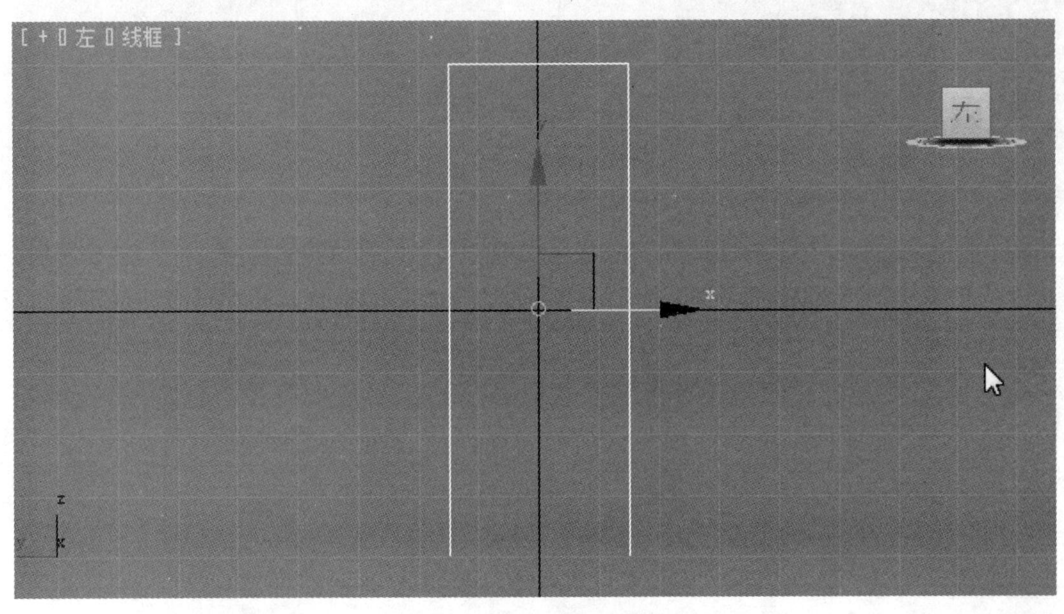

图 3-47

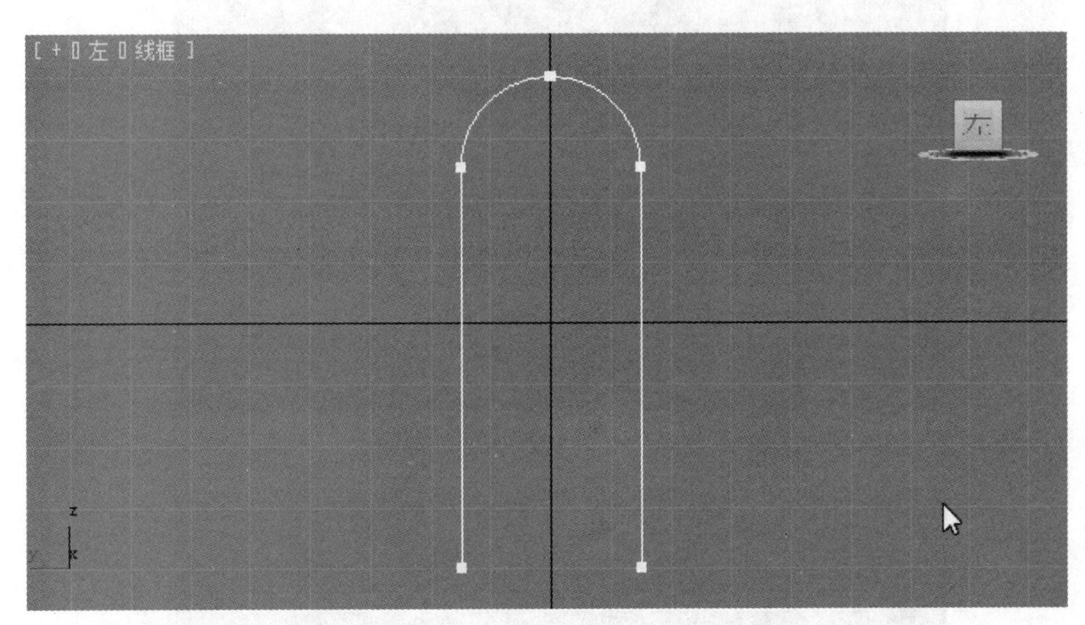

图 3-48

6）单击修改堆栈中的“Line”，结束对顶点的操作。确认线形处于选中状态，在“渲染”卷展栏下，选中“在渲染中启用”“在视口中启用”复选框，“厚度”设置为25，其他默认，如图 3-49 所示。

7）在左视图创建一个“半径”为 12，“高度”为-1000 的圆柱体，并适当移动其位置，如图 3-50 所示。

8）用移动复制的方法将制作的圆柱体在顶视图（或左视图）实例复制一份，如图 3-51 所示。

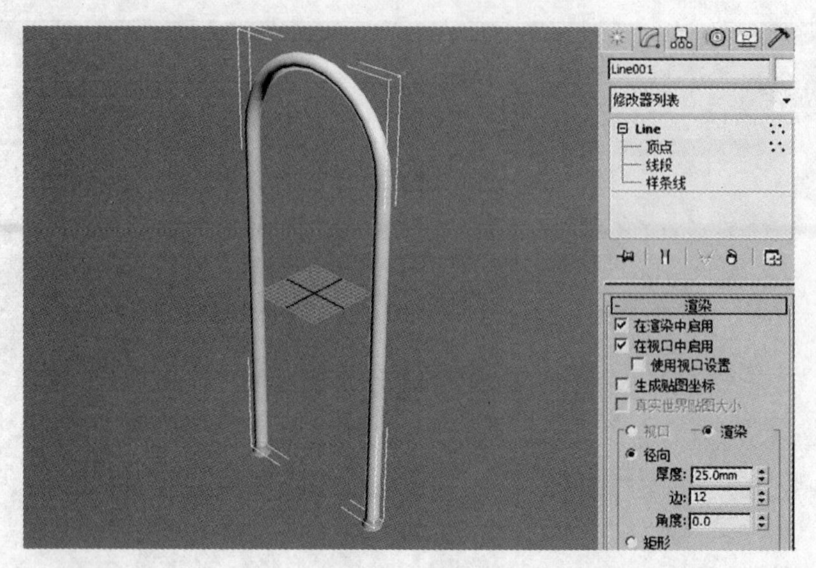

图 3-49

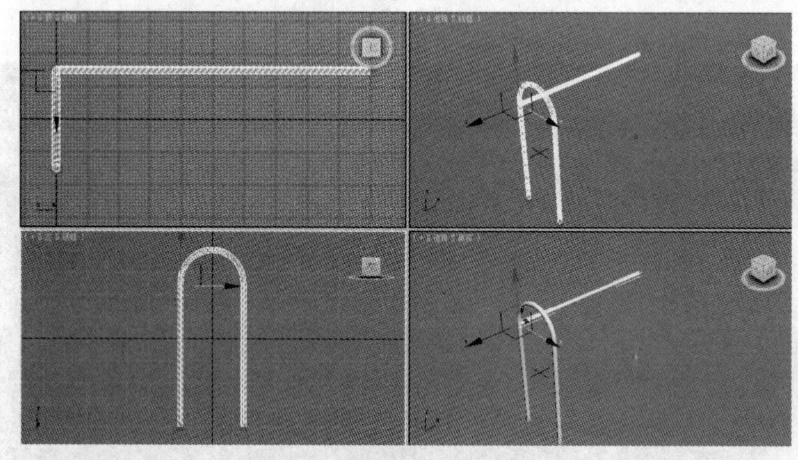

图 3-50

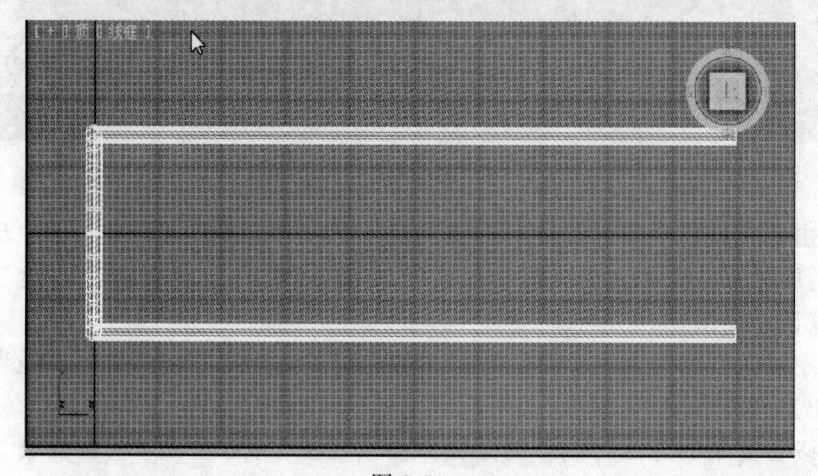

图 3-51

9）在前视图用移动复制的方法将鞋架侧面实例复制一份，并放置在合适的位置，各视图效果如图 3-52 所示。

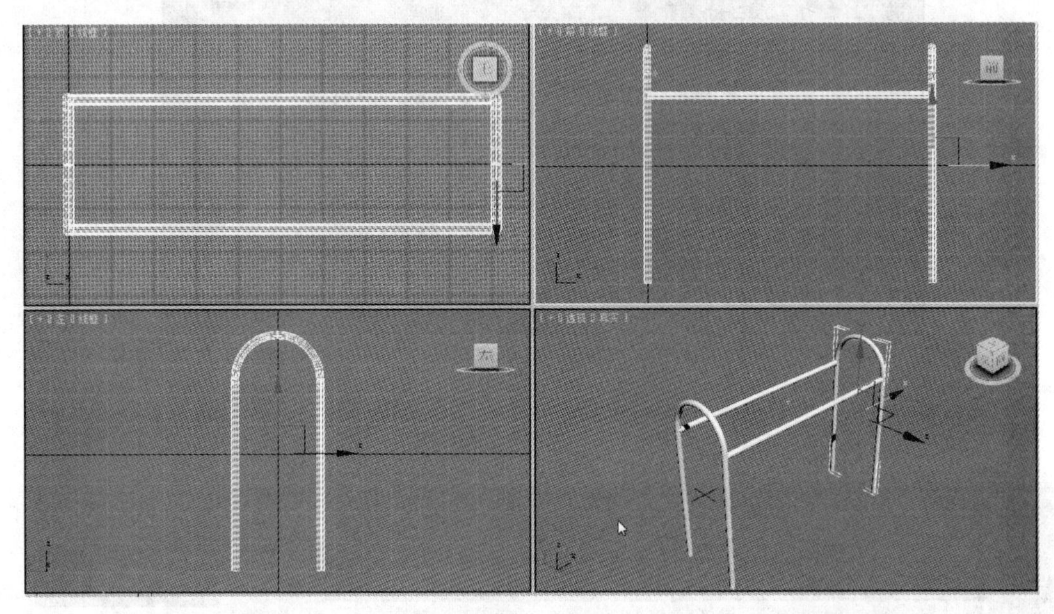

图 3-52

10）在顶视图选择其中任意一个长的圆柱体，并使用“角度捕捉”工具和“旋转”工具，绕 Z 轴旋转复制一个圆柱体，旋转角度为 90°，并修改其“半径”为 12，“高度”为-300，最后在顶视图将其移至合适的位置，如图 3-53 所示。

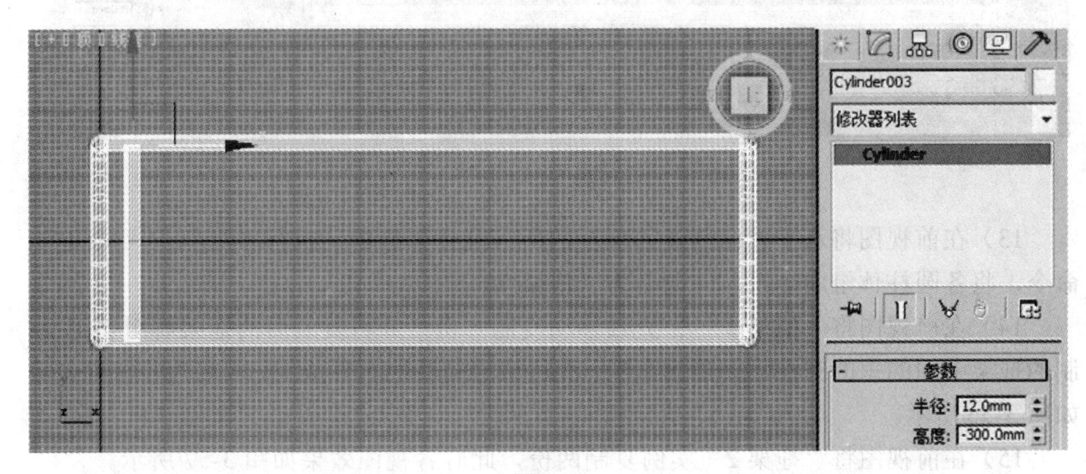

图 3-53

11）在顶视图用移动复制的方法沿 X 轴实例复制两份，位置如图 3-54 所示。

12）在顶视图将步骤 7）制作的长的圆柱体沿 Y 轴移动复制一份，并修改“半径”为 8，“高度”为-900。然后将修改后的圆柱体再沿 Y 轴实例复制一份，参数及位置如图 3-55 所示。

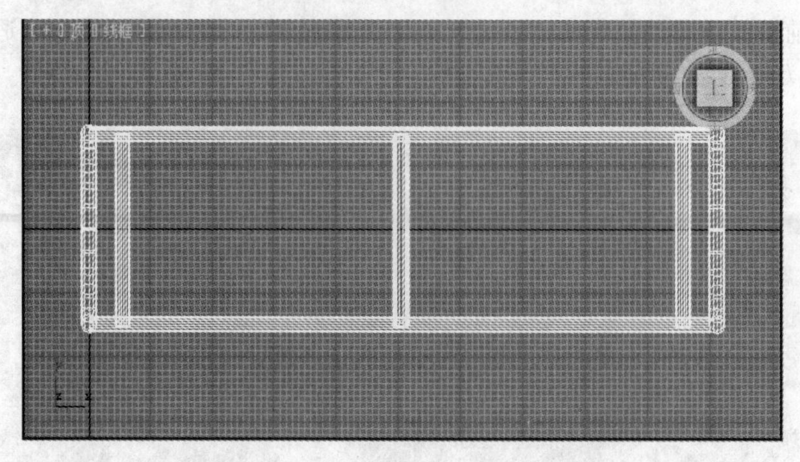

图 3-54

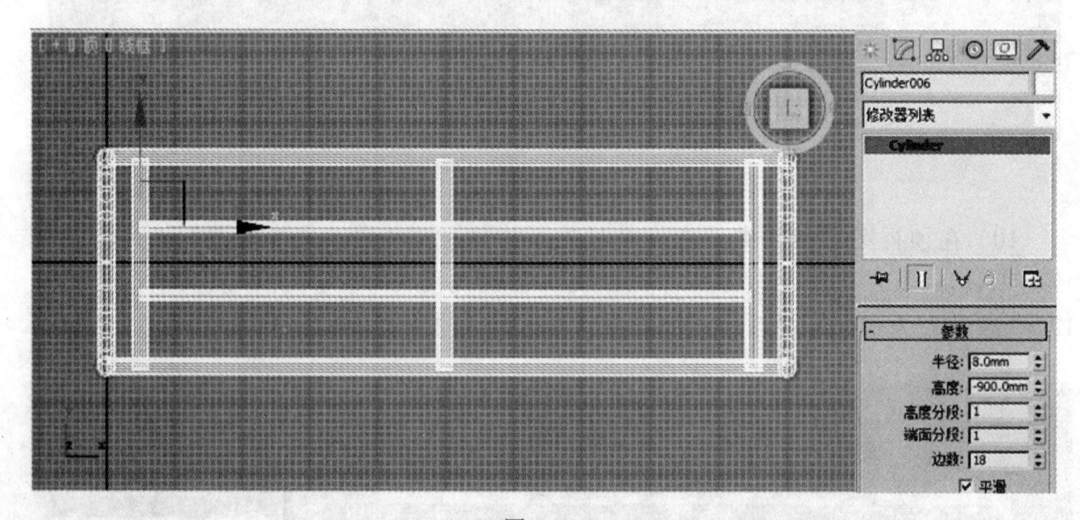

图 3-55

13）在前视图将水平方向创建的顶层的所有圆柱体选中，执行“组”→“成组”命令，将各圆柱体组成一组，并取名为“拖架 1”。

14）在前视图将“拖架 1”沿 Y 轴移动复制一份，并将复制后的拖架解组。把复制的拖架中间的短的圆柱体删除后，再一次将该层的其他组件成组，取名为“拖架 2”，如图 3-56 所示。

15）在前视图将“拖架 2”实例复制两份，此时各视图效果如图 3-57 所示。

16）在顶视图创建一个“半径 1”为 18，“半径 2”为 5，“高度”为 30 的圆锥体。并在前视图和左视图调整其位置，使其位于鞋架腿的底部，取名为“鞋架脚 001”，如图 3-58 所示。

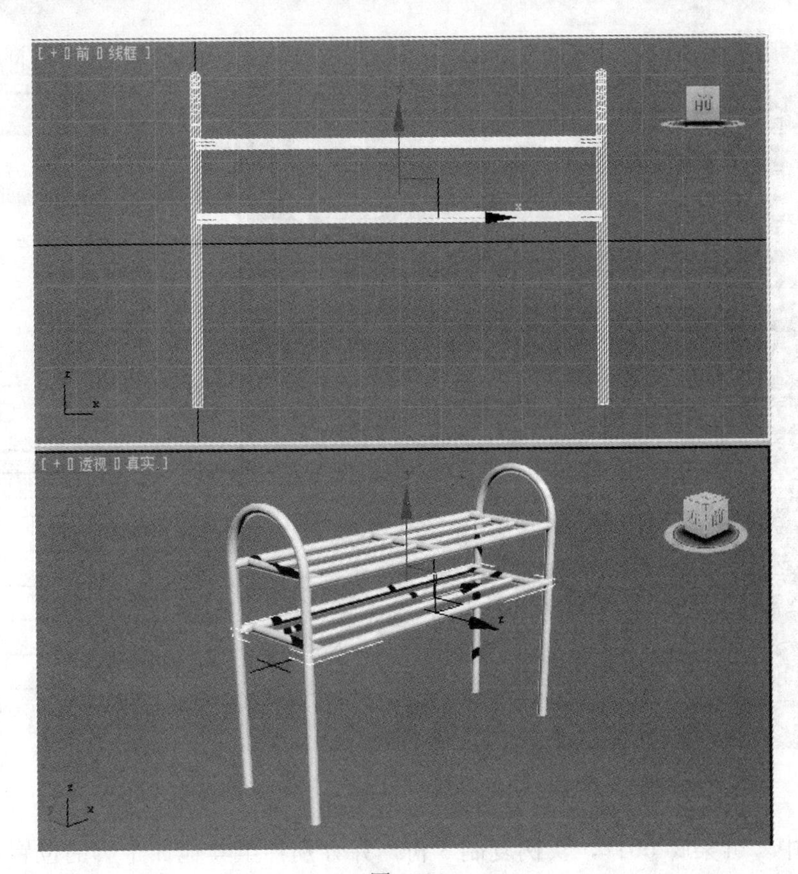

图 3-56

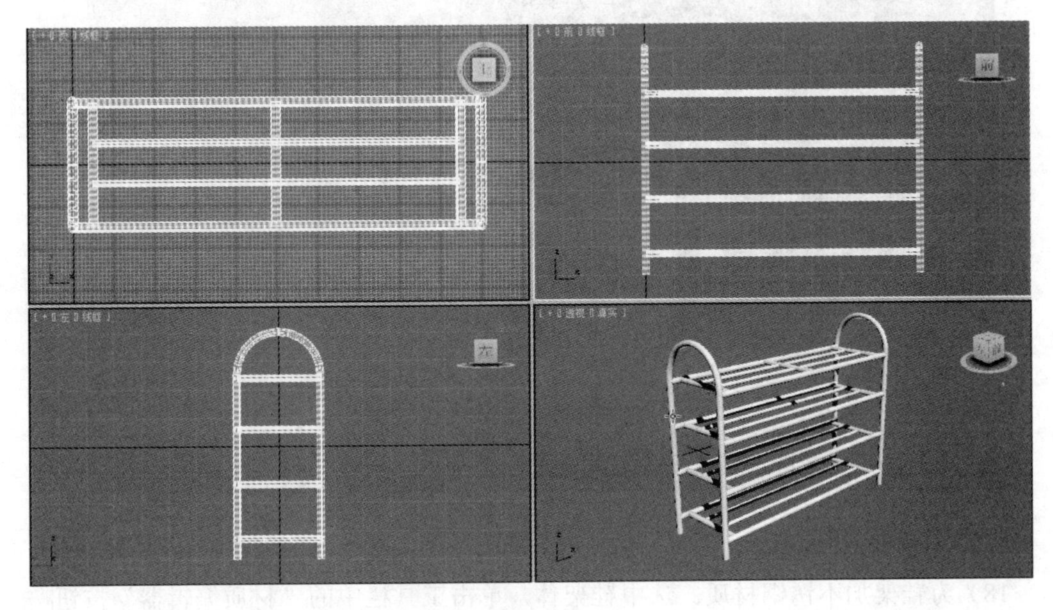

图 3-57

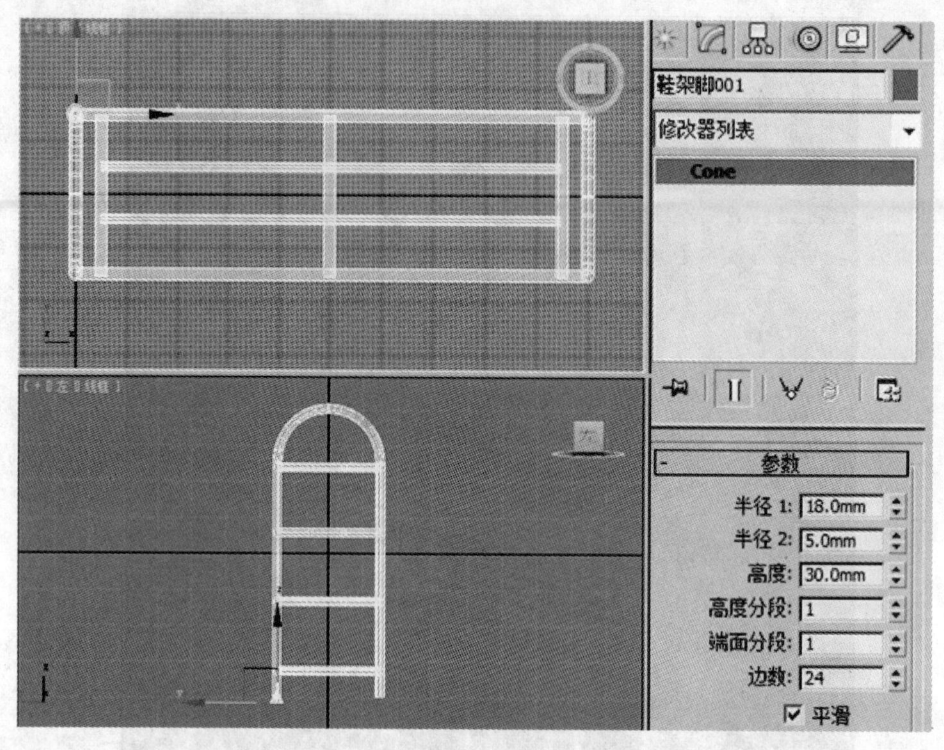

图 3-58

17）选中“鞋架脚 001”，实例复制 3 份，并分别移至其他 3 个脚的位置，最终结果如图 3-59 所示。至此，鞋架模型制作完成。

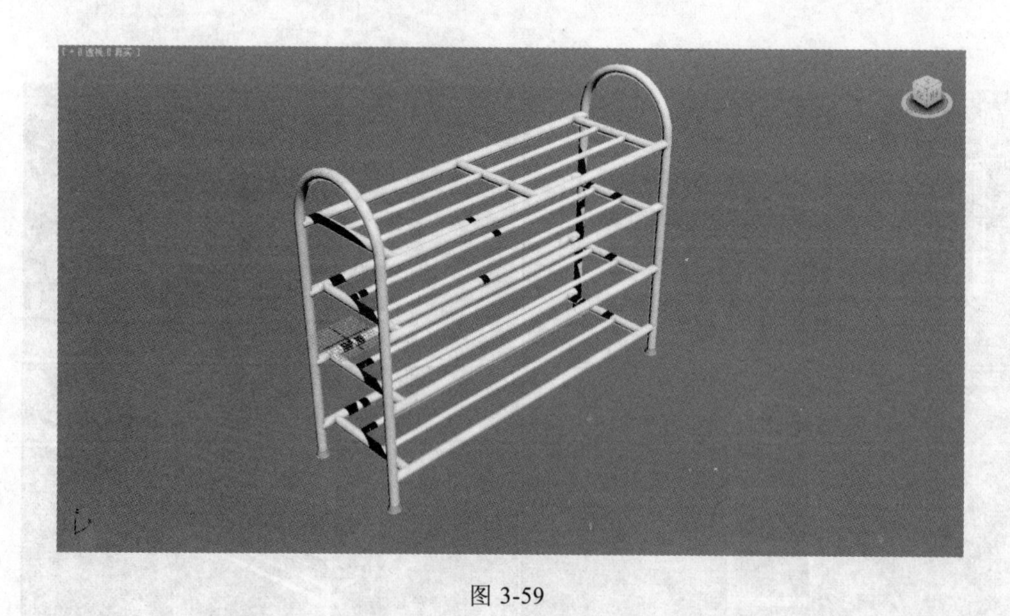

图 3-59

18）为鞋架加不锈钢材质。选中鞋架体，单击工具栏中的“材质编辑器”按钮或按<M>键，快速打开“材质编辑器”对话框，选择第一个材质球，将当前的材质命名为“不锈钢”，将材质的着色方式选择为“金属”。

19）将“环境光”和“漫反射”的锁解开，调整“环境光”的 RGB 分别为（33，33，33），调整“漫反射”的 RGB 分别为（210，210，210），调整“高光级别”为 125，“光泽度”为 60，如图 3-60 所示。

20）单击“贴图”按钮，在其卷展栏中的“反射”选项里添加“光线跟踪”贴图，将“反射”贴图的数值设置为 80，并将调制的材质赋予选定的鞋架体。

21）在“光线跟踪参数”卷展栏下单击“无”按钮，在弹出的“材质/贴图浏览器”对话框中选择“衰减”贴图。最后将调制好的不锈钢材质赋予选定的鞋架体。

22）选中鞋架脚，单击第 2 个材质球，将漫反射颜色设置为黑色，并将材质赋予鞋架脚。

23）执行“渲染”→“环境”命令，打开如图 3-61 所示的“环境和效果”对话框，在该对话框中单击背景颜色下的矩形框，选择比原有黑色略浅一些的灰黑色作为背景色，目的是使黑色的鞋架脚在渲染时能清晰地显示出来。

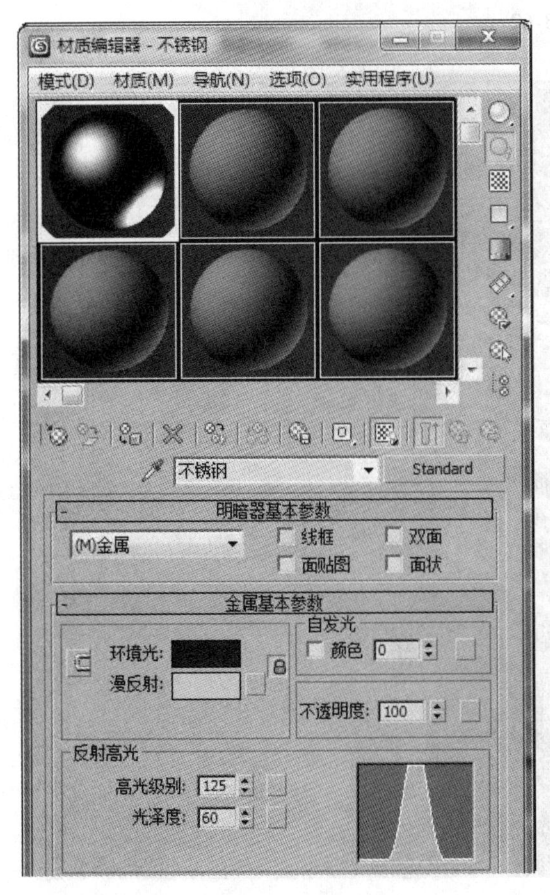

图 3-60

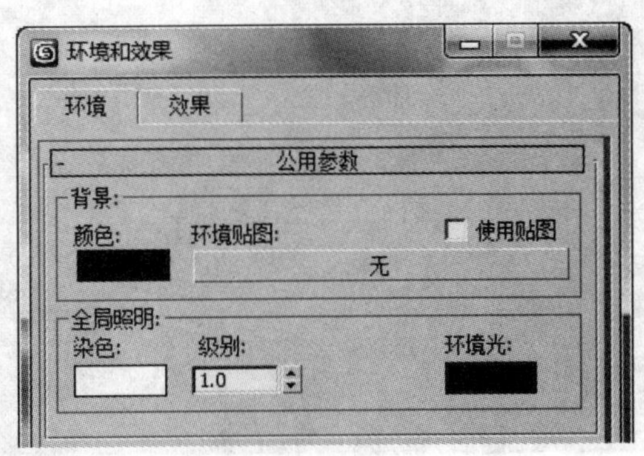

图 3-61

添加材质后的透视效果如图 3-62 所示，渲染效果如图 3-63 所示。

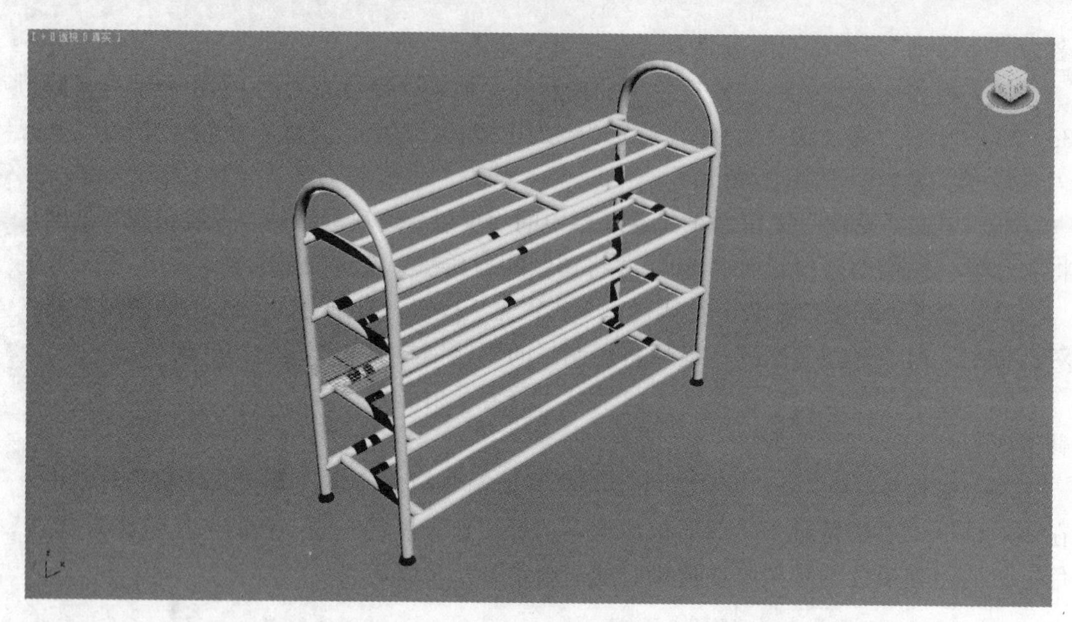

图 3-62

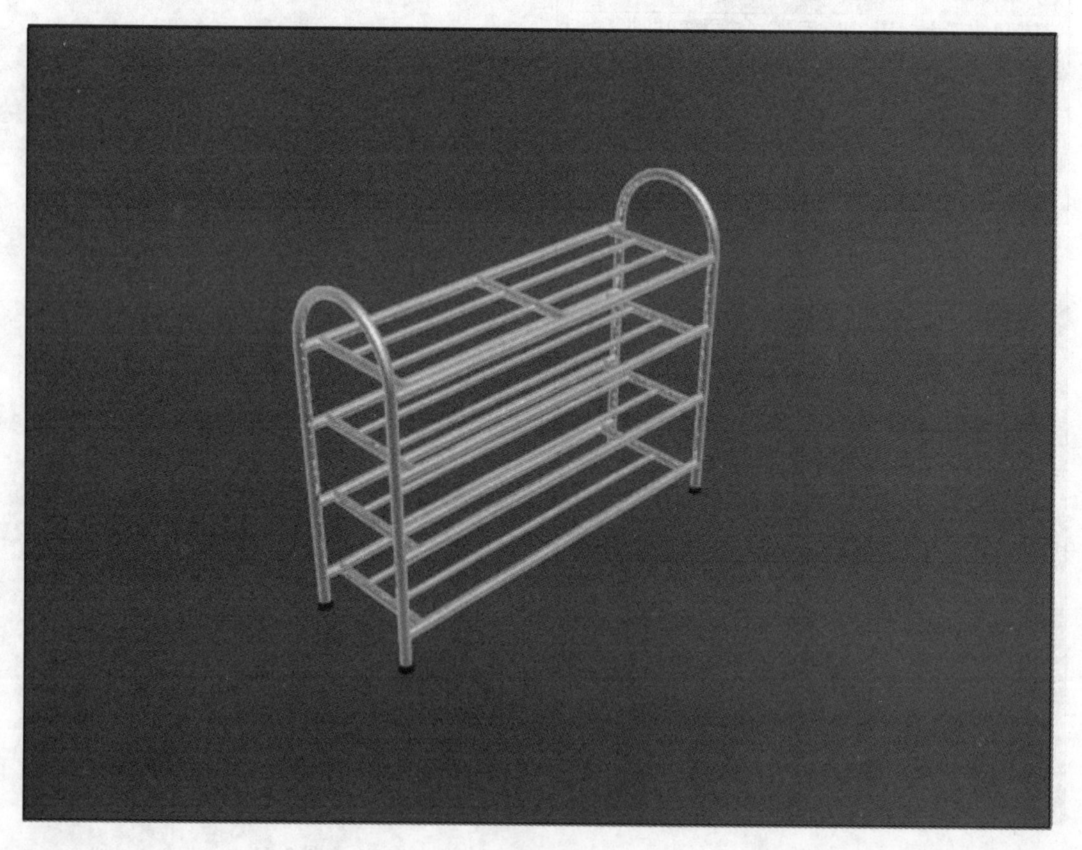

图 3-63

通过本项目，重点学习了二维图形转三维模型、三维建模、材质添加方法，尤其是在为模型添加材质后出现失真现象时，执行“UVW 贴图”修改命令解决了这类问题。进一步学习了移动复制、旋转复制的多种技巧和方法。

设计并制作一鞋柜，尺寸及形状自定。

项目4 制作客厅摆设及装饰物（二）

为了分散制作难点，将客厅摆设及装饰物分成两个项目，本项目为客厅的一部分物品，共5个任务，分别是沙发、茶几、扇子、盆景和挂画。通过本项目的制作巩固建模的一些常用知识，例如，挤出、复制等；同时也进一步学习二维转三维建模和三维建模的修改命令及模型材质的添加方法。

1）熟练掌握常用标准基本体的创建方法。

2）掌握“FFD长方体”修改命令的使用方法，学会如何修改“控制点”。

3）掌握“网格平滑”修改命令的使用方法。

4）掌握用“放样”“车削”两种修改命令将二维图形转成三维模型。

5）掌握“阵列”的使用方法。

6）了解并应用“噪波”修改命令。

相关知识介绍

1）“FFD长方体”：对长方体或切角长方体执行“FFD长方体”修改命令后，即可在“FFD长方体”卷展栏设置控制点的点数。选择堆栈中的“控制点”子对象，通过使用工具栏中的“缩放”工具及“移动”工具对控制点进行调整来调整场景中对象的形状。

2）“网格平滑”：对三维对象执行“网格平滑”修改命令后，在“局部控制”卷展栏中可以通过控制级别的数值来改变网格中顶点的数量，然后通过缩放或移动顶点来修改三维对象的形状。

3）“放样”：“放样”是二维图形转成三维模型的一个重要途径。一个放样造型物体至少由两个二维图形组成，其中一个二维图形用作路径，路径本身可以是开放的线段，也可以是封闭的图形；另一个二维图形则用作截面，可以在路径上放置多个不同形态的截面。

4）“车削”：“车削”修改命令也是二维图形转成三维模型的一种方法。主要是通过旋转二维图形来产生轴对称三维模型。

5）“阵列”：“阵列”即阵列复制，可以一次性复制出多个物体，并使这些物体以某种形式和顺序进行排列。包括线性阵列、旋转阵列和缩放阵列等。

6）“噪波”：“噪波”修改命令可以用来制作复杂的地形、地面等造型。

噪波修改器的重要参数有“种子”，设置产生噪波的随机数生成器，种子的值不同，噪波的模式就不一样；“比例”，设置噪波的缩放比例，比例值越大，噪波就越粗大，反之该值越小，产生的噪波值就越细小；“分形”，产生分形干扰，该选项可以在噪波的基础上再生成不规则的复杂外形；“强度”，设置 X、Y、Z 三个轴向上的噪波强度。

操作步骤

1）首先启动 3ds Max 2012（中文版），将单位设置为“毫米”。

2）制作坐垫，执行“创建”→“几何体”→“扩展基本体”命令，在“对象类型”卷展栏中单击 切角长方体 按钮。在顶视图创建一个 780×1700×300×30 的切角长方体，修改长度分段为 6，宽度分段为 12，圆角分段为 3，将其命名为“垫 1”，透视效果如图 4-1 所示。

图 4-1

3）用同样的方法再创建一个 1500×780×300×30 的切角长方体，修改其长度分段为 12，宽度分段为 6，圆角分段为 3，将其命名为“垫 2”，如图 4-2 所示。

图 4-2

4）制作靠背。与制作坐垫一样，在前视图中创建一个 810×2840×180×30 的切角长方体，修改长度分段为 10，宽度分段为 1，高度分段为 1，圆角分段为 3，将其命名为“靠背 1”，透视效果如图 4-3 所示。

图 4-3

5）单击“靠背 1”，执行“修改”命令面板中的“FFD（长方体）”修改命令，然后在“FFD 参数”卷展栏中单击 设置点数 按钮，在打开的“设置 FFD 尺寸”对话框中，将长度的点数设置为10，宽度的点数设置为2，高度的点数设置为2。

6）单击修改器堆栈中的“FFD（长方体）”前面的按钮，选择“控制点”子对象，这时可以看到靠背上出现很多控制点，然后在左视图用“选择并移动”工具移动“靠背1”上的“控制点”，使其最终效果如图4-4所示。

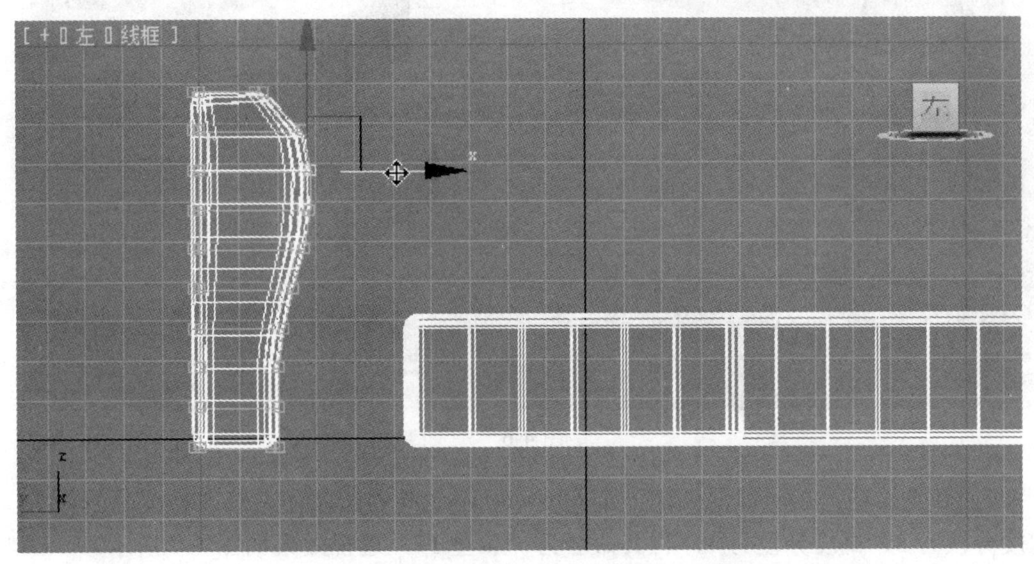

图 4-4

7）用“选择并移动”工具调整“靠背1”的位置，如图4-5所示。

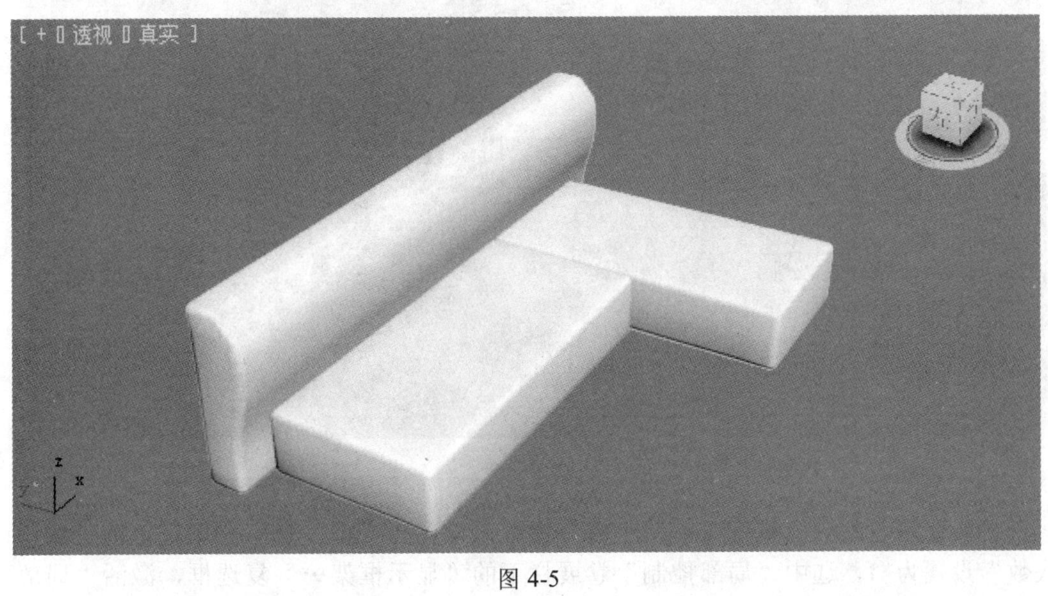

图 4-5

8）用同样的方法制作出“靠背2”和“靠背3”，并调整位置，如图4-6所示。

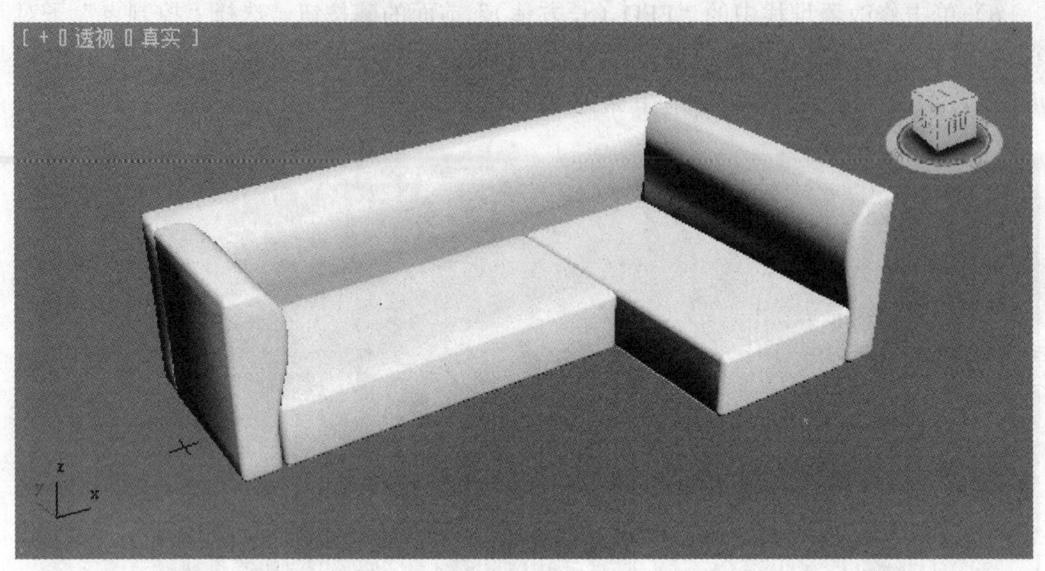

图 4-6

9）制作靠垫，在前视图创建一个 600×600×200 的长方体，修改长度分段为 3，宽度分段为 3，高度分段为 1，将其命名为“靠垫 1”，透视效果如图 4-7 所示。

图 4-7

10）在修改列表中执行“网格平滑”修改命令，将“细分量”卷展栏下的“迭代次数”设置为 1，选中“局部控制”卷展栏下的“显示框架…”复选框，激活“局部控制”卷展栏下的“顶点”按钮，在前视图选择四周的顶点，如图 4-8 所示。

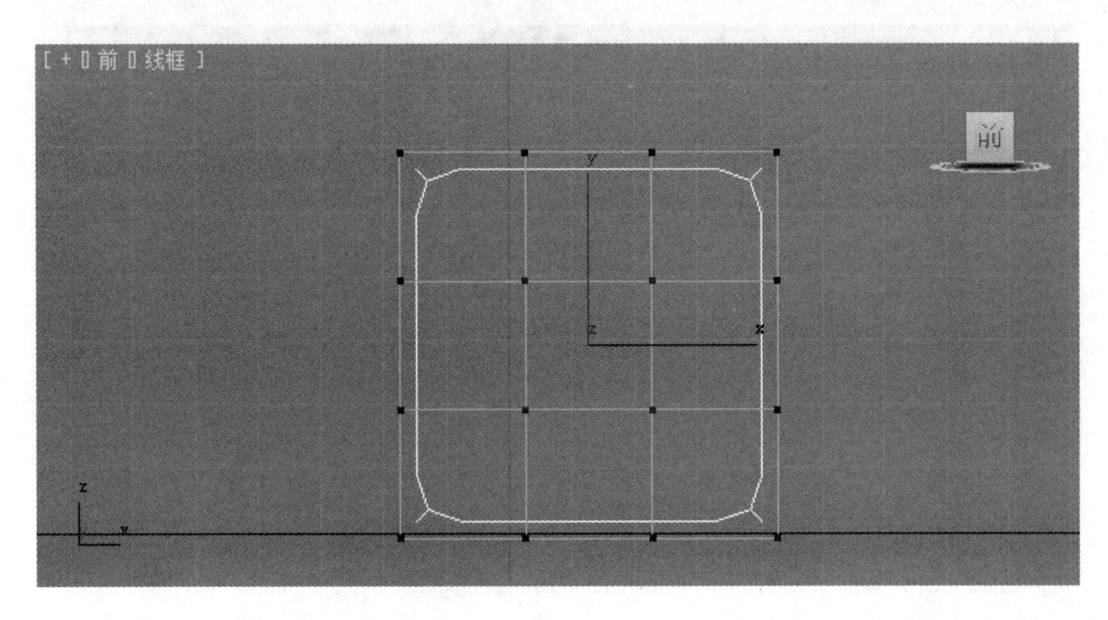

图 4-8

11）单击工具栏中的“缩放”工具，在顶视图按下鼠标左键沿 Y 轴向下拖动，如图 4-9 所示。

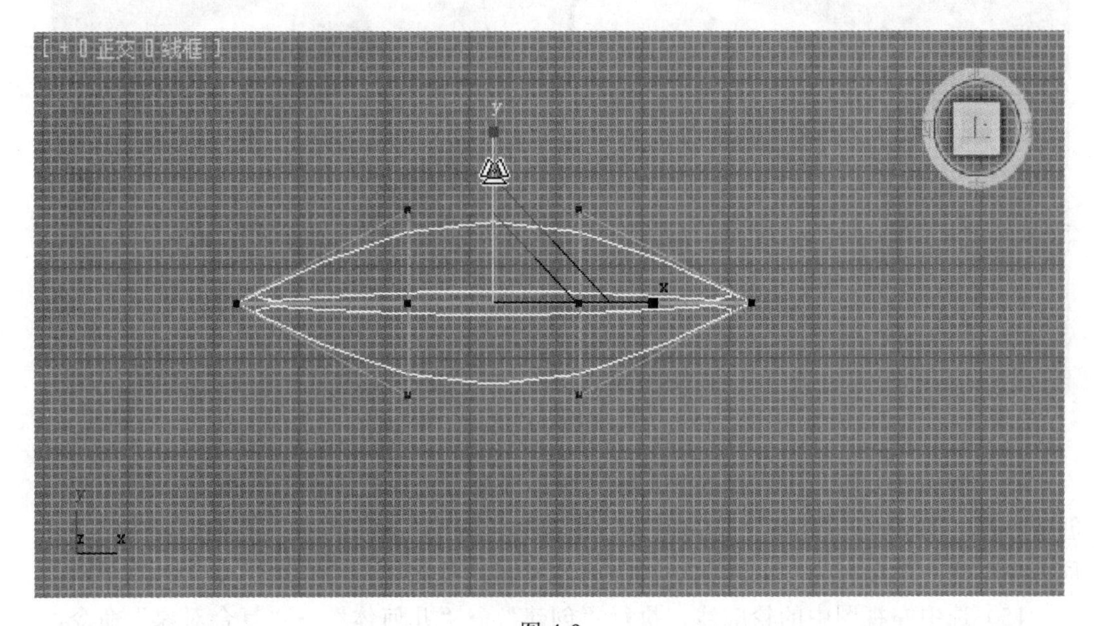

图 4-9

12）将“局部控制”卷展栏中“控制级别”的数值改为 1，此时控制点会增多，然后在前视图使用“缩放”工具对靠垫的控制点进行精细调整，调整后的形态如图 4-10 所示。

13）在前视图将靠垫沿 X 轴再移动复制 3 个，并调整其位置，如图 4-11 所示。

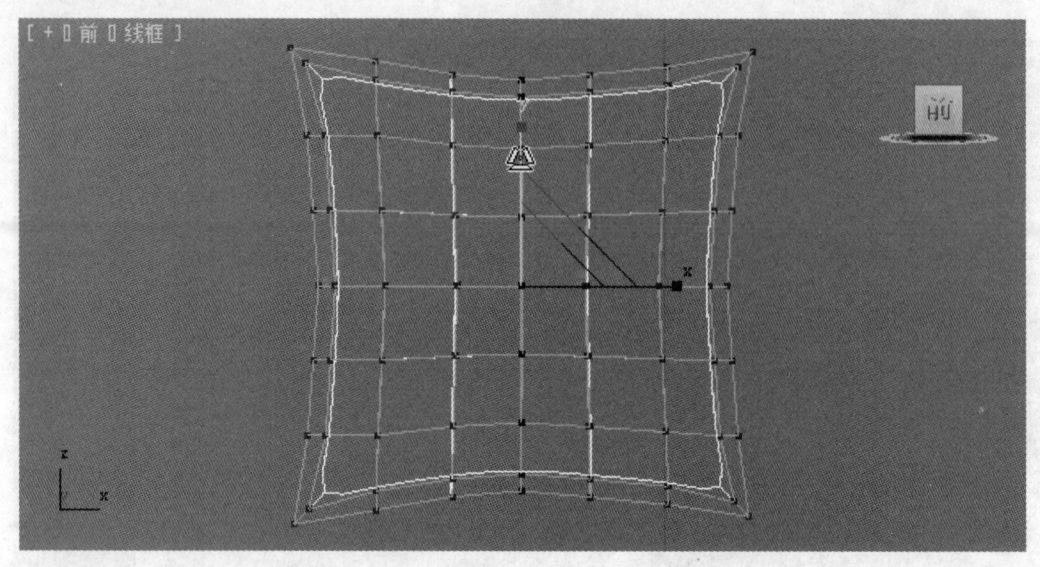

图 4-10

图 4-11

14）制作沙发腿，执行“创建”→“图形”命令，单击 线 按钮，在左视图创建如图 4-12 所示的线形，将其作为沙发腿的轮廓线，然后单击 圆 按钮，在顶视图创建一个半径为 20mm 的圆，作为沙发腿的截面线。

15）选中左视图中的轮廓线，执行“创建”→“几何体”→“复合对象”命令，在“对象类型”卷展栏中单击 放样 按钮，再在“创建方法”卷展栏中选择“获取图形”选项，然后在顶视图中单击沙发腿的圆形截面线，得到沙发腿的造型，如图 4-13 所示。

16）将沙发腿复制 7 条，然后调整其位置，如图 4-14 所示。

图 4-12

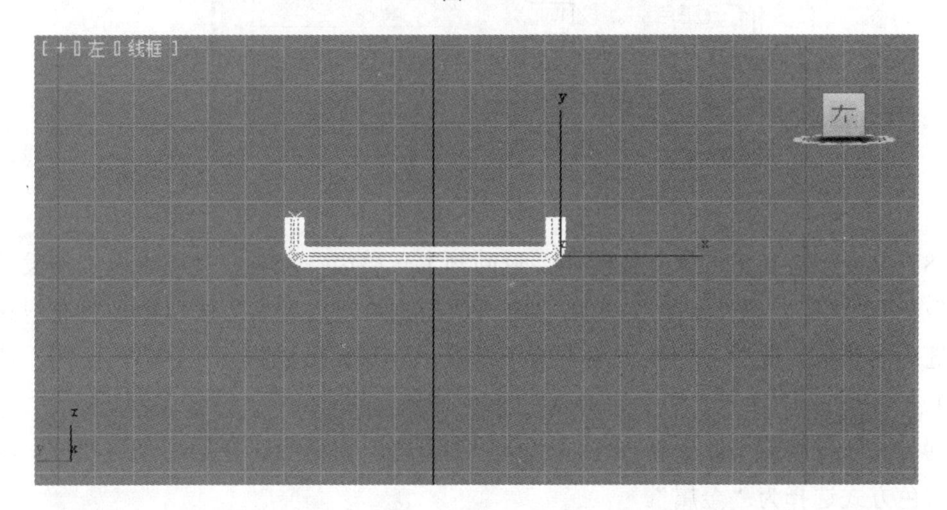

图 4-13

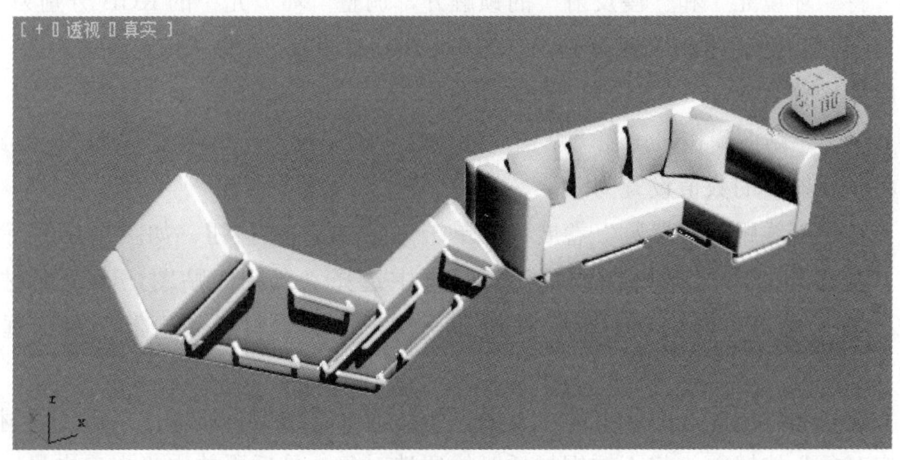

图 4-14

17）用位图贴图的方式对沙发和靠垫添加材质。单击工具栏中的“材质编辑器”按钮，快速打开“材质编辑器”窗口，选择第一个空白材质球，然后单击“贴图”卷展栏长按钮，选中“漫反射颜色”和“凹凸”复选框，并对它们均添加一幅“沙发1.jpg”贴图，如图 4-15 所示。

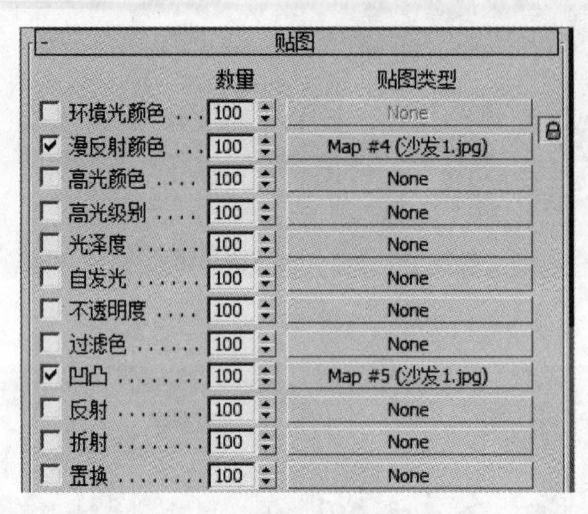

图 4-15

18）单击“转到父对象”按钮，返回到上一层级，然后在视图中选中沙发的所有“坐垫”“靠背”和“靠垫”，单击“将材质指定给选定对象”按钮，将布料材质赋给选中的对象（此时，如果材质不能正常显示，那么可以执行“UVW 贴图”修改命令）。

19）为沙发腿赋不锈钢材质。在“材质编辑器”窗口中选择第二个材质球，将材质的着色方式选择为“金属”。

20）将“环境光”和“漫反射”的锁解开，调整“环境光”的 RGB 分别为（33，33，33），调整漫反射的 RGB 分别为（210，210，210），调整“高光级别”为 125，“光泽度”设置为 65。

21）单击“贴图”按钮，在“贴图”卷展栏中的“反射”选项里添加“光线跟踪”贴图，将“反射”的数值设置为 85。

22）在“光线跟踪器参数”卷展栏下单击 无 按钮，如图 4-16 所示。

23）在打开的“材质/贴图浏览”对话框中选择“衰减”贴图，不锈钢材质制作完成，然后单击“转到父对象”按钮两次，回到“材质编辑器”对话框的最初界面。

24）在视图中同时选中所有的沙发腿，然后选中不锈钢材质球，单击“将材质指定给选定对象”按钮，将不锈钢材质赋给所选对象，最后再单击“视口中显示明暗处理材质”按钮，沙发制作完成，最终效果如图 4-17 所示。

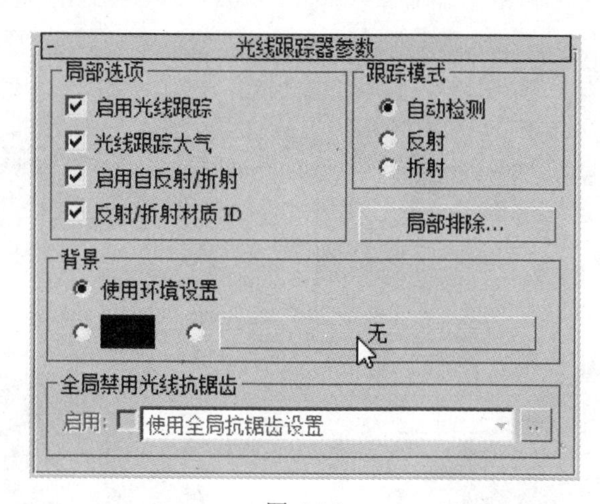

图 4-16

图 4-17

任务2 制作茶几

操作步骤

1）启动 3ds Max 2012（中文版），将单位设置为“毫米”。

2）在顶视图创建一个 1000×1000×50×2 的切角长方体，并修改圆角分段数为 3，将该切角长方体作为茶几面，如图 4-18 所示。

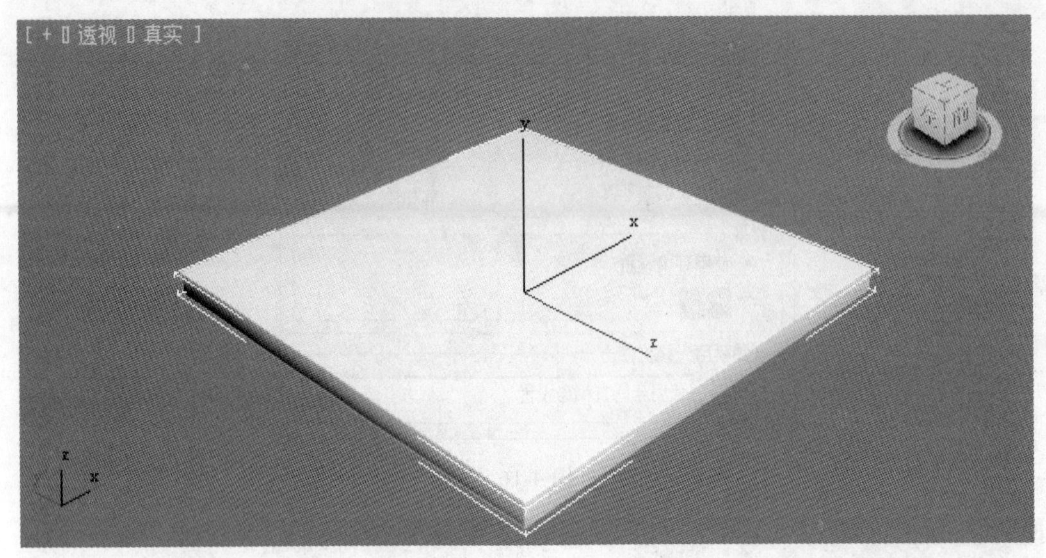

图 4-18

3）在左视图创建一个 230×935 的矩形，执行“修改”命令面板中的“编辑样条线”命令，在堆栈中选择“顶点”子对象，然后选择下方的两个顶点，在“几何体”卷展栏中 圆角 右侧的文本框中输入数值 30，对其作圆角修改，所得线形作为茶几腿的轮廓线，如图 4-19 所示。

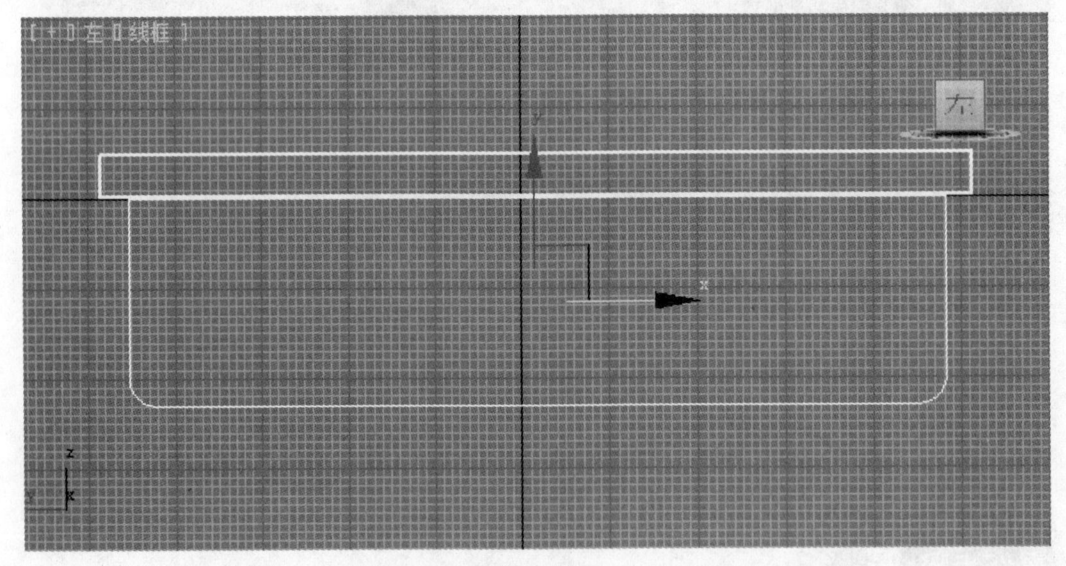

图 4-19

4）在顶视图创建一个 40×20 的矩形，执行“修改”命令面板中的“编辑样条线”修改命令，在堆栈中选择“顶点”子对象，然后选择该矩形的所有顶点，在“几何体”卷展栏中 圆角 右侧的文本框中输入数值 8，得到茶几腿的截面线，如图 4-20 所示。

5）选择步骤 3）中绘制的茶几腿轮廓，执行“创建”→“几何体”→“复合对象”

命令，在“对象类型”卷展栏中单击 放样 按钮，然后在“创建方法”卷展栏中选择“获取图形”选项，回到顶视图中单击茶几腿的截面线，所得造型即为茶几腿。用移动复制的方法复制一个，茶几建模完成，效果如图 4-21 所示。

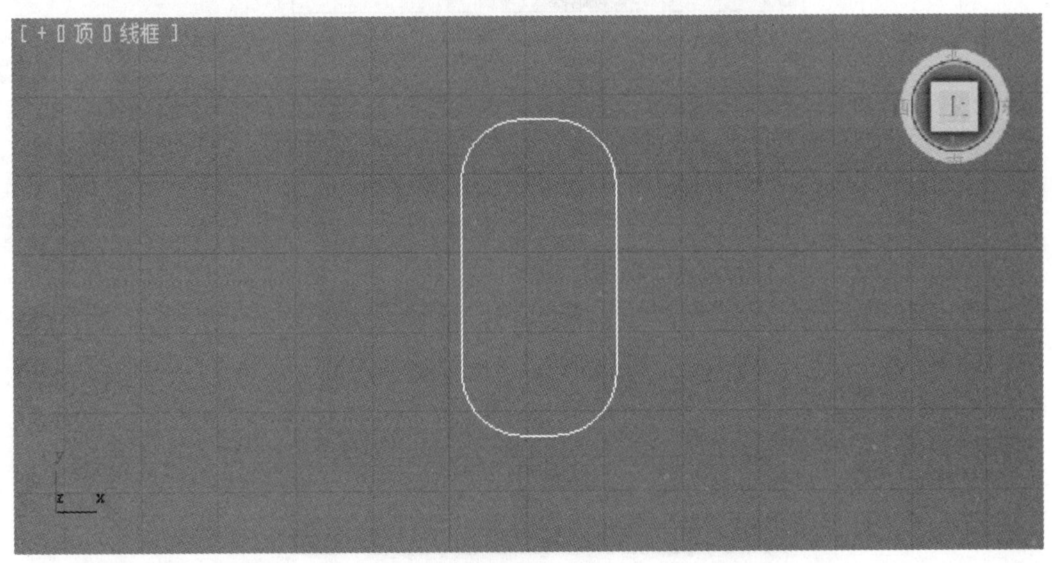

图 4-20

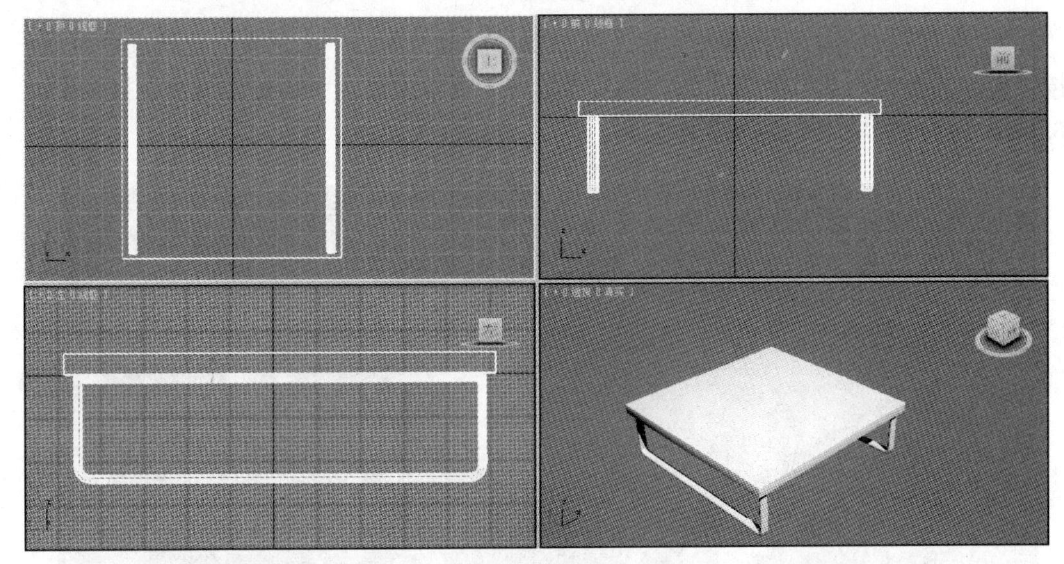

图 4-21

6）为茶几面赋玻璃材质。按<M>键（“材质编辑器”的快捷键）打开“材质编辑器”对话框，选择第一个材质球，将着色方式选择“phong(塑性)”。

7）将“phong 基本参数”下的“环境光”和“漫反射”调整为淡蓝绿色，“高光反射”调整为纯白色，“不透明度”调整为 30，“高光级别”调整为 60，“光泽度”调整为 30，如图 4-22 所示。

8）单击“贴图”按钮，在“贴图”卷展栏中的“反射”选项里添加“光线跟踪”

贴图，将“反射”贴图的数值设置为30，单击“转到父对象 ”按钮，返回上一层，玻璃材质制作完成。

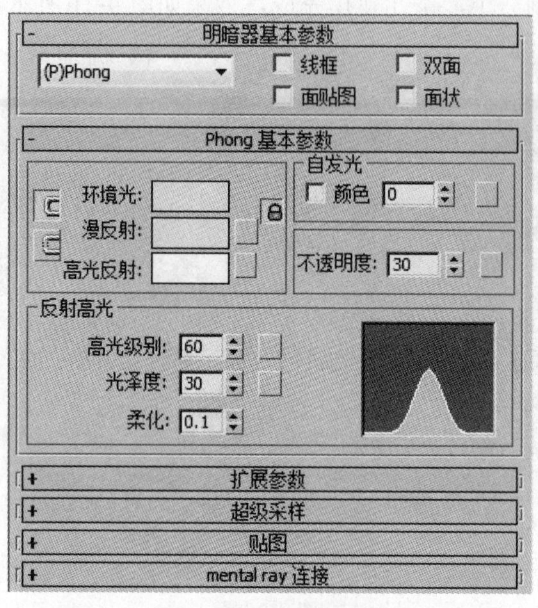

图 4-22

9）在视图中选中茶几面，然后选中玻璃材质球，单击“将材质指定给选定对象”按钮，将玻璃材质赋给茶几面，最后再单击“视口中显示明暗处理材质”按钮，得到茶几面，效果如图4-23所示。

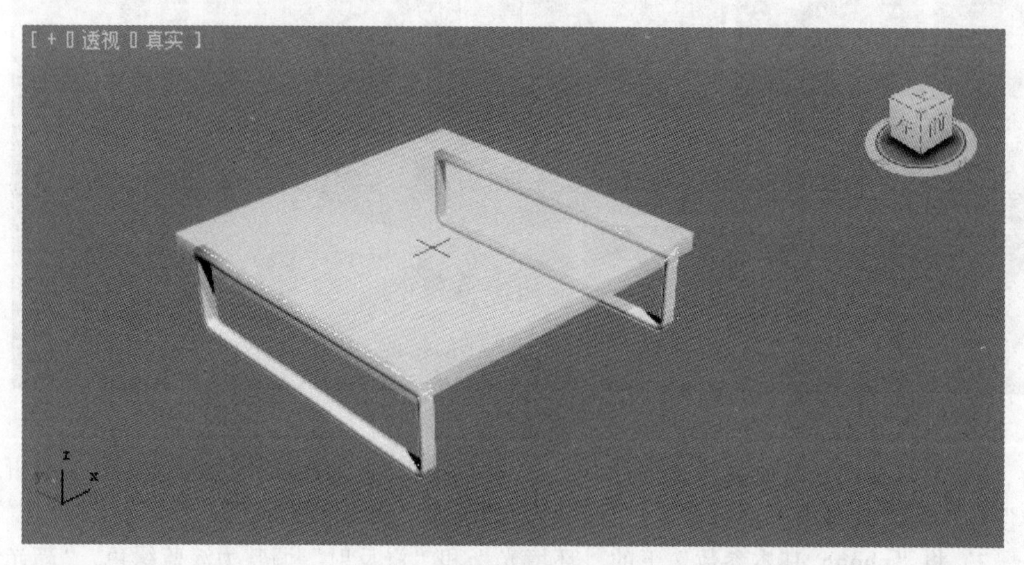

图 4-23

10）玻璃茶几玻璃面的侧面显示效果不理想，在茶几面上单击鼠标右键，在弹出的快捷菜单中选择“转换为可编辑多边形”命令，然后在“可编辑多边形”修改堆栈中选择“多边形”修改级别，单击主工具栏的“窗口/交叉”按钮，然后在顶视图同时选中茶几面的4个侧面，如图4-24所示。

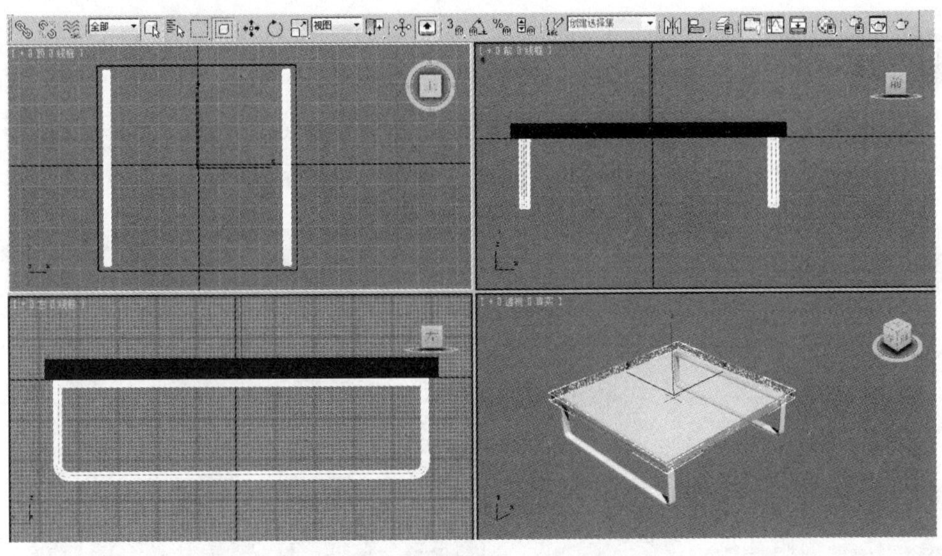

图 4-24

11）在“材质编辑器”对话框中，选择第2个材质球，将“环境光”和“漫反射”调整为深蓝绿色，不透明度调整为85，单击“将材质指定给选定对象”按钮，将调制好的材质赋给茶几面的4个侧面。

12）为茶几腿赋不锈钢材质，在“材质编辑器”对话框中选择第3个材质球，不锈钢材质的各参数设置与本项目任务1中的沙发腿相同。

13）在视图中选中茶几腿，然后选中不锈钢材质球，单击“将材质指定给选定对象”按钮，将不锈钢材质赋给茶几腿，最后再单击“视口中显示明暗处理材质”按钮，茶几制作完成，最终效果如图4-25所示。

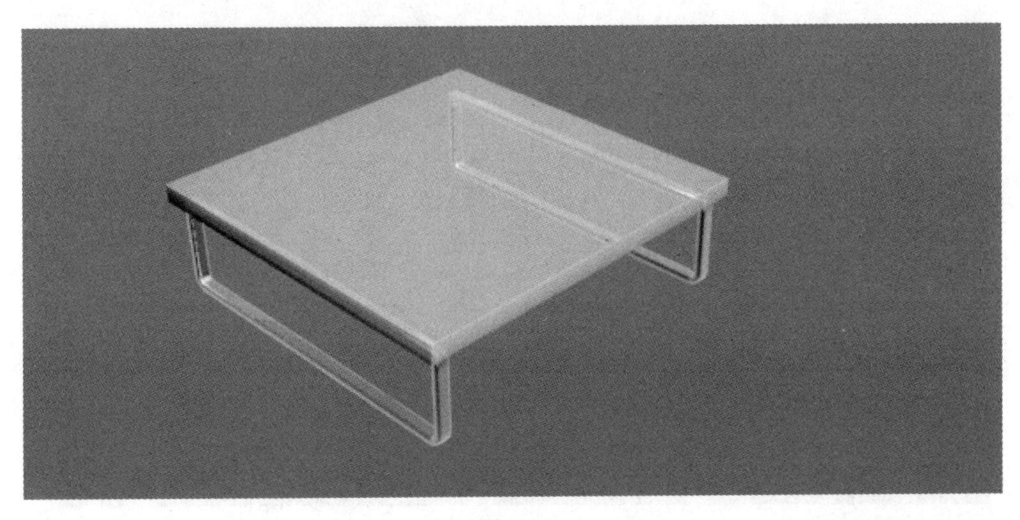

图 4-25

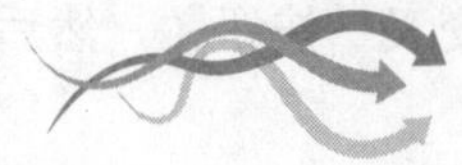
任务3　制作扇子

操作步骤

1）启动 3ds Max 2012（中文版），将单位设置为“毫米”。

2）在前视图中创建一个 350×30 的矩形，如图 4-26 所示。

图 4-26

3）在矩形上单击鼠标右键，在弹出的快捷菜单中选择“转换为可编辑样条线”命令，然后切换到“修改”命令面板，在修改器堆栈中选择“顶点”子对象，用“移动”工具分别调整下面两个顶点的位置，并单击“几何体”卷展栏中的 圆角 按钮对 4 个顶点分别作圆角处理，如图 4-27 所示。

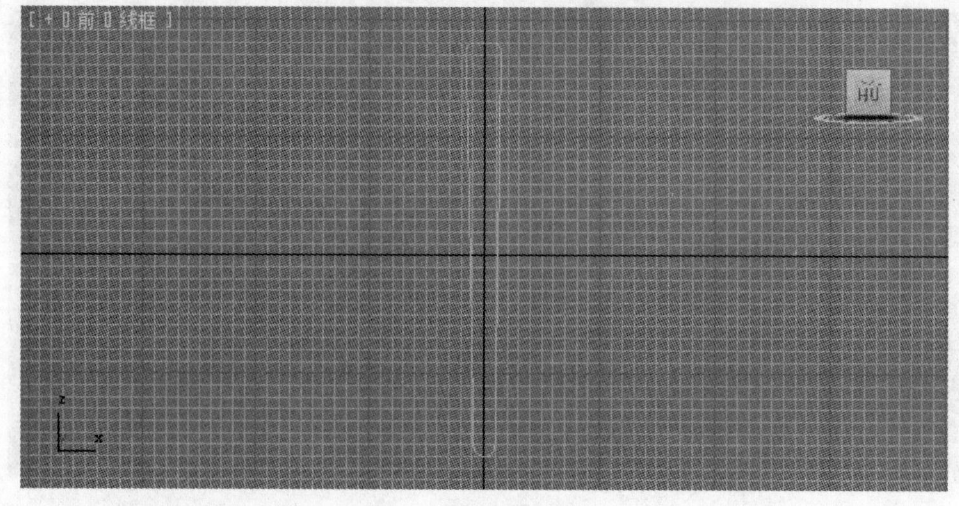

图 4-27

4）激活前视图，执行“创建”→“图形”命令，进入“图形创建”命令面板，用星形、矩形和圆等命令按钮，在前视图中绘制一些图形并调整其位置，如图4-28所示。

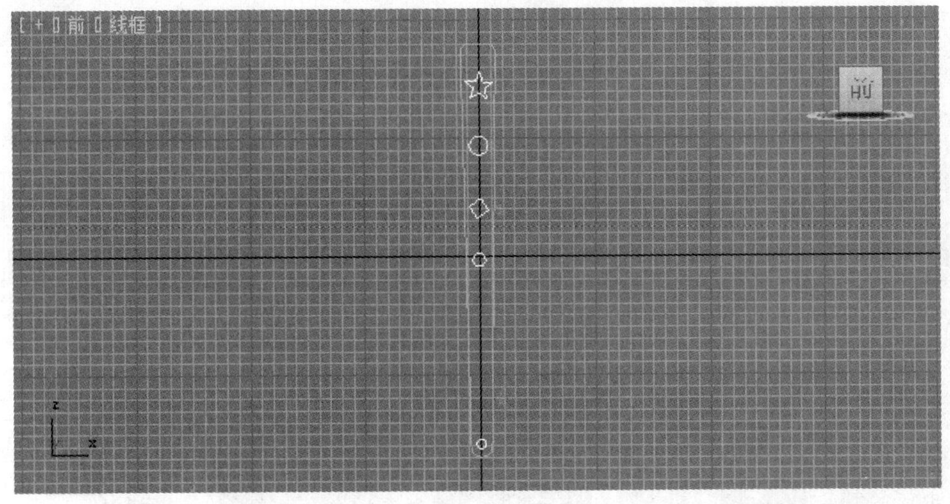

图4-28

5）选中步骤3）中的线形，在视图区右侧的“几何体”卷展栏中单击 附加多个 按钮，然后在打开的“附加多个”对话框中，选中如图4-29所示的所有图形名称后，单击“附加”按钮，将场景中所有的图形附加为一个整体。

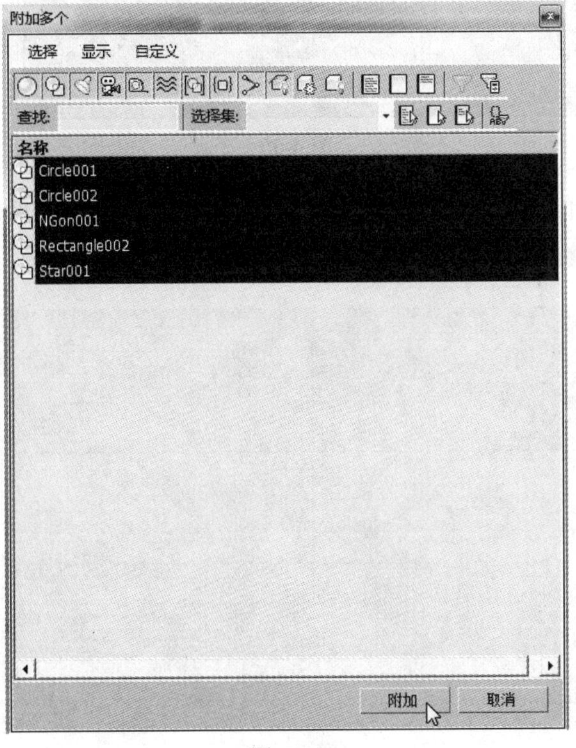

图4-29

6）在前视图选中步骤5）中得到的线形，然后执行“修改”→“挤出”命令，将挤出的数量值设置为1.5mm，得到扇子的一个“扇叶”，如图4-30所示。

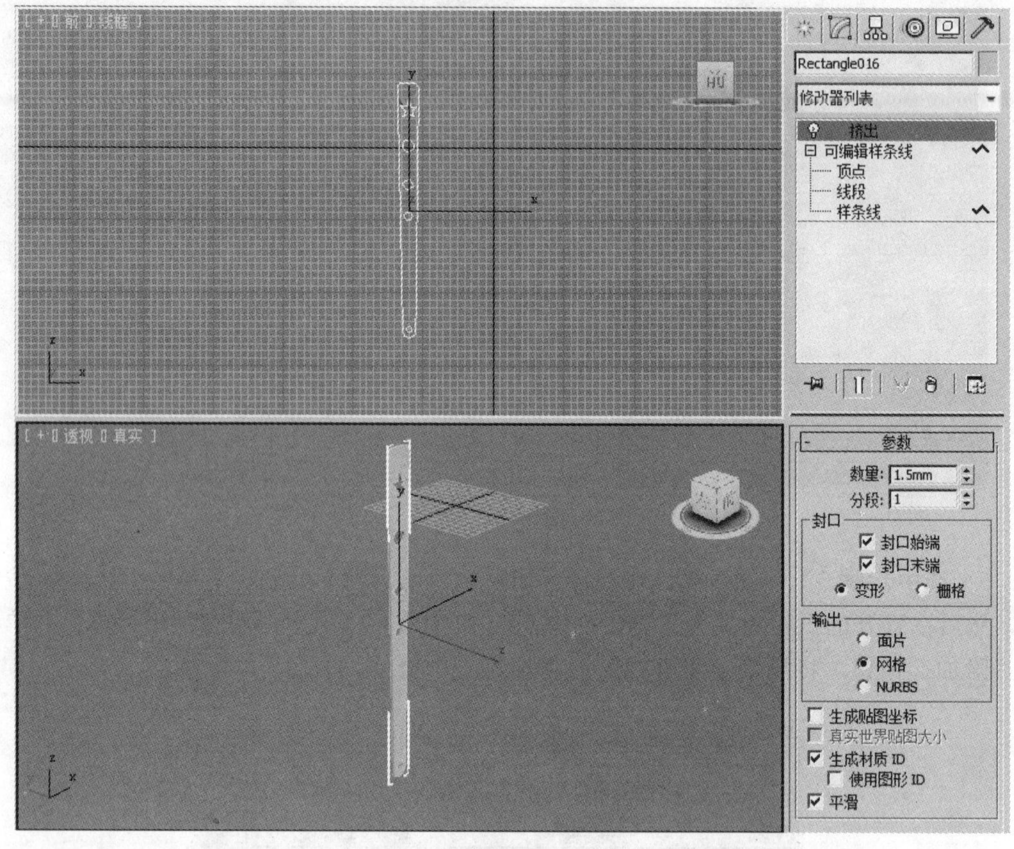

图4-30

7）选中扇叶，单击“层次”按钮进入“层次”命令面板，然后单击 “调整轴”卷展栏下的 仅影响轴 按钮，这时视图中会出现图形轴心的位置，如图4-31所示。

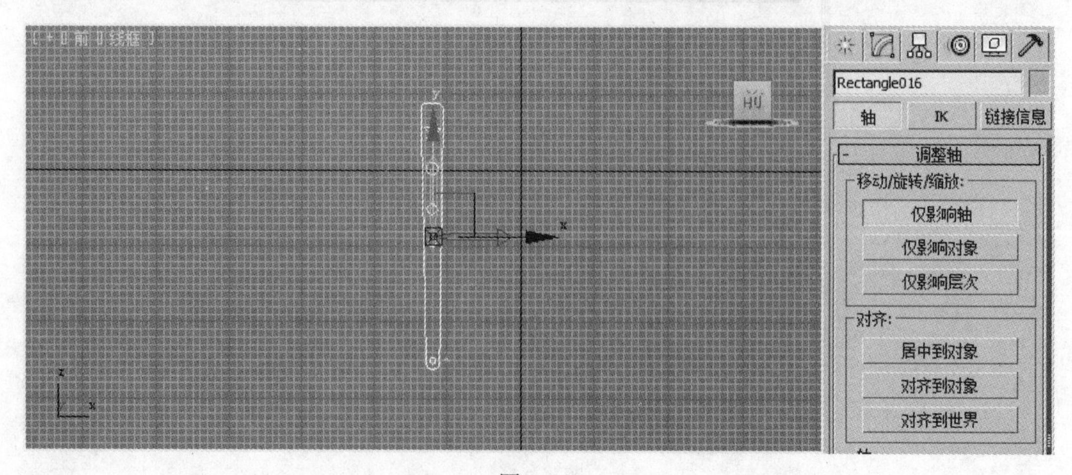

图4-31

8）用工具栏中的“移动”工具将轴心点移至扇叶下端的圆的圆心处，如图 4-32 所示。单击 仅影响轴 按钮，取消“仅影响轴”按钮的选择。

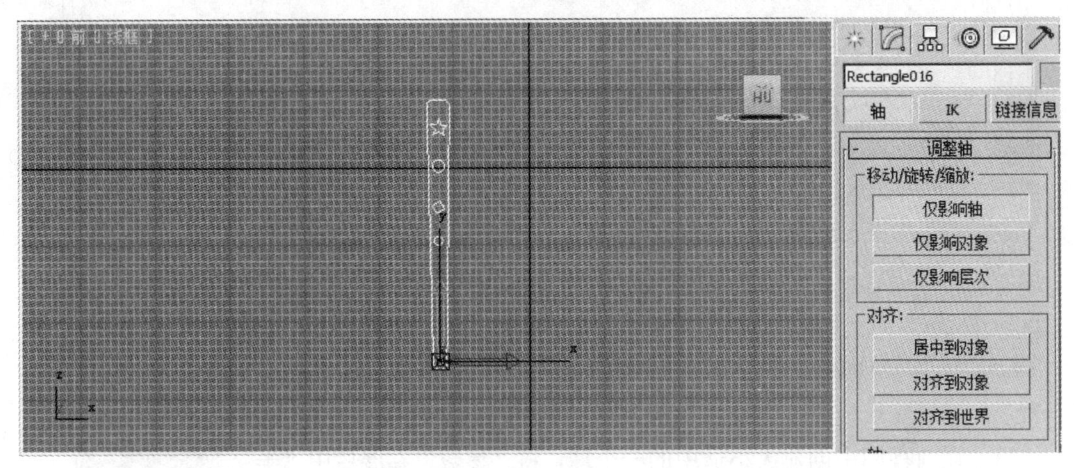

图 4-32

9）在主工具栏的空白处单击鼠标右键，弹出如图 4-33 所示的快捷菜单，选择“附加”命令，在主工具栏下方会出现如图 4-34 所示的“附加”工具栏。

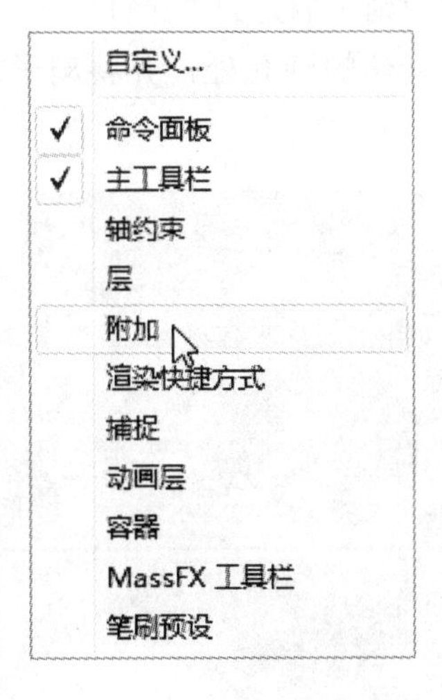

图 4-33

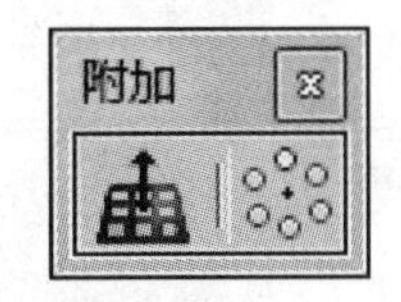

图 4-34

10）选中扇叶，单击“附加”工具栏中的“阵列”工具按钮，将打开“阵列”对话框。在“阵列”对话框中的“阵列变换”选项组中选择绕 Z 轴总计旋转 160°，Z 轴增量为 1.5mm，在“对象类型”选项组中选中“实例”单选按钮，在“阵列维度”选项组中“1D”右侧的文本框中输入 30，如图 4-35 所示，最后单击“确定”按钮。

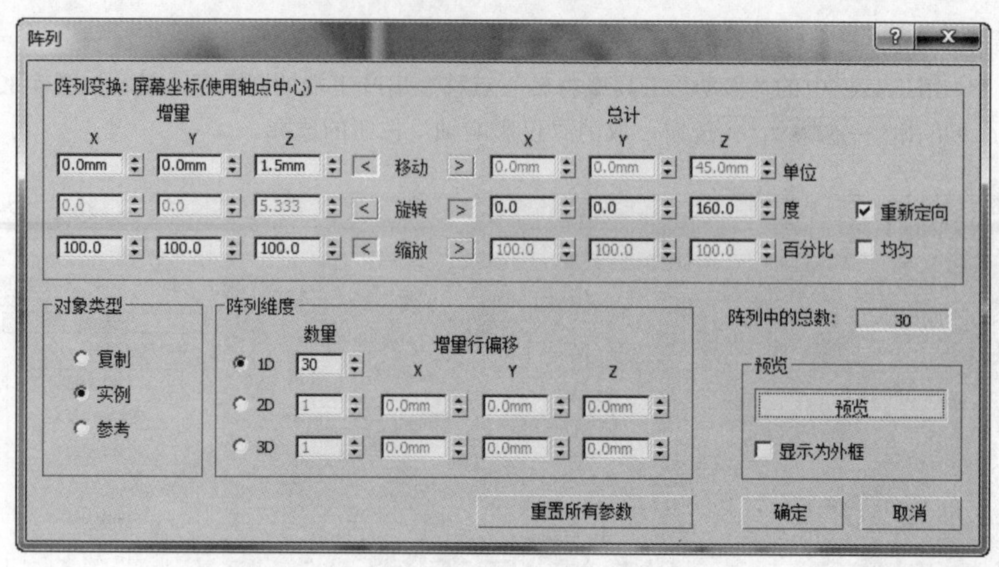

图 4-35

11）在前视图中创建大小适中的一个球，将“参数”卷展栏中“半球”后边的数值设置为 半球: 0.5 ，再用“缩放”工具将半球在Y 轴方向上压扁，然后用“镜像”工具沿 Y 轴方向镜像复制一个半球，最后创建一个半径适中，高度为 45mm 的圆柱体，并调整两个半球和圆柱体的位置，如图 4-36 所示，将该造型作为扇子柄处的“穿钉”。

图 4-36

12）将步骤 11）中制作的穿钉放入扇子下端的圆孔处，并将扇子旋转一定角度，得到扇子模型，如图 4-37 所示。

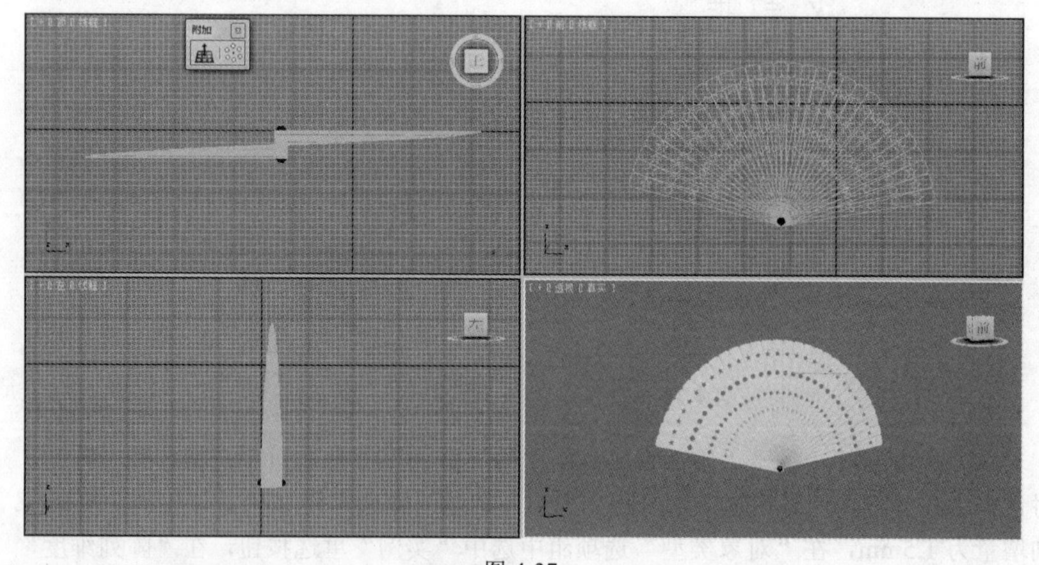

图 4-37

13）为扇子“穿钉”赋不锈钢材质。在“材质编辑器”对话框中选择第一个材质球，不锈钢材质的各参数设置与本项目任务 1 中的沙发腿相同。在视图中选中“穿钉”，然后选中“不锈钢材质球”，单击“将材质指定给选定对象”按钮，选中第 2 个材质球，将“漫反射”右侧的色块调为粉色，然后将该材质赋予所有扇页，完成扇子。最终效果如图 4-38 所示。

图 4-38

任务 4　制作盆景

操作步骤

1）启动 3ds Max 2012（中文版），将单位设置为“毫米”。

2）激活前视图，执行“创建”→“图形”命令，进入“图形创建”命令面板，在“对象类型”卷展栏下单击 线 按钮，在前视图中绘制如图 4-39 所示的线形，作为花盆的截面线。

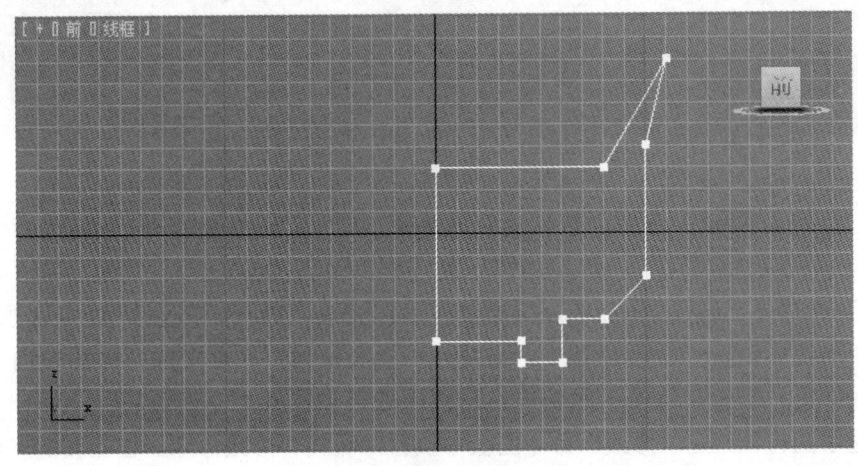

图 4-39

3）单击“修改”按钮，切换到“修改”命令面板，展开“Line”堆栈中选择“顶点”子对象。

4）当选择“顶点”子对象后，单击“几何体”卷展栏下的 圆角 按钮，将步骤 2）中所绘制线形的点作圆角处理，如图 4-40 所示。

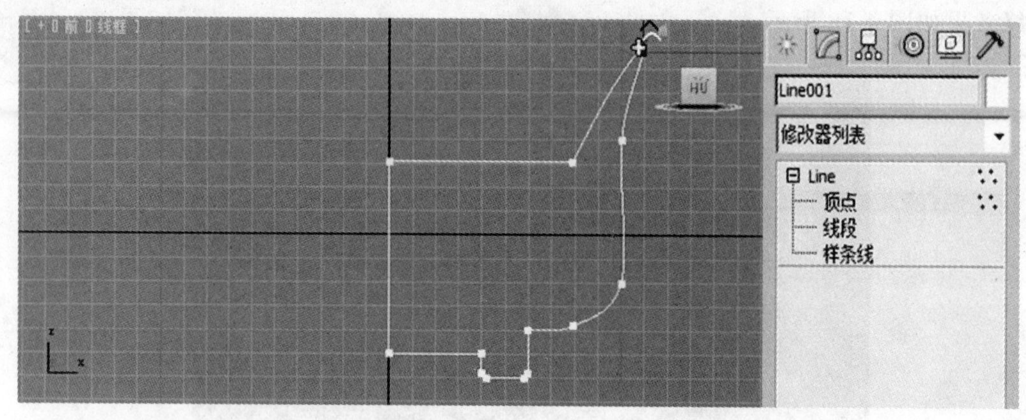

图 4-40

5）花盆的截面线绘制完成，效果如图 4-41 所示。

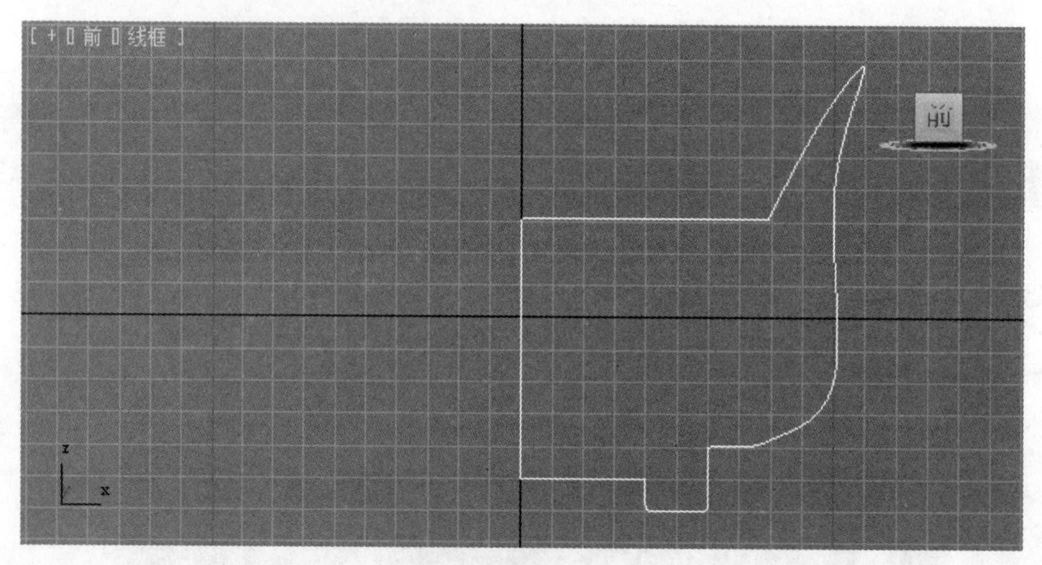

图 4-41

6）切换到“修改”命令面板，执行 修改器列表 中的“车削”修改命令，在“车削”参数卷展栏中选中“焊接内核”复选框，设置“分段”参数为 40，“方向”选择“Y”，“对齐”选择“最小”。花盆模型制作完成，透视图效果如图 4-42 所示。

7）在顶视图创建一个半径适中、高度为 1 的圆柱体，并设置圆柱体的端面分段为 10，边数为 40，作为花盆中土的表层，透视图效果如图 4-43 所示。

8）选中圆柱体，在“修改”命令面板中执行“噪波”修改命令，在噪波的参数卷展栏中的“噪波”选项组里设置“种子”数为 6，“比例”为 50，选中“分形”复选框，“迭代次数”设置为 10；在“强度”选项组中设置“Z”的数值为 20。花盆中土的表层效果制作完成，透视图效果如图 4-44 所示。

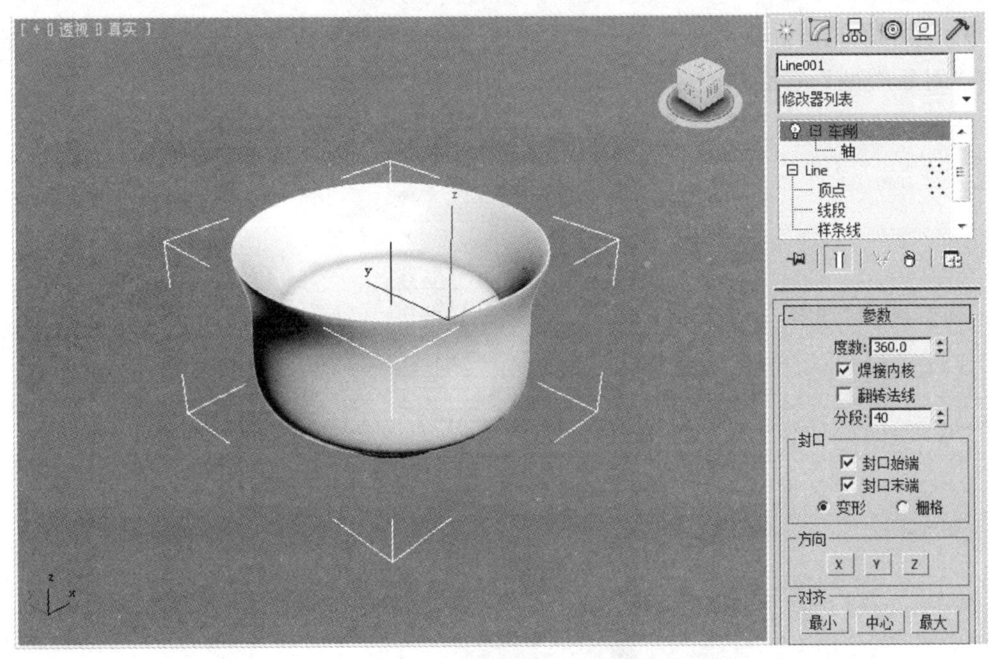

图 4-42

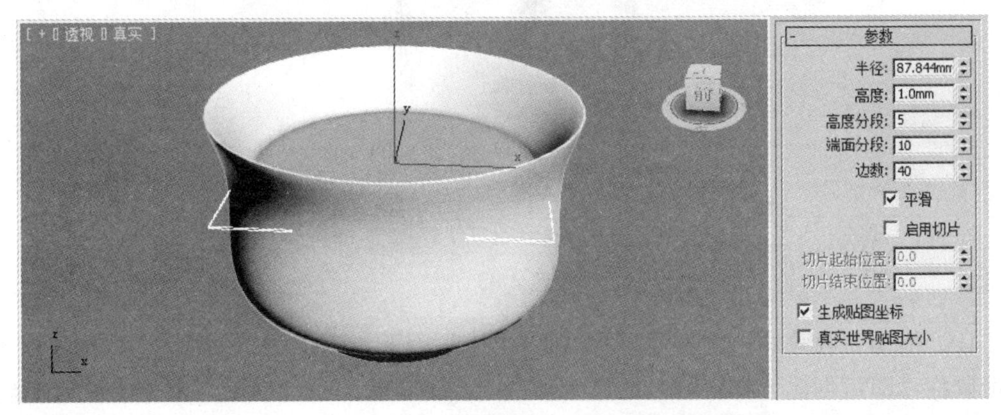

图 4-43

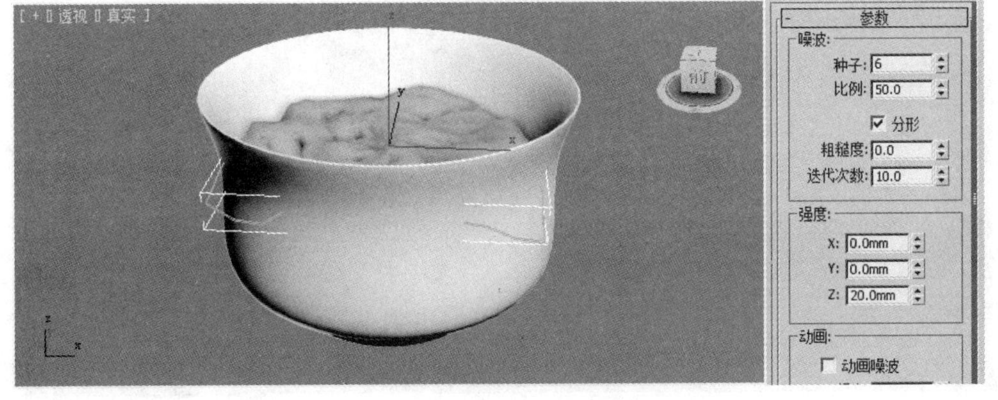

图 4-44

9）激活顶视图，在“创建”→“几何体”下的下拉列表中选择“AEC 扩展”，然后在“对象类型”卷展栏中选择“植物”，如图 4-45 所示。

图 4-45

10）拖动“收藏的植物”卷展栏右侧的滚动按钮，选择一株植物，然后在顶视图单击鼠标，即可创建一株植物。通过“修改”命令面板下的“参数”卷展栏修改植物的高度等参数，再将其移至花盆中，盆景模型制作完成，效果如图 4-46 所示。

图 4-46

11）为花盆加“白瓷”材质。单击工具栏中的“材质编辑器”按钮，在打开的“材质编辑器”对话框中选择第一个空白的材质球，将材质的着色方式设置为“各向异性”。

12）将“各向异性基本参数”下的“环境光”“漫反射”“高光反射”调整为纯白色。“高光级别”设为 130，“光泽度”设为 60，“各项异性”设为 45，“自发光”设为 8，如图 4-47 所示。

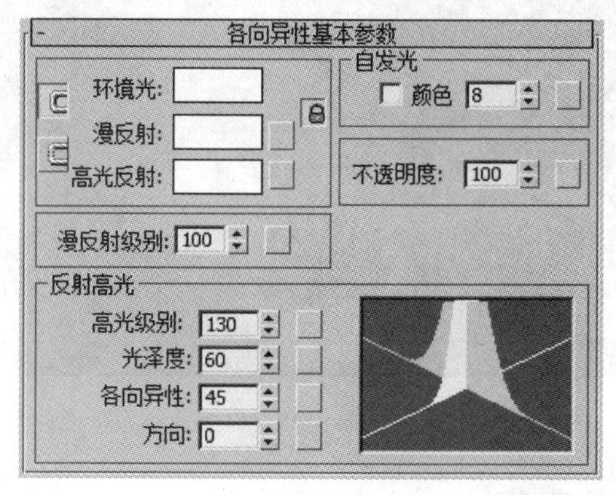

图 4-47

13）单击“贴图”按钮，在“反射”中添加“光线跟踪”贴图，使其产生反射效果。

14）单击“转到父对象”按钮，调整“反射”的数量为 10，再回到视图中选中花盆，然后单击“将材质指定给选定对象”按钮，将材质赋给花盆。

15）为“土的表层”赋材质，在“材质编辑器”对话框中选择第 2 个空白的材质球，然后单击“漫反射”右侧的颜色，在打开的颜色选择器窗口中调整“漫反射”的 RGB 为（49，23，0），然后单击“确定”按钮，如图 4-48 所示。

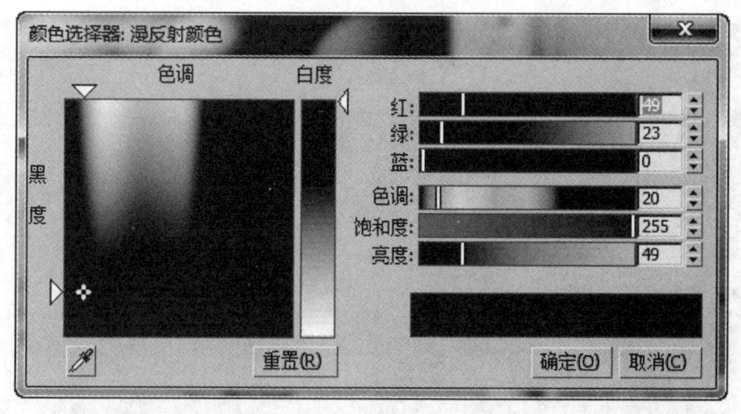

图 4-48

16）将“高光反射”的颜色调整为与“漫反射”相同，在视图中选中“土的表层”，再单击“将材质指定给选定对象”按钮，将材质赋给它，盆景制作完成，最终效果如图 4-49 所示。

图 4-49

任务 5　制作挂画

操作步骤

1）启动 3ds Max 2012（中文版），将单位设置为“毫米”。

2）激活前视图，执行“创建”→“图形”命令，进入“图形创建”命令面板，在“对象类型”卷展栏下单击 线 按钮，在前视图中绘制一个 800×590 的矩形作为画框的“轮廓线”，如图 4-50 所示。

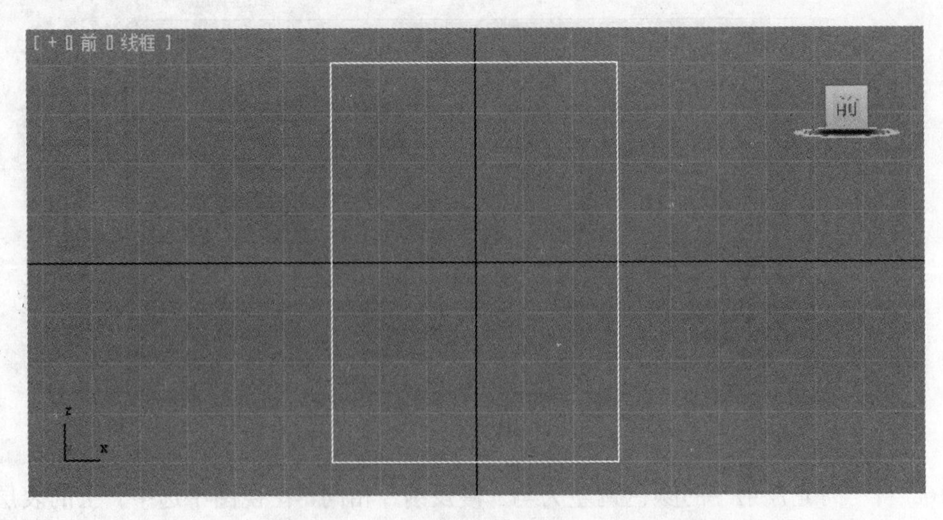

图 4-50

3）单击 线 按钮在顶视图中创建如图 4-51 所示的线作为画框的“截面线”，截面线的大小可通过调整顶点的位置来调整。

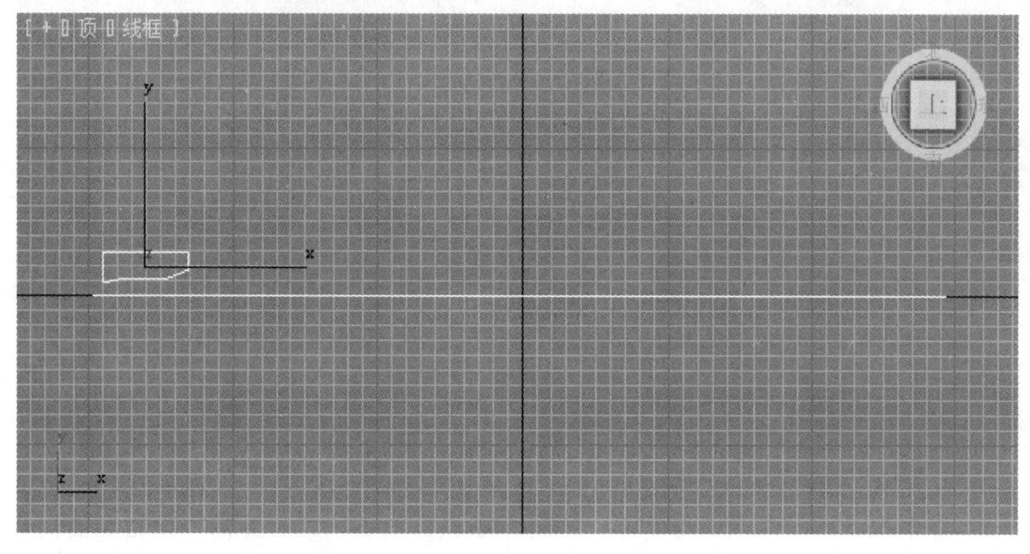

图 4-51

4）选中步骤 2）中所画的矩形，执行“创建”→“几何体”命令，在其下拉列表中选择“复合对象”选项，再在“对象类型”卷展栏中执行“放样”命令，如图 4-52 所示。单击“创建方法”卷展栏中的“获取图形”按钮，最后再单击步骤 3）中所绘制的截面线，画框制作完成，透视图效果如图 4-53 所示。

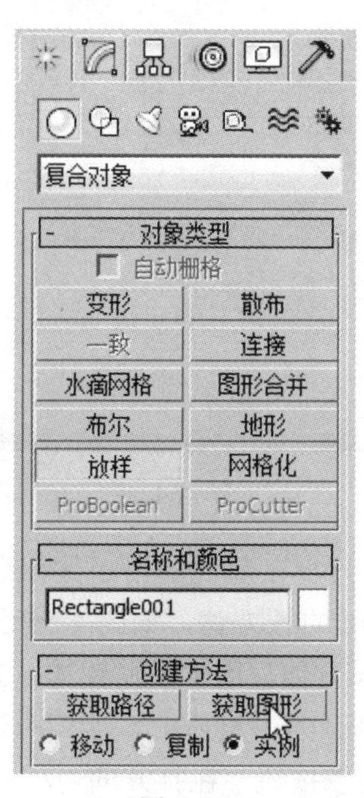

图 4-52

图 4-53

5）在主工具栏中的“捕捉”工具上单击鼠标右键，在打开的“栅格和捕捉设置”对话框中，设置捕捉的对象为“顶点”，如图 4-54 所示。

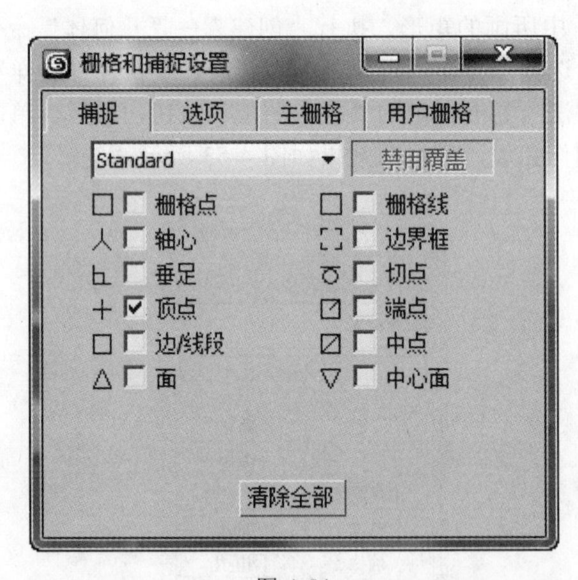

图 4-54

6）单击打开“捕捉”工具，在前视图用捕捉相框内侧顶点的方法创建一个与画框内侧大小一致、高度为 5mm 的长方体，如图 4-55 所示。

7）选中步骤 6）中创建的长方体，用位图贴图的方式给其赋材质。单击工具栏中的“材质编辑器”按钮，在打开的“材质编辑器”对话框中选择第一个空白的材质球，然后单击“漫反射”右侧的按钮，在打开的“材质/贴图浏览器”对话框中选择“位图”，单击 确定 按钮。

图 4-55

8）在“材质/贴图浏览器”对话框中选择“位图”选项，单击“确定”按钮，可以在打开的“选择位图图像文件”对话框中选择一幅位图（例如，“名画.jpg”），然后单击“打开”按钮，如图 4-56 所示。此时材质球的灰颜色会被“名画.jpg”文件覆盖。

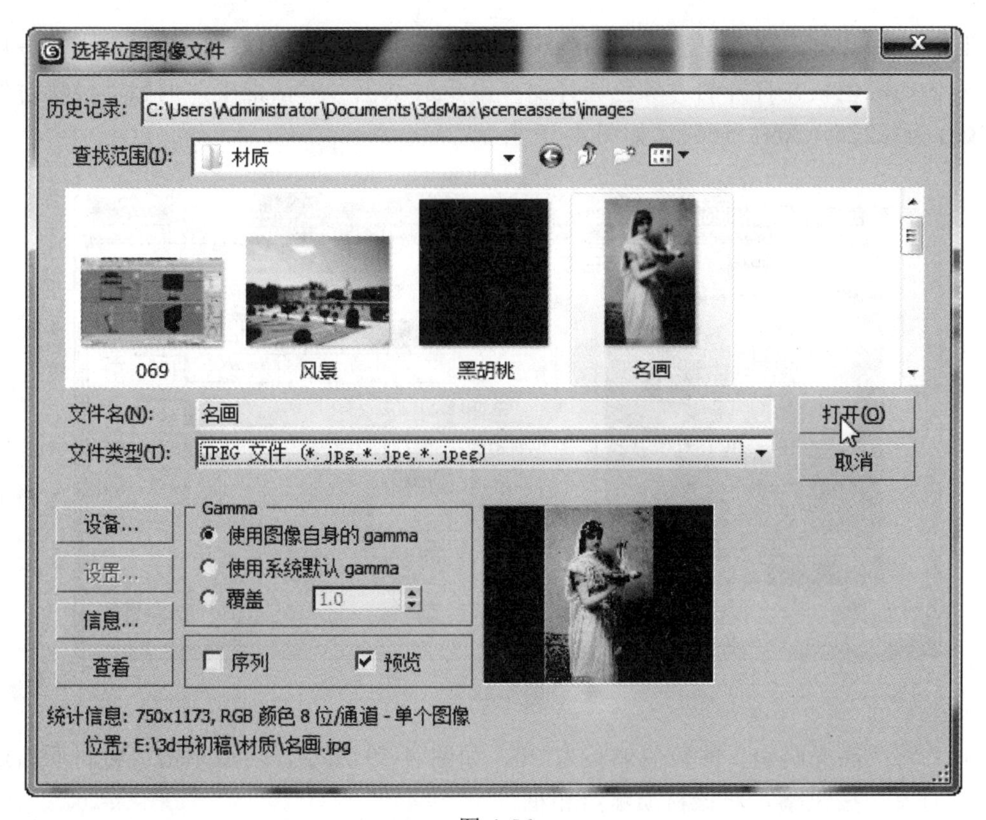

图 4-56

9）单击“将材质指定给选定对象”按钮，将材质赋给长方体，再单击“在视图中显示明暗处理材质”按钮，即可在透视图中显示贴图效果，如图 4-57 所示。

图 4-57

10）选中相框，在“材质编辑器”中选择第 2 个空白的材质球，然后单击“漫反射”右侧的颜色，在打开的“颜色选择器：漫反射颜色”对话框中，调整“漫反射”的 RGB 为（225，209，166），如图 4-58 所示。

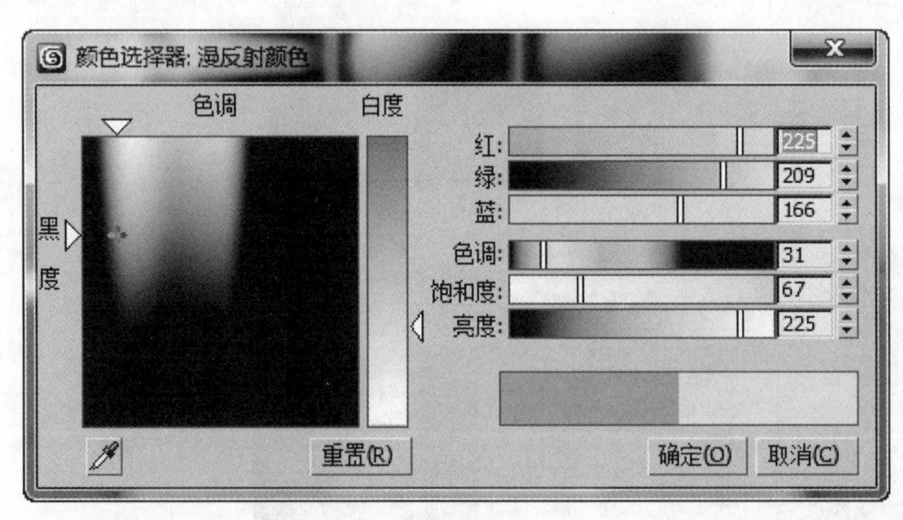

图 4-58

11）将“高光级别”的数值调整为 20，如图 4-59 所示，然后单击“将材质指定给选定对象”按钮，将该材质赋给相框。

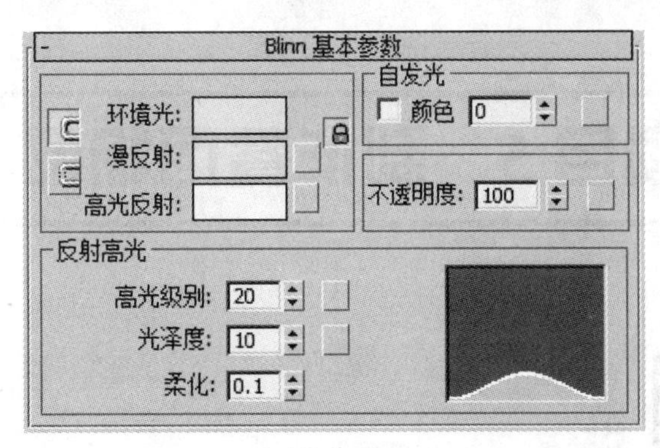

图 4-59

12）挂画制作完成，最终效果如图 4-60 所示。

图 4-60

通过本项目各实例的制作增加了二维图形转三维模型的技能，丰富掌握了三维模型建模中常用的修改命令，例如，“FFD 长方体”“网格平滑”“噪波”等，并熟悉了对场景中的对象赋材质的过程。

1）设计一款现代沙发及配套茶几。

2）制作一款造型别致的酒杯。

项目5　制作餐厅物品

本项目通过“时尚餐桌”和“餐椅”的制作，进一步熟练运用“标准基本体”“扩展基础体”“复合对象”的建模方法，并学习“布尔”的运用方法和“弯曲”修改命令的使用方法。进一步熟悉“三维几何体”如何转换为“可编辑多边形”，并对其“面”进行“挤出”和“倒角”的设置方法。为了分散难点，同时考虑到模型的独立性，本项目分两个任务来完成。

1）掌握“切角圆柱体”“切角长方体”“矩形”“线”的创建和修改方法。

2）掌握“布尔”运用方法。

3）掌握“弯曲”“可编辑多边形”修改命令的运用以及面“挤出”和面“倒角”数值的设置方法。

相关知识介绍

1）“弯曲”：是一个修改命令。其命令面板的参数卷展栏中显示弯曲修改器的有关命令。

①“弯曲”：该参数栏用于设置模型的弯曲角度和弯曲方向，其中包含以下两个参数。

“角度”：设置弯曲的角度。

“方向”：设置弯曲的方向。

②“弯曲轴”：该参数栏指定弯曲的轴向，默认为Z轴。

③“限制”：设置弯曲的界限。只有选中“限制影响”复选框时，在该参数栏中设置的弯曲界限才会生效。

“上限”：设置弯曲的上限。

“下限”：设置弯曲的下限。

2）“布尔运算”：是一种复杂造型的建模方法。在3ds Max中，布尔运算是A、B两个几何体之间的并、交和差运算。“并”运算的结果是A和B结合形成的几何体；“交”运算的结果是A和B两个几何体相交的部分；“差”运算的结果是A或B减去A与B相交部分后剩下的部分。进行布尔运算时，场景中要求有两个或两个以上的模型。

执行布尔运算的操作步骤如下。

①执行“创建”→“几何体”→“复合对象”命令。

②在视图中单击选择一个模型作为运算对象A，然后单击“布尔”按钮。

③在“参数”卷展栏中设置布尔运算的方式后，再在“拾取布尔”卷展栏下单击拾取操作对象B按钮，最后在视图中单击运算对象B，即可完成A模型与B模型的布尔运算操作。

任务1 制作餐桌

操作步骤

1）启动3ds Max 2012（中文版），将单位设置为“毫米”。

2）在顶视图创建一个半径、高度、圆角分别为450、30、15的切角圆柱体，并设置圆角分段为20，边数为40，取名为“餐桌面”，如图5-1所示。

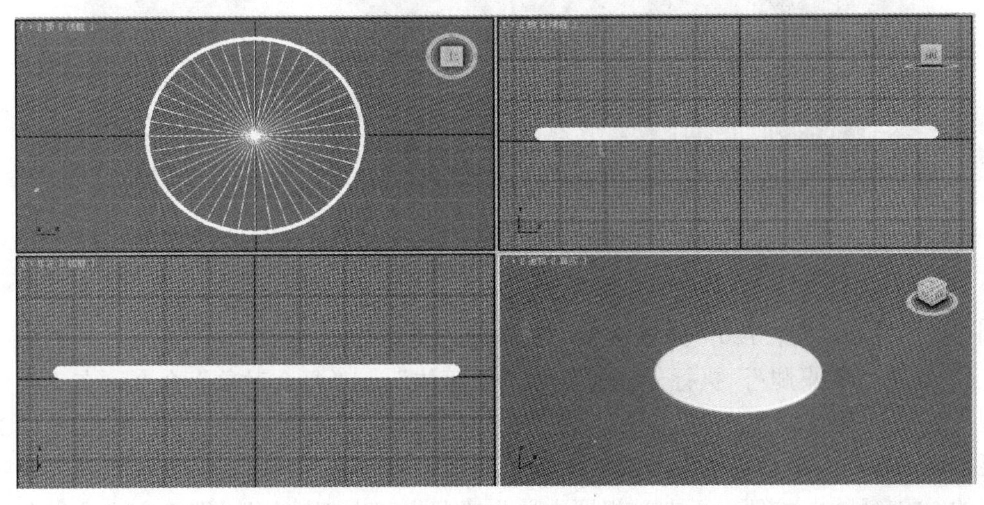

图5-1

3）在顶视图创建一个“半径1”“半径2”“高度”分别为100、300、50的圆锥体，作为“餐桌面”和“餐桌腿”的“连接处”，如图5-2所示。

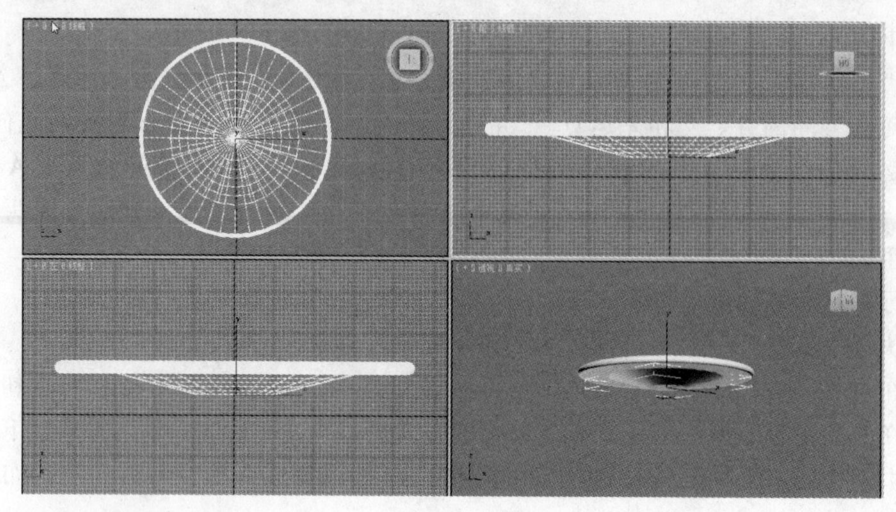

图 5-2

4）在顶视图创建一个“半径 1”“半径 2”“高度”分别为 230、100、700 的圆锥体作为“餐桌腿”，用“对齐”工具将其与“连接处”对齐，如图 5-3 所示。

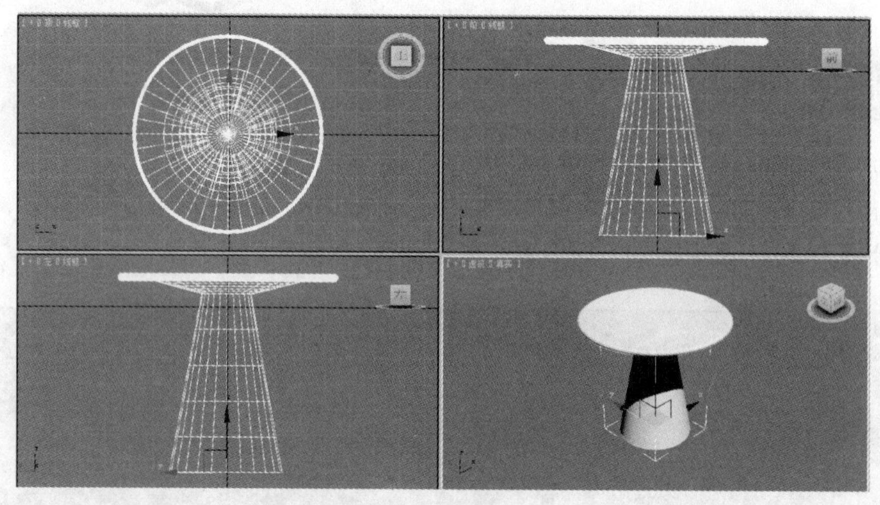

图 5-3

5）在前视图将“餐桌腿”复制一份，并将复制品的“半径 1”“半径 2”“高度”分别修改为 180、50、720，并取名为“餐桌腿内部锥体”，如图 5-4 所示。

6）选中“餐桌腿”，执行“创建”→“几何体”→“复合对象”命令，在“对象类型”卷展栏下单击“布尔”按钮。在“参数”卷展栏下操作对象“A：餐桌腿”，B 是要拾取的操作对象，选中下方的“差集（A–B）”单选按钮，单击“拾取布尔”卷展栏下的 拾取操作对象 B 按钮，再在前视图中单击“餐桌腿内部锥体”，即可完成差集布尔运算，实现将实心餐桌腿挖空，使其变为空心餐桌腿的效果，如图 5-5 所示。至此，餐桌模型制作完成。

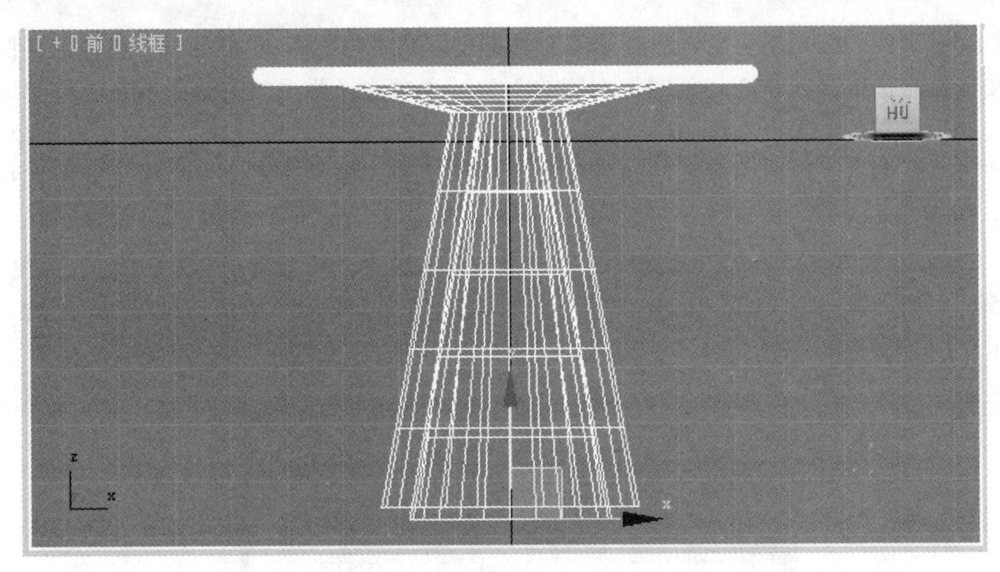

图 5-4

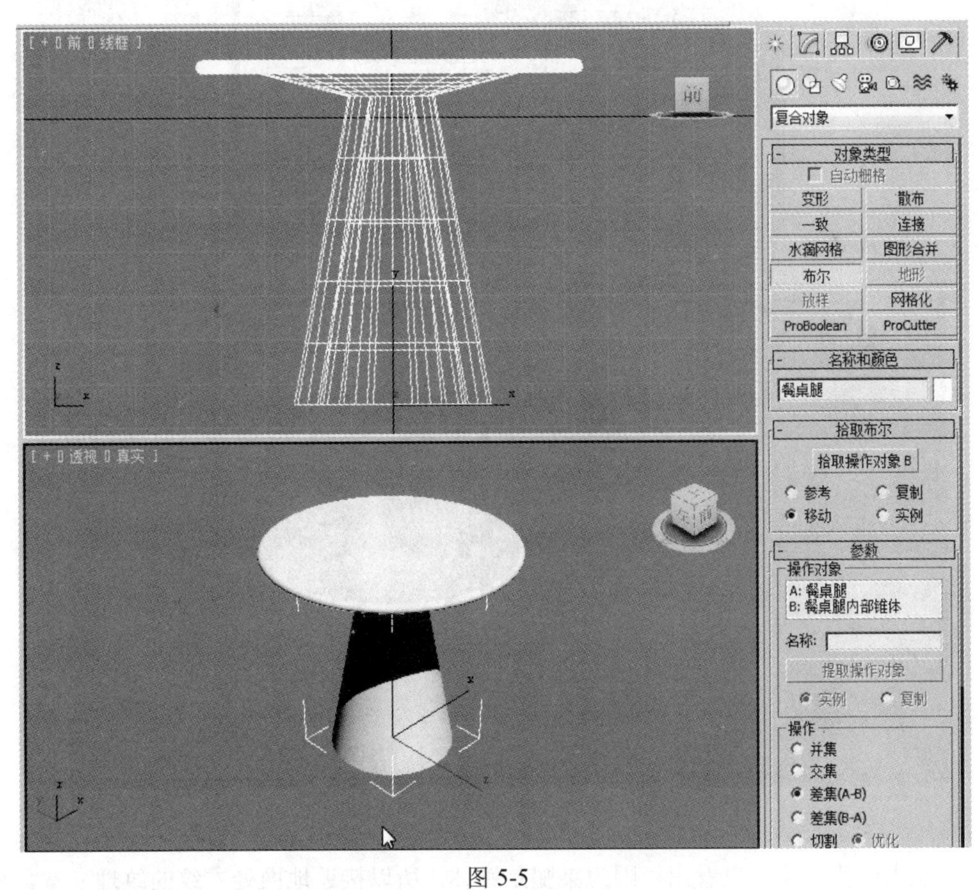

图 5-5

7）为餐桌添加材质。选中整个餐桌，单击工具栏中的“材质编辑器”按钮，打开“材质编辑器”对话框，选中第一个材质球，在“Blinn 基本参数”卷展栏下，单击漫反射右侧的按钮■，在随即打开的对话框中双击“位图”，即可打开“选择位图图像文件”对话框。在“查找范围”右侧的下拉列表中选择要添加的贴图所在的位置，并选择一幅图片，如“木纹26”，单击“打开”按钮。单击“将材质指定给选定对象”按钮，再单击“视口中显示明暗处理材质”按钮，餐桌的木纹材质效果即可在视口中显示出来。

8）单击材质球下方的“转到父对象”按钮。设置“高光级别”为30，“光泽度”为50，以使餐桌木纹材质有一定的高光效果，如图5-6所示。餐桌透视效果如图5-7所示。

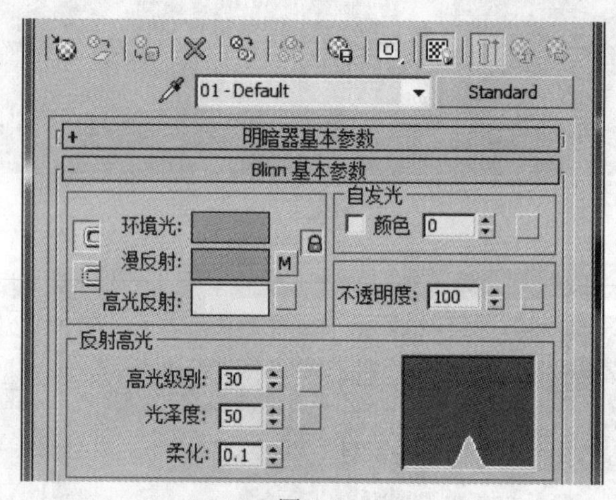

图 5-6

图 5-7

9）从上一步结果可以看出，因为桌腿是锥体，所以接近地面处木纹的纹理变宽，与桌面不协调。为此，可以选择“餐桌腿”，在修改器列表中选择“UVW 贴图”，在“参数”卷展栏下选择“柱形”，并修改“U 向平铺”参数为2.5，其他不变，如图5-8所示。

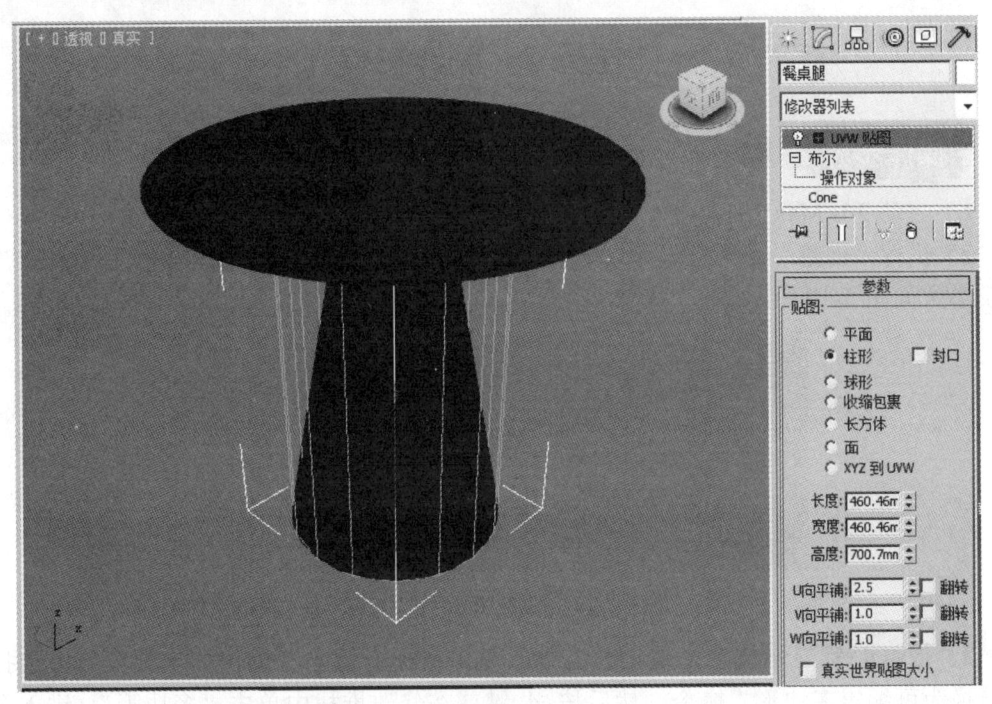

图 5-8

渲染效果如图 5-9 所示。

图 5-9

任务 2　制作餐椅

操作步骤

1）启动 3ds Max 2012（中文版），将单位设置为“毫米”。

2）执行“创建”→“几何体”→“长方体”命令，在前视图创建一个长方体，形态及参数如图 5-10 所示。

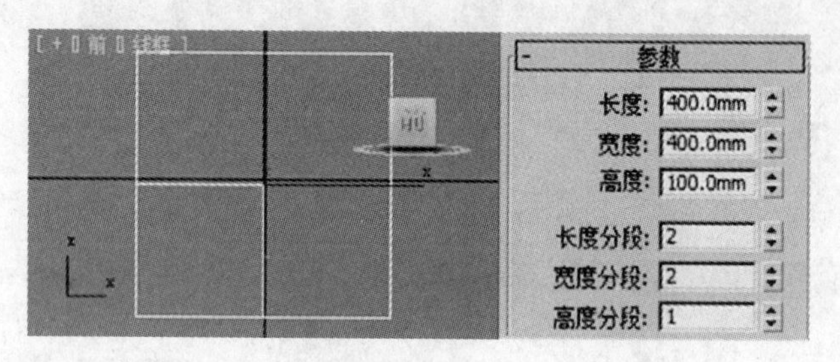

图 5-10

3）按<F4>键显示线框，选中长方体后单击鼠标右键，在弹出的快捷菜单中选择“转换为可编辑多边形”命令，然后按<4>键或在修改堆栈中单击“多边形”，进入多边形层级子物体，在透视图中选择侧面的面，在“编辑多边形”卷展栏下，单击“挤出”右面的小按钮，设置挤出高度为 50，单击“确定”按钮，如图 5-11 所示。

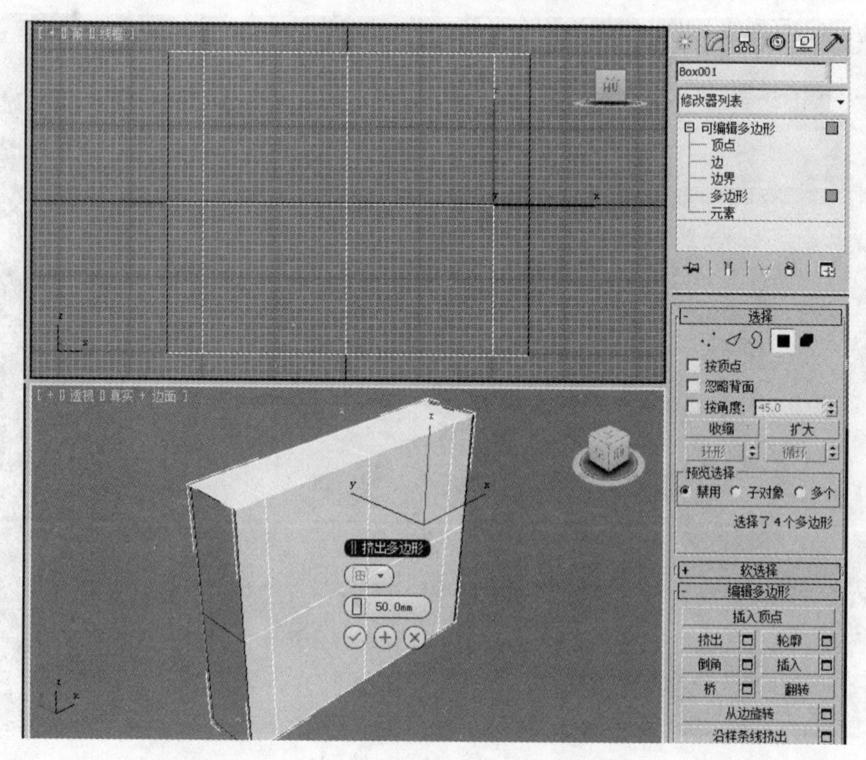

图 5-11

4）用同样的方法将上、下的面挤出，如图 5-12 所示。

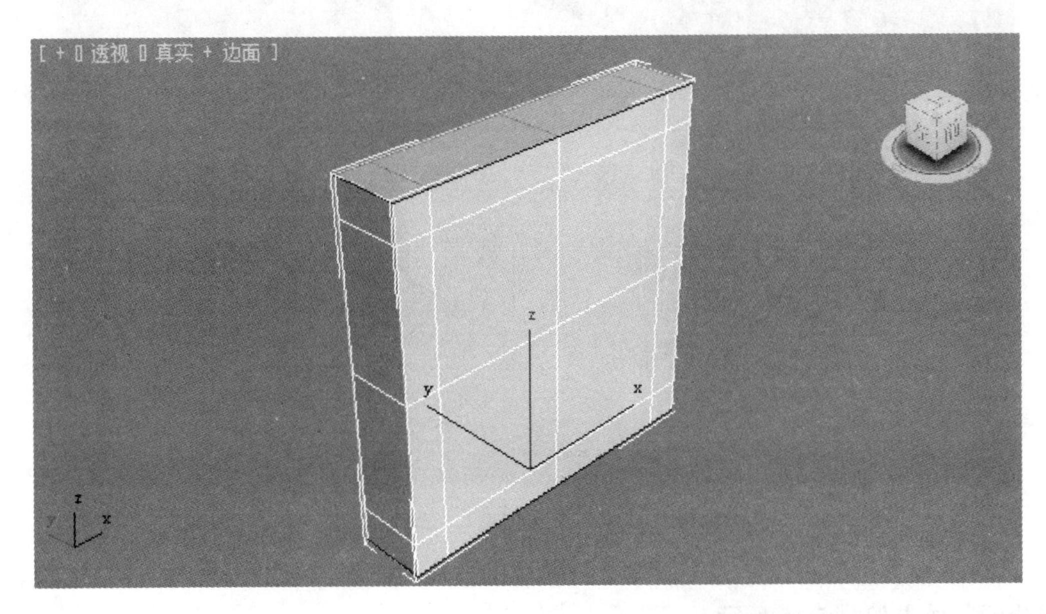

图 5-12

5）为了制作椅子座，椅子靠背的“下面”必须用挤出来增加段数，此处挤出数值为 100，效果如图 5-13 所示。

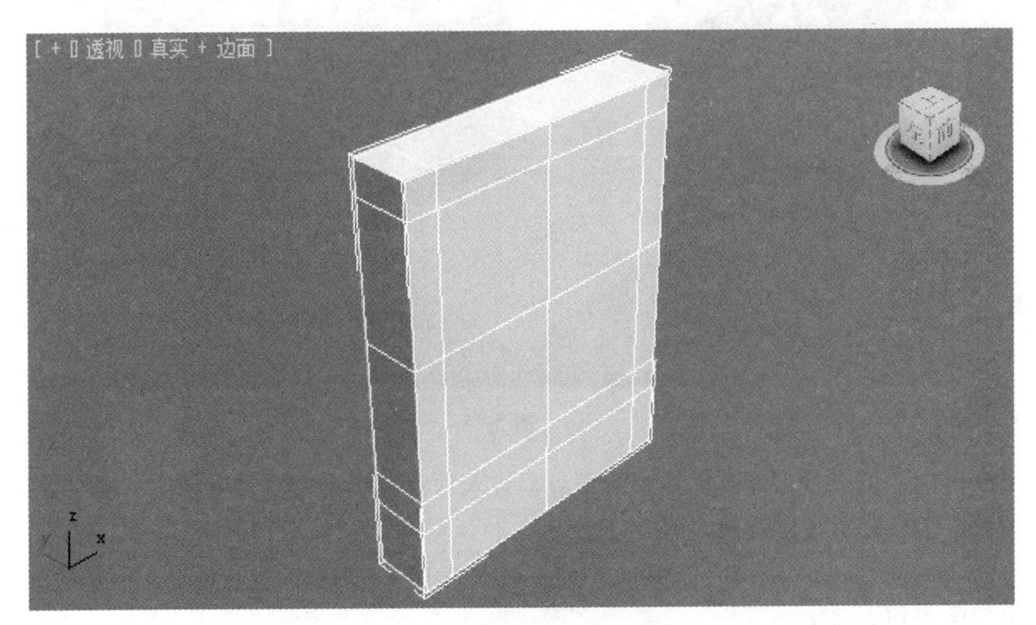

图 5-13

6）在透视图中选择椅子靠背下边侧面的面，如图 5-14 所示。

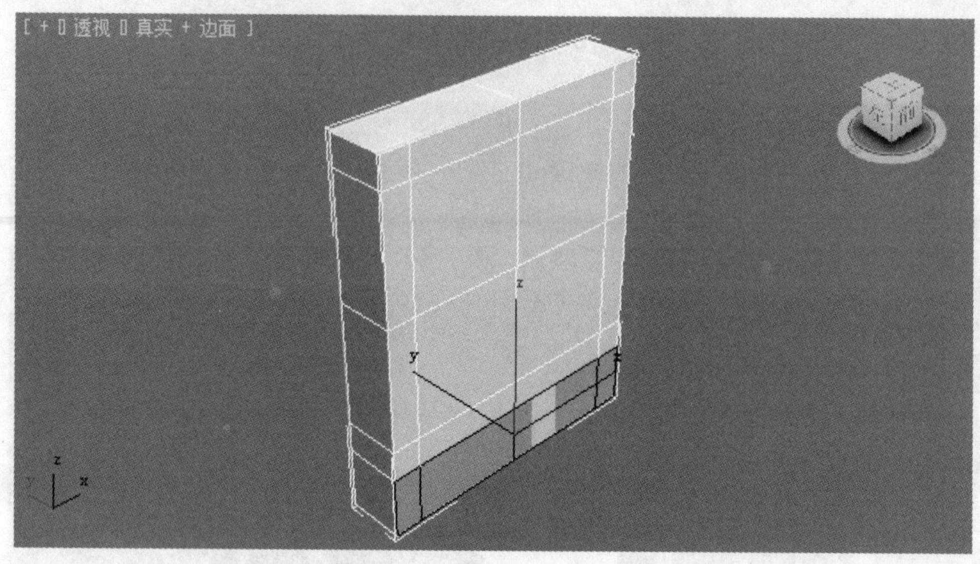

图 5-14

7）第 1 次挤出的数量是 50，第 2 次挤出的数量是 400，第 3 次挤出的数量是 50，挤出后的效果如图 5-15 所示。

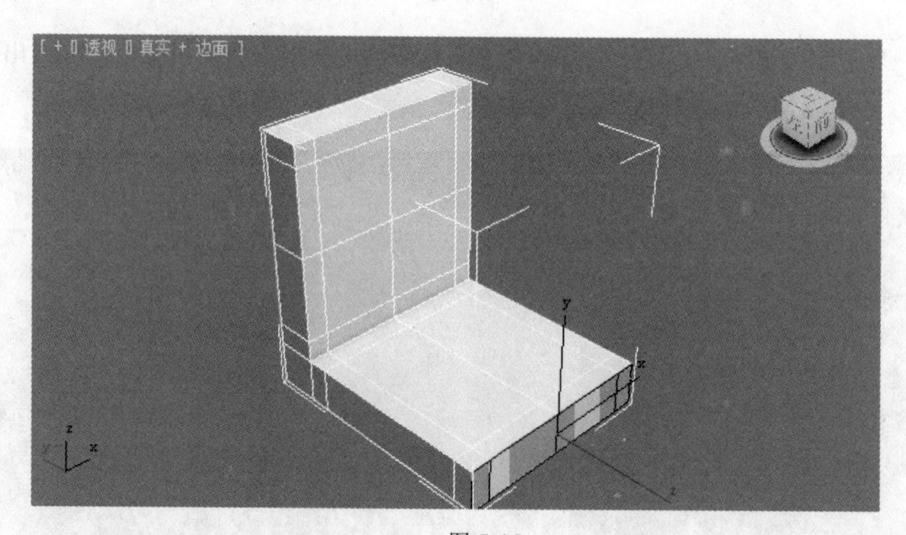

图 5-15

8）按<1>键或单击修改堆栈中的顶点，进入顶点层级子物体，用移动、缩放等工具调整椅子靠背形状，效果如图 5-16 所示。

9）按<4>键，进入多边形层级子物体，选中椅子座下面的面，并将下面的面删除，效果如图 5-17 所示。

10）椅子靠背及椅座基本完成了，下面对它进行圆滑处理。在修改器面板中选中“细分曲面”卷展栏下的“使用 NURMS 细分”复选框，修改“迭代次数”值为 1，效果如图 5-18 所示。

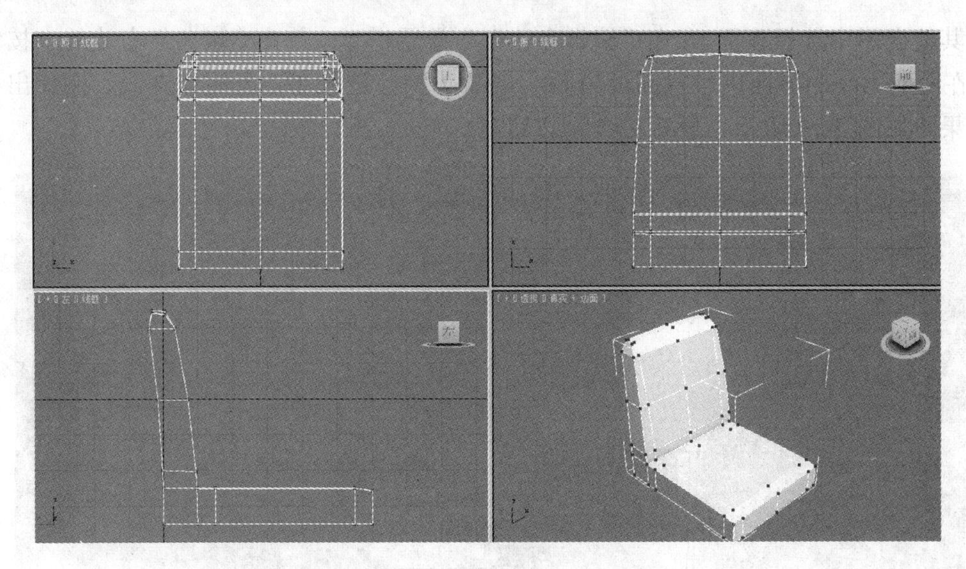

图 5-16

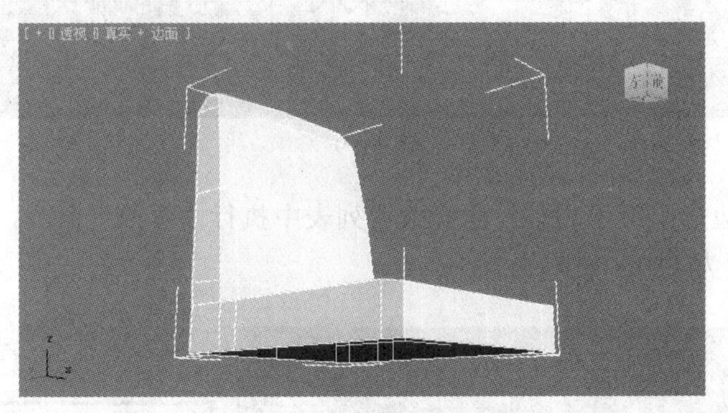

图 5-17

图 5-18

11）在顶视图创建一个 45×45×50 的长方体，段数均设置为 1，将长方体转换为“可编辑多边形”，按<4>键，进入多边形层级子物体。在透视图中选择下面的面（也可在其他视图中选择该面），在“编辑多边形”卷展栏下，单击“倒角”右边的小按钮▣，在随即出现的界面中设置高度为 80，轮廓为-1，连续单击⊕按钮 7 次，制作出梯形效果，如图 5-19 所示。最后单击⊘按钮。

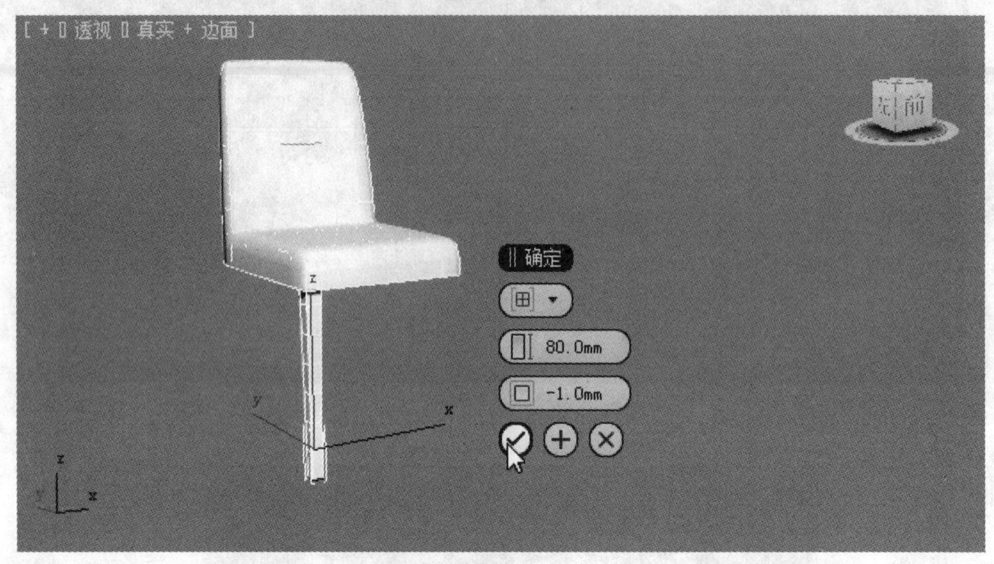

图 5-19

12）退出多边形层级子物体。在修改器列表中执行“弯曲”命令，“角度”设置为 12，“方向”设置为 150，如图 5-20 所示。

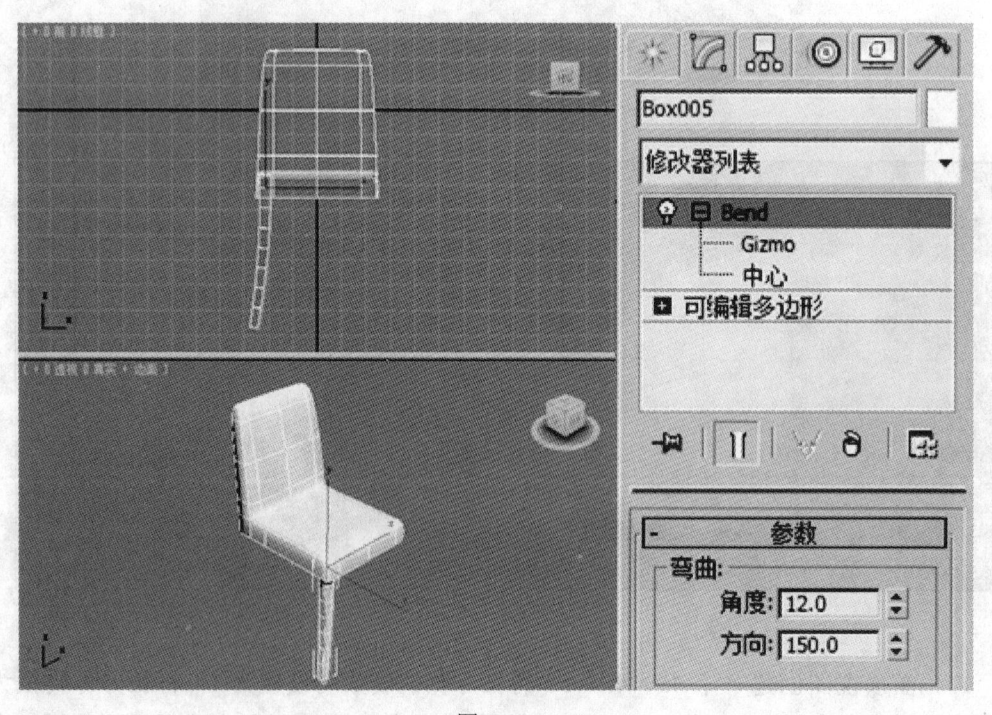

图 5-20

13）在前视图执行工具栏中的“镜像”命令，并将其他 3 条餐椅腿制作完成，效果如图 5-21 所示。

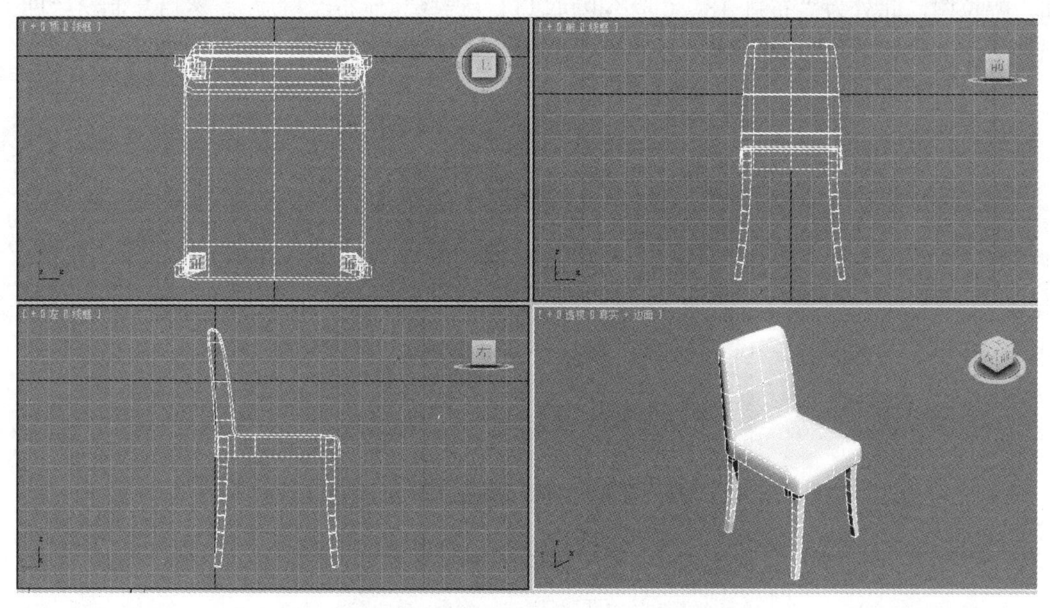

图 5-21

14）为椅子腿加材质。再次按<F4>键，取消线框显示。同时选中 4 条椅子腿，单击“材质编辑器”按钮，在打开的对话框中单击第 1 个材质球，为餐椅添加木纹材质，所选木纹和参数设置与本项目任务 1 中的“餐桌”相同，并将材质赋予椅子腿，如图 5-22 所示。

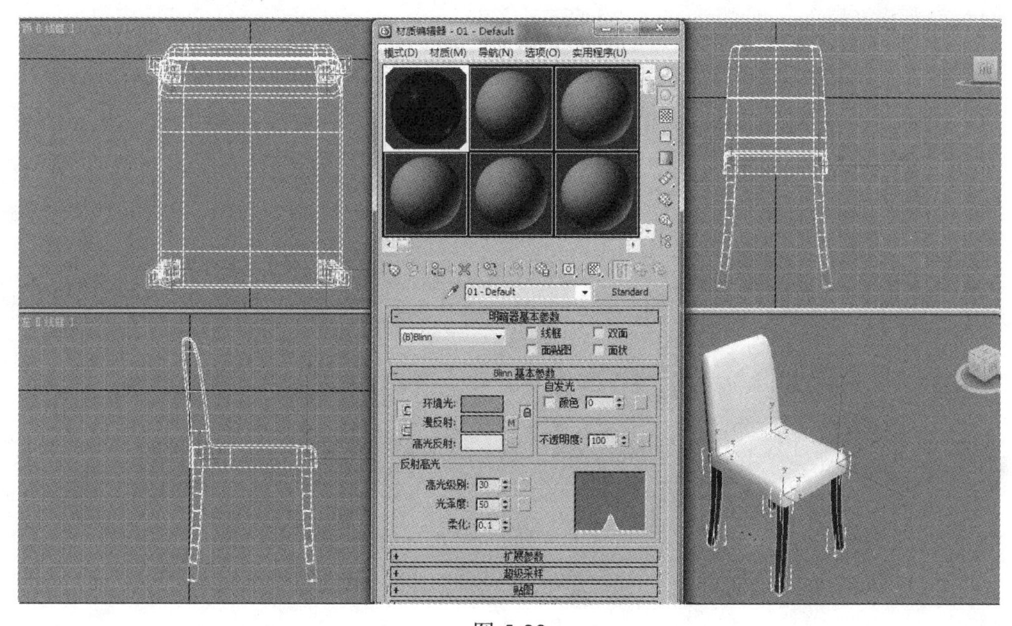

图 5-22

15）为椅子座和靠背加布料材质。在顶视图选中椅子座和靠背，单击“材质编辑器”对话框中的第 2 个材质球，单击“贴图”按钮，在展开的卷展栏中为“漫反射颜色”添加一幅位图，此处为“布料 18”（读者也可以自行选择其他布纹材质）。然后复制给“凹凸”通道，设置数量为 60，为“自发光”添加一幅“衰减”贴图，如图 5-23 所示。

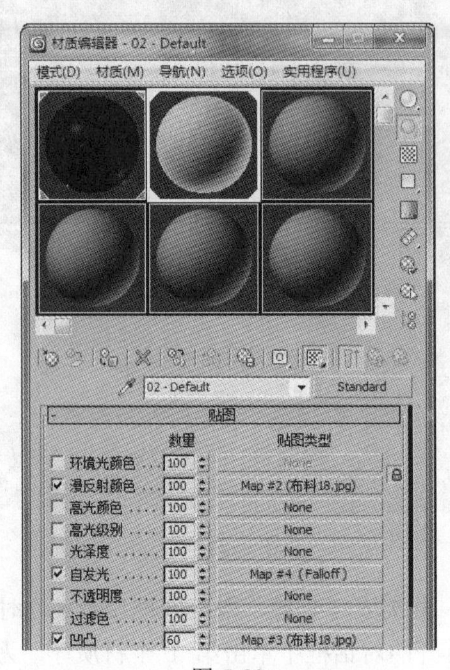

图 5-23

16）确定餐椅面处于选中状态，单击“将材质指定给选定对象”按钮，将调制好的材质赋予餐椅面，效果如图 5-24 所示。

图 5-24

17）可以看到，椅面布纹效果不真实，此时需要对餐椅面执行“UVW 贴图”修改命令。选中“长方体”贴图类型，其他参数不需要调整，最终效果如图 5-25 所示。至此餐椅制作完成。

图 5-25

项目总结

1）本项目在制作餐桌和餐椅造型中，使用了几种现有的几何体，如切角长方体作为圆桌面、圆锥体作为桌腿、长方体作为餐椅面。

2）在挖空锥状桌腿时重点学习了“布尔”命令的用法，在弯曲餐椅腿时重点学习了“弯曲”修改命令的用法。注意，三维模型在弯曲轴向上的分段数会影响弯曲的平滑程度。分段数越大，弯曲的表面曲线就越平滑。

3）在制作餐椅时将三维长方体先转换成可编辑多边形，然后对各面进行一系列的挤出、倒角等修改，最终变成非常美观的餐椅造型，这是建模的一种很重要的方法。

项目实践

设计制作一张自己喜欢的桌子、一把椅子，形状和尺寸自拟。

项目6　设计与制作卧室家具及装饰物

本项目主要是制作卧室家具及卧室装饰物品。该项目共制作4个模型，为了分散制作难度，每个模型设置为一个任务，分别为衣柜、双人床、枕头、室内墙壁搁物架制作。通过本项目的制作，进一步学习二维、三维建模方法及材质的添加方法。通过制作衣柜门开启的效果，学习“层次”命令的使用方法。

1）熟练掌握“矩形”“线”“切角长方体”“圆柱体”的创建方法。

2）熟练掌握移动复制、旋转复制、镜像复制等方法。

3）学会使用“层次”命令调整轴的位置。

4）掌握“顶点”的修改方法。

5）掌握“挤出”“FFD长方体”修改命令的运用。

相关知识介绍

1.“层次”命令

“层次”命令是命令面板中的主命令之一。单击命令面板中的“层次”按钮，即可进入“层次”命令面板。在层次命令面板中包含了“轴”“IK”和“链接信息”3个按钮，其中“轴”按钮可以在调整变形时移动并调整对象的轴，“IK”按钮和“链接信息”按钮可以在创建动画效果时生成多个对象相关联的复杂运动。单击“轴”下的“仅影响轴”按钮，可以对模型的轴心进行移动等操作。

2. 镜像复制

镜像复制是指模拟现实中的镜子效果，把实物对应的虚像复制出来。

具体做法是先选中要镜像复制的物体，再单击主工具栏中的“镜像”按钮，弹出“镜像”对话框。该对话框中有几个选项，具体含义如下。

1）“镜像轴”：用于设置镜像的轴或者平面。

2）“偏移”：用于设定镜像对象偏移源对象轴心点的距离。

3)“克隆当前选项”：用于控制对象是否复制、以何种方式复制。默认是“不克隆”，即只翻转对象而不复制对象。

在该对话框中选择“镜像轴”，输入适当的偏移值，选择“复制”克隆选项，单击“确定”按钮即可完成镜像复制操作。

任务 1　制作衣柜

操作步骤

1）启动 3ds Max 2012（中文版），将单位设置为“毫米”。

2）在左视图创建一个长、宽、角半径分别为 60、570、1 的长方形，如图 6-1 所示。

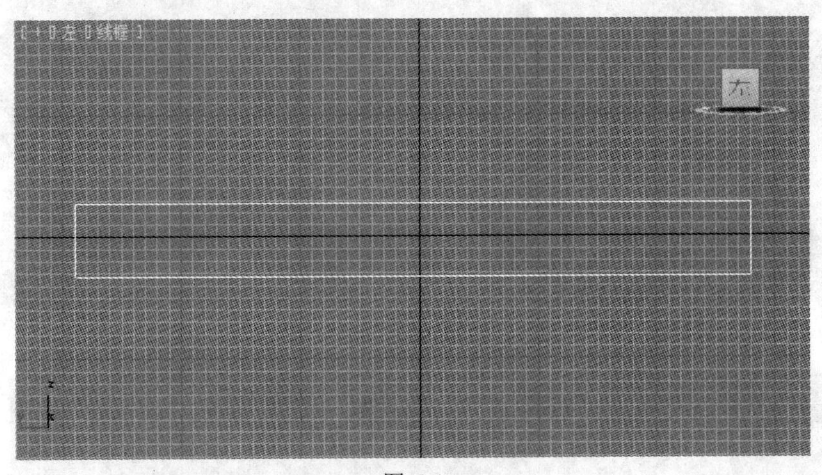

图 6-1

3）在修改器列表中选择“挤出”命令，挤出数量设为 1350，视图效果如图 6-2 所示。

4）在左视图创建一个长为 60、宽为 30 的矩形，再执行“线”命令沿该矩形画一个闭合轮廓，按<1>键，对曲线部分的顶点进行修饰，使其成为圆弧形状，位置及效果如图 6-3 所示。删除矩形后的效果如图 6-4 所示。

5）选中该图形，在修改器列表中执行“倒角”命令，在“倒角值”卷展栏下设置参数，“起始轮廓”为 0；“级别 1”的“高度”为 1，“轮廓”为 1；“级别 2”的“高度”为 1348，“轮廓”为 0；“级别 3”的“高度”为 1，“轮廓”为-1，如图 6-5 所示。最后将两部分进行组合，命名为“衣柜底座”。至此，衣柜底座制作完成。

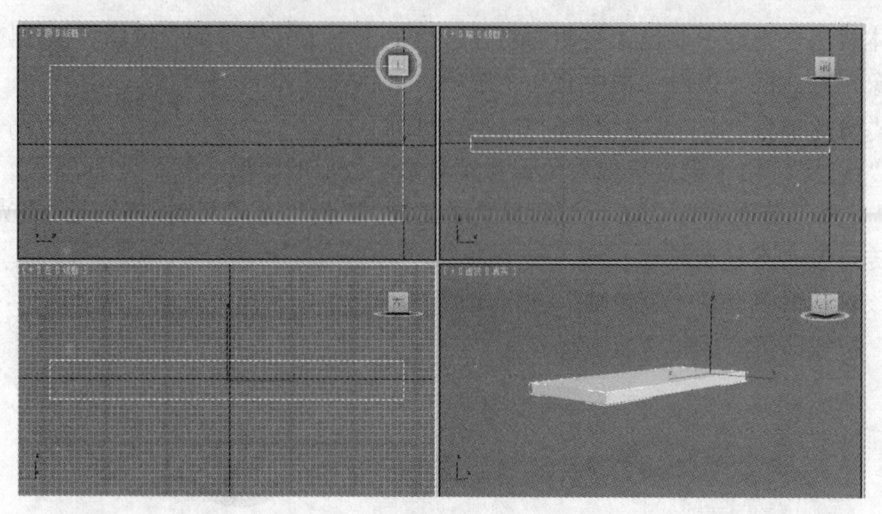

图 6-2

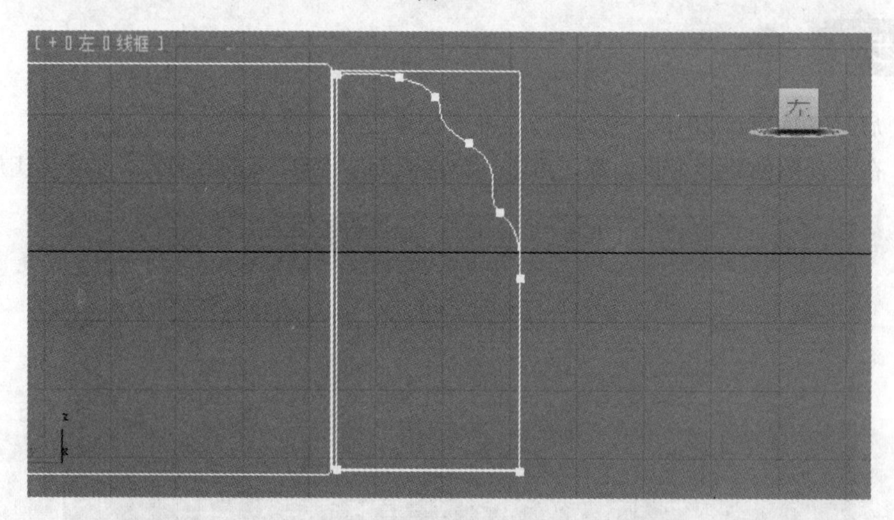

图 6-3

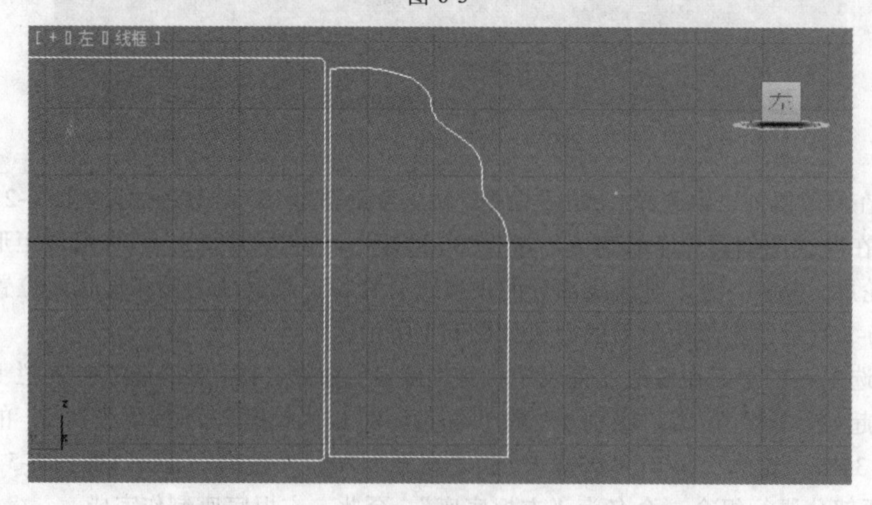

图 6-4

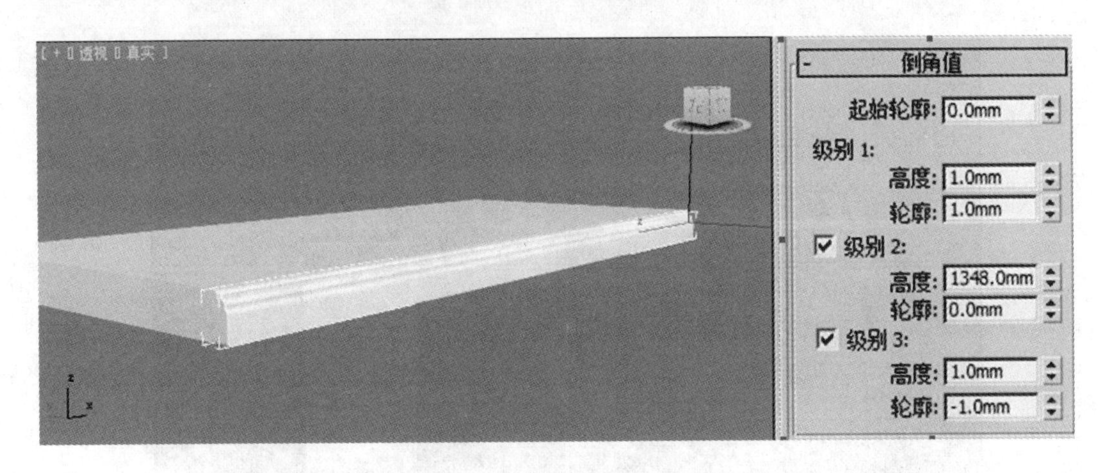

图 6-5

6）制作“衣柜后面”。在前视图创建一个尺寸为 2120×1310×20，圆角为 2，圆角分段为 3 的切角长方体，并将其移到合适位置，如图 6-6 所示。

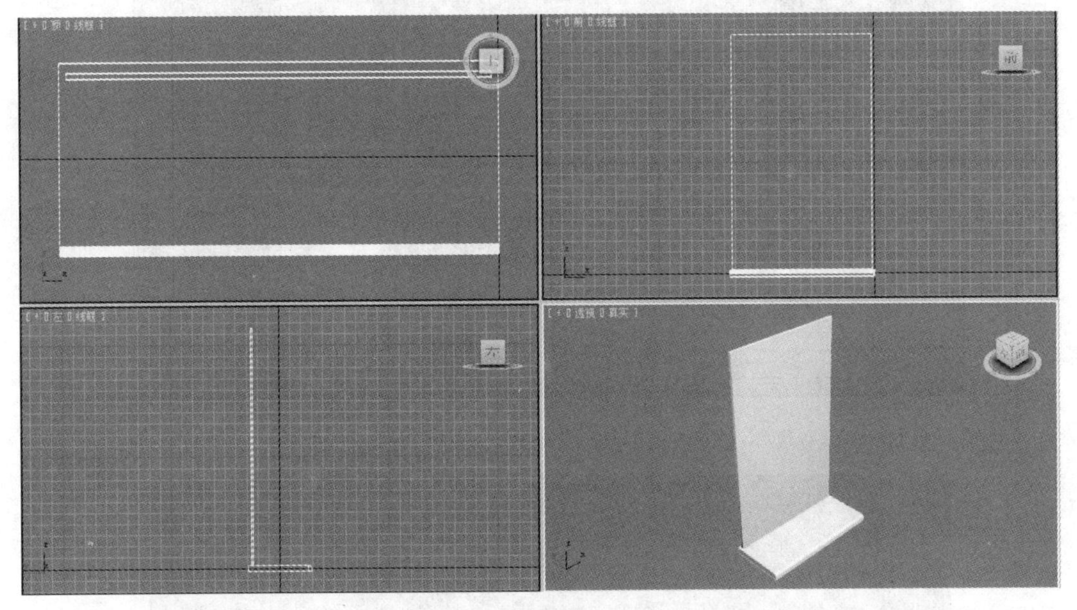

图 6-6

7）制作“衣柜侧面”。在左视图创建一个尺寸为 2120×550×20，圆角半径为 2，圆角分段为 3 的切角长方体，并将其移到适当位置，如图 6-7 所示。

8）“实例”复制“衣柜侧面”一份，如图 6-8 所示。

9）将衣柜侧面再实例复制一份，并将其放在如图 6-9 所示的位置。

10）在顶视图创建一个尺寸为 490×440×20，圆角半径为 2，圆角分段为 3 的切角长方体，作为“搁板”，如图 6-10 所示。

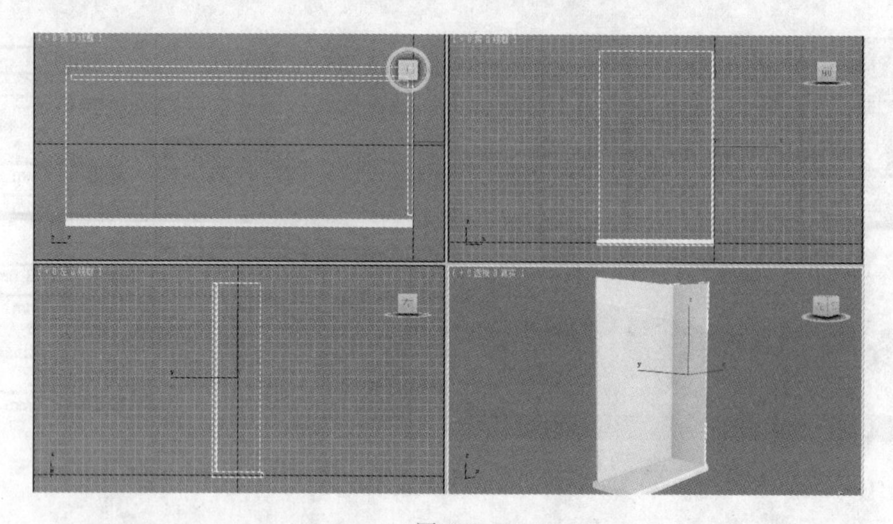

图 6-7

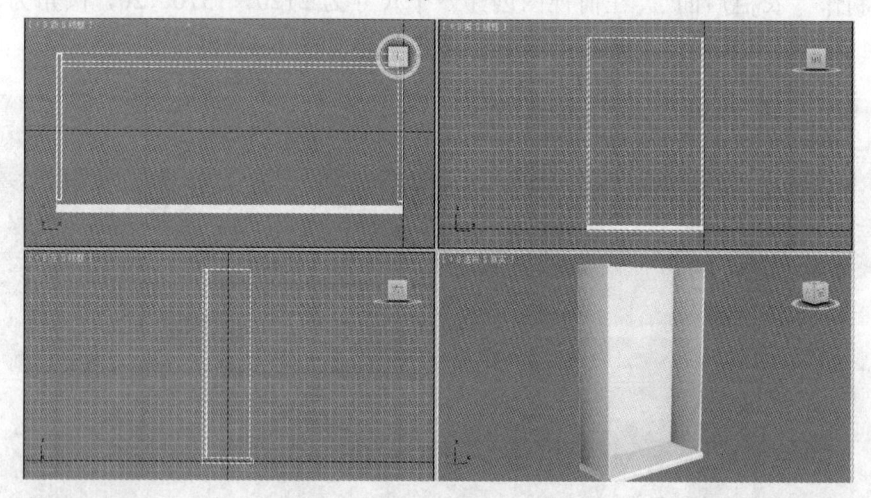

图 6-8

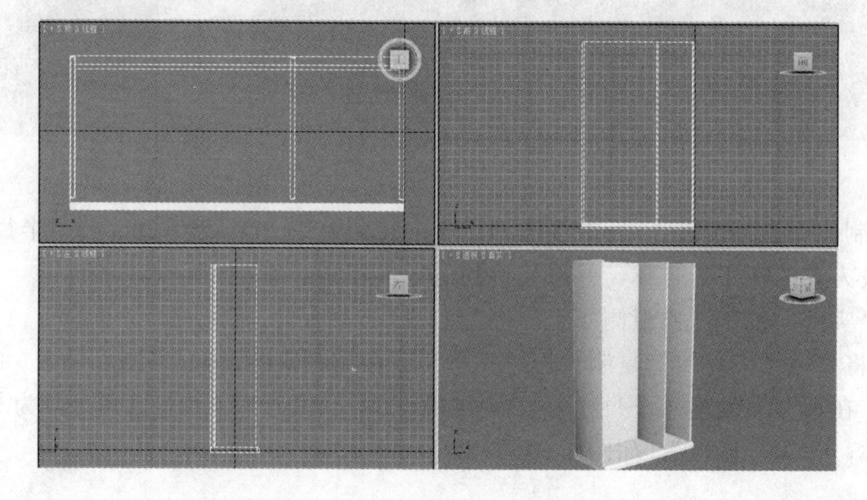

图 6-9

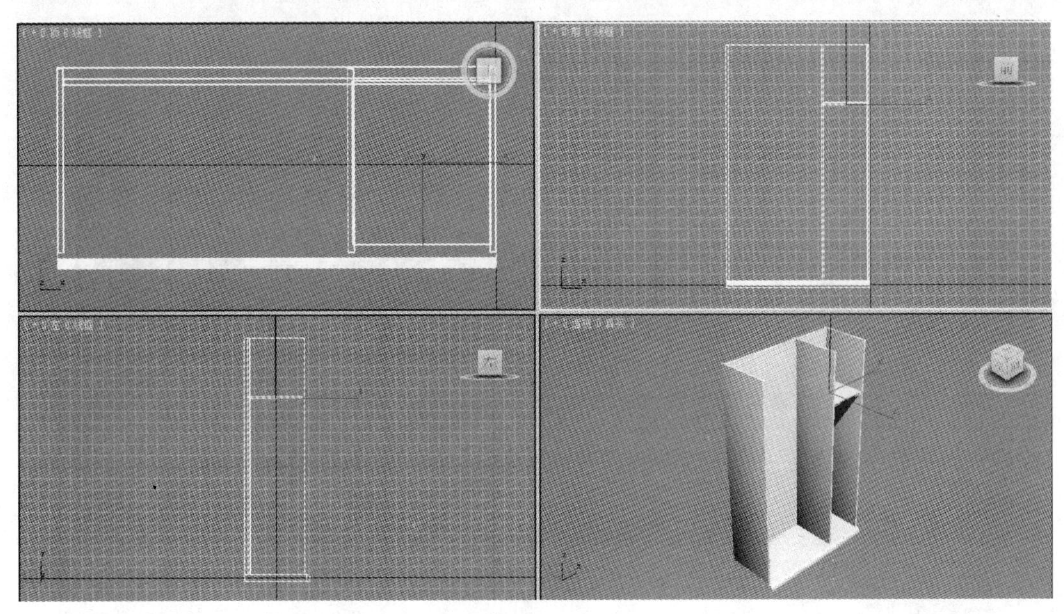

图 6-10

11）用移动复制的方法实例复制两份“搁板”，如图 6-11 所示。再将三个搁板组合为一体，命名为“搁物板组合”。

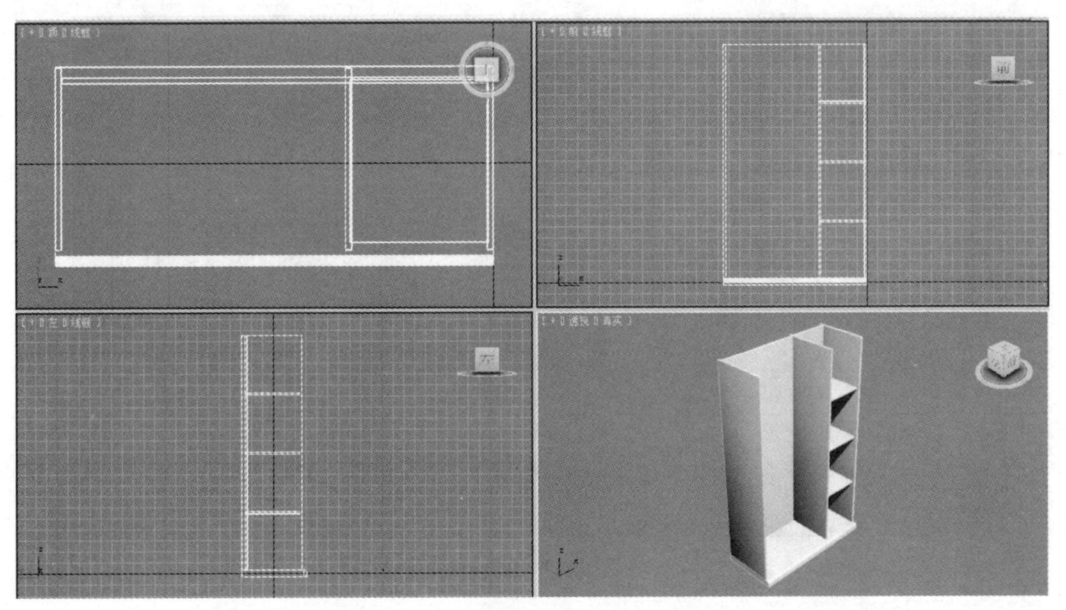

图 6-11

12）在左视图创建一个尺寸为 40×490×20，圆角为 2，圆角分段为 3 的切角长方体，作为“板条 1”，并将其放在适当位置，再将“板条 1”实例复制一份，移至如图 6-12 所示的位置。

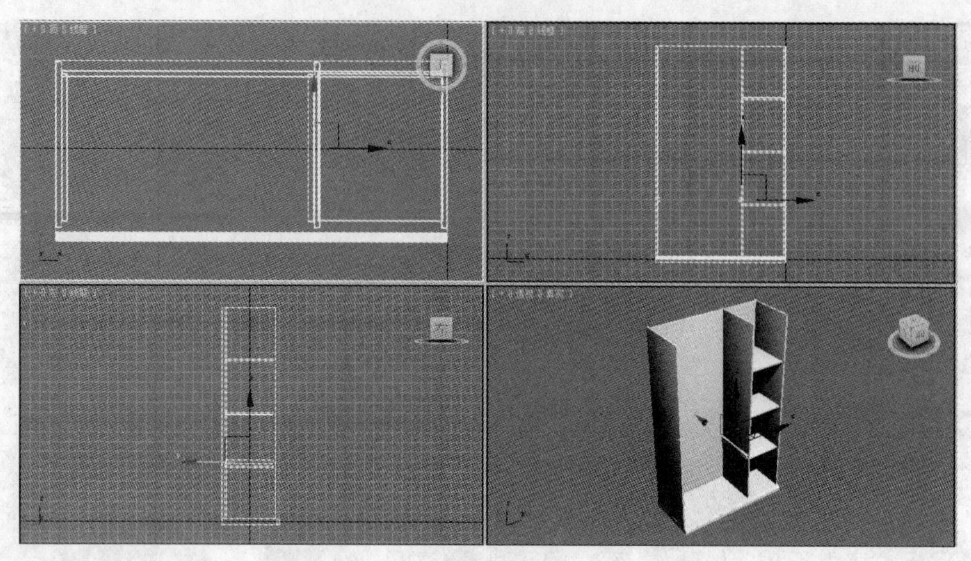

图 6-12

13）在顶视图创建一个尺寸为 40×880×20，圆角为 2，圆角分段为 3 的切角长方体，作为“板条 2”，并将其放在适当位置。再将“板条 2”实例复制一份，放在其对面。效果如图 6-13 所示。

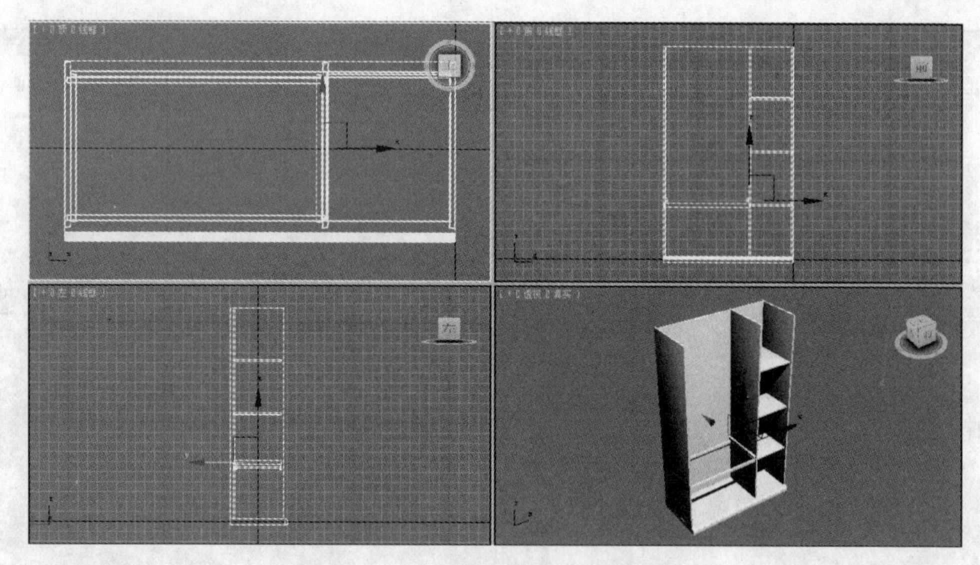

图 6-13

14）在前视图创建一个半径为 8，高度为 460，高度和端面分段均为 1，边数为 30 的圆柱体，作为“底层挂衣杆”，并将其移到适当位置，再在顶视图以移动复制的方式实例复制 7 个“底层挂衣杆”，效果如图 6-14 所示。

15）在顶视图创建一个 490×870×20，圆角为 2，圆角分段为 3 的切角长方体，作为“底层挂衣杆”上的“搁物面”，如图 6-15 所示。

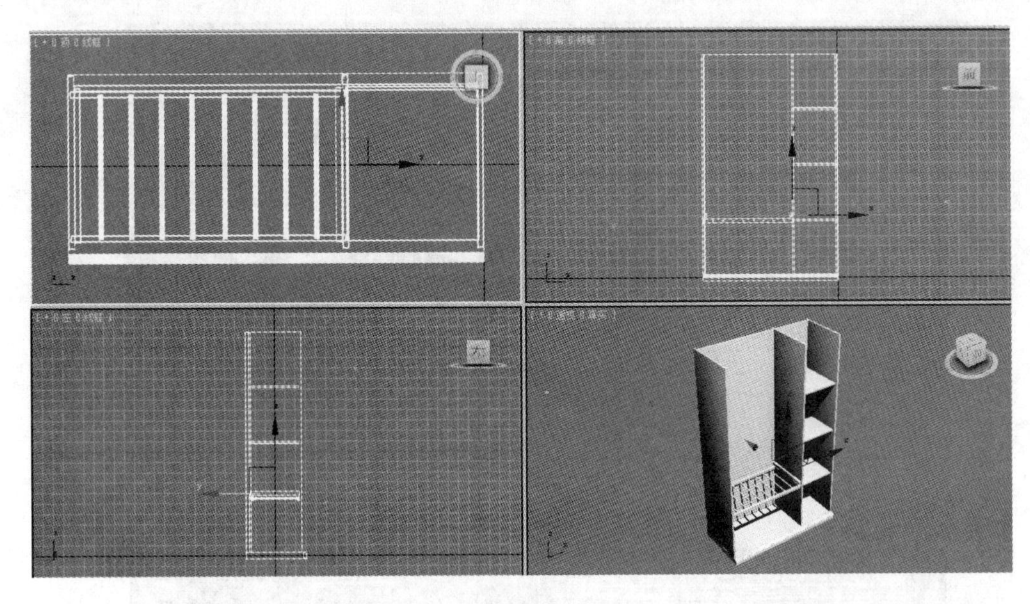

图 6-14

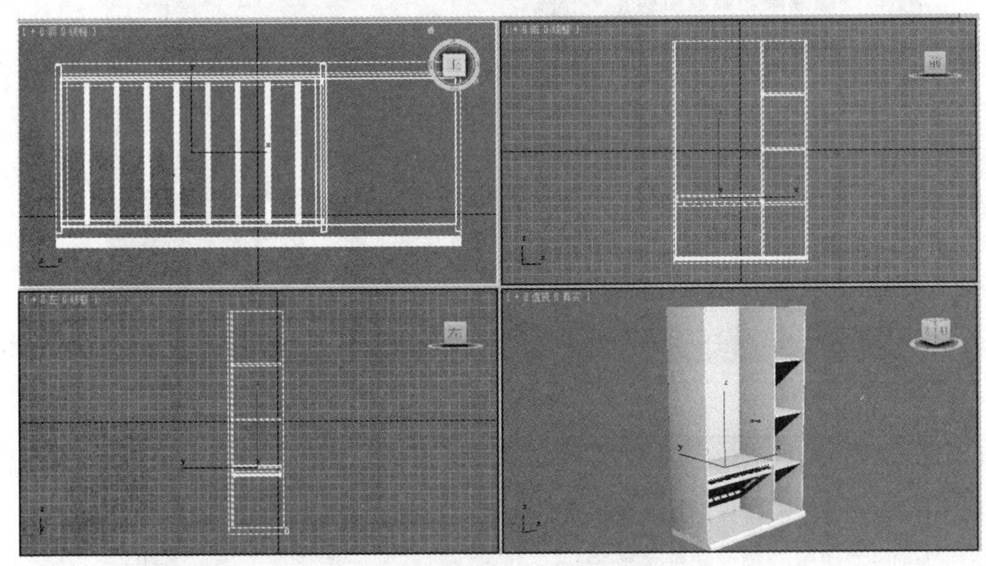

图 6-15

16）在左视图创建一个半径为 12，高度为 900，高度和端面分段都为 1，边数为 30 的圆柱体，作为衣柜的“顶层挂衣杆”，透视效果如图 6-16 所示。

17）选中“衣柜底座”，镜像复制一份作为“衣柜顶”，并将其移到合适位置，效果如图 6-17 所示。

18）衣柜门制作。在前视图创建一个尺寸为 2120×440×20，圆角为 2，圆角分段为 3，其他分段为 1 的切角长方体，作为单侧“柜门”，并将其移到如图 6-18 所示的位置。

图 6-16

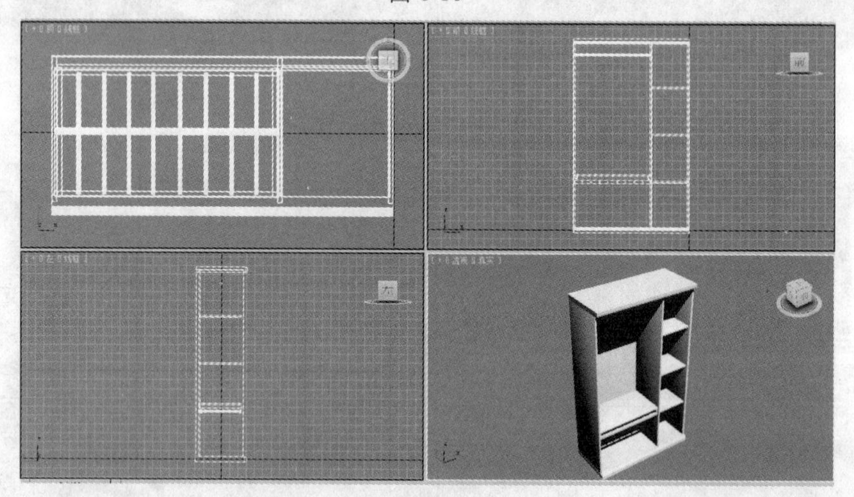

图 6-17

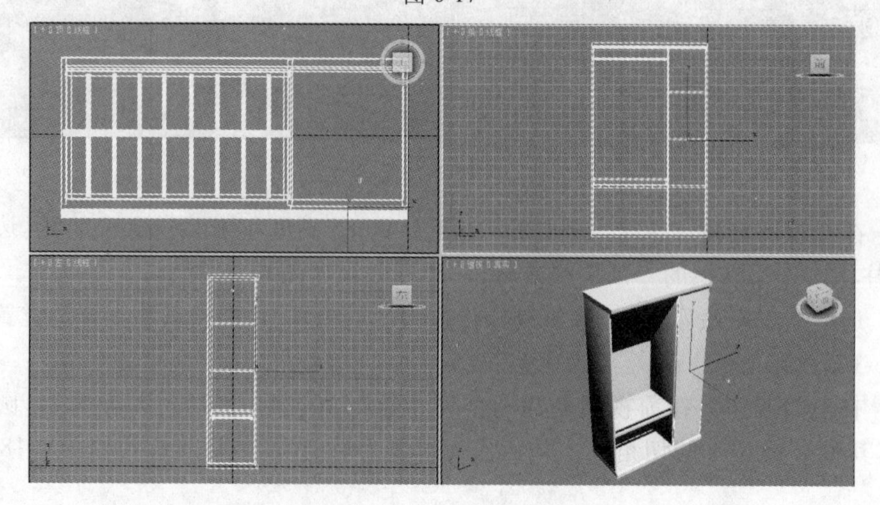

图 6-18

19）将“柜门”实例复制两份，并移到合适位置，效果如图 6-19 所示。

图 6-19

20）制作“柜门”的“门把手”。在顶视图创建一个 30×30 的矩形，并用“捕捉”工具捕捉栅格点，绘制出如图 6-20 所示的线形。

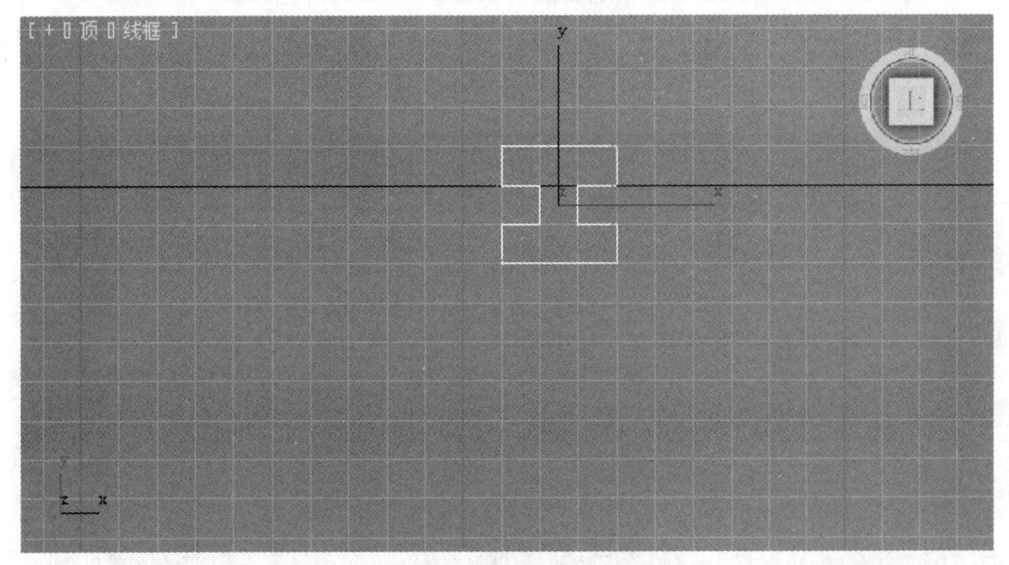

图 6-20

21）删除外围的矩形，选中“门把手”线形，按<1>键，进入“顶点”层级子物体，选中图形中的所有顶点，在“几何体”卷展栏中的“圆角”右侧的文本框中输入 5，再单击“圆角”按钮，如图 6-21 所示。

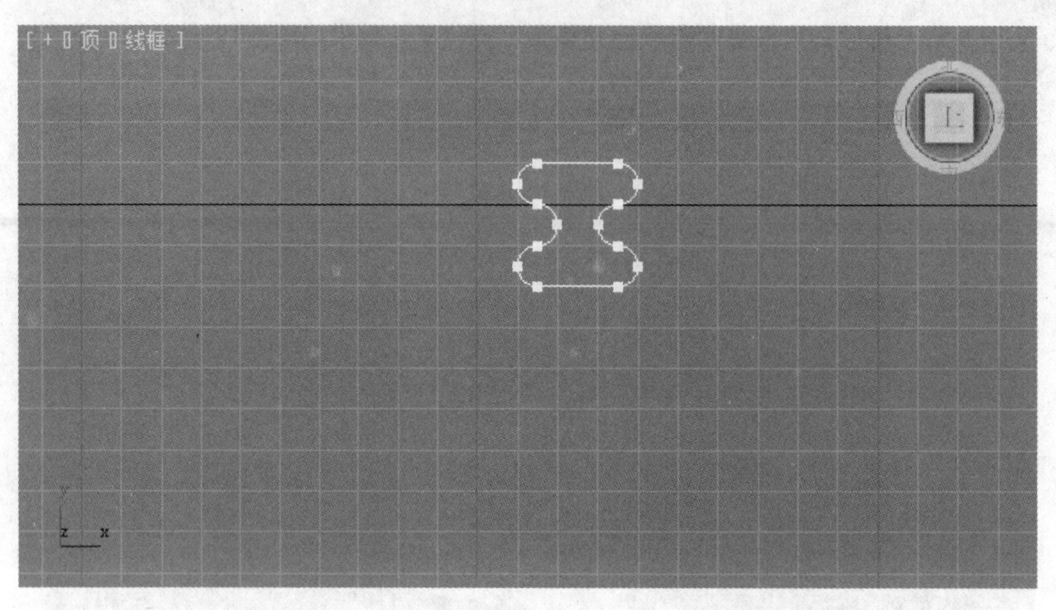

图 6-21

22）退出“顶点”子物体，使“门把手线形”处于选中状态，对“门把手”图形执行“挤出”命令，设置数量为 150，放大后的造型效果如图 6-22 所示。然后将挤出后的“门把手”移到如图 6-23 所示的位置。

23）在前视图实例复制 2 个“门把手”，并移到合适位置，如图 6-24 所示。将左、中、右 3 个衣柜门及对应的门把手分别进行组合，取名为“左侧门组合”“中间门组合”“右侧门组合”。至此，三门衣柜造型制作完成。

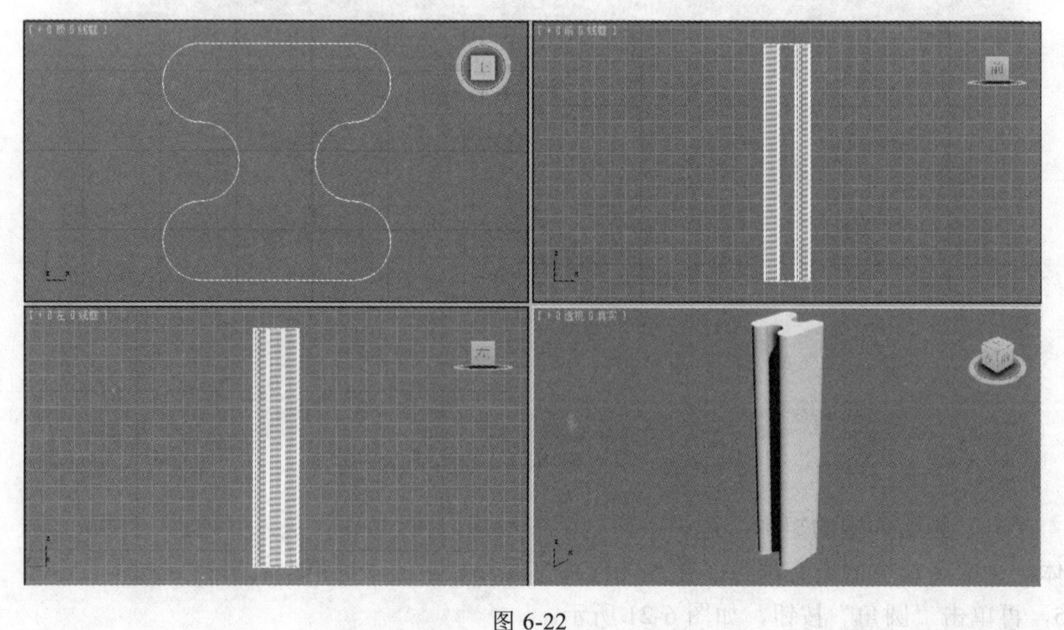

图 6-22

图 6-23

图 6-24

24）制作衣柜门开启的效果。在前视图选中“右侧门组合”，单击命令面板中的“层次”按钮，在“轴”下的“调整轴”卷展栏下单击“仅影响轴”按钮，再用移动工具在前视图将轴心移到右侧门轴处，如图 6-25 所示。

25）再次单击“仅影响轴”，取消轴的操作，此时“仅影响轴”按钮恢复灰色显示状态。再用“旋转”工具在顶视图将“右侧门组合”绕 Z 轴逆时针旋转一定角度，使“右侧门组合”处于半开状态，如图 6-26 所示。

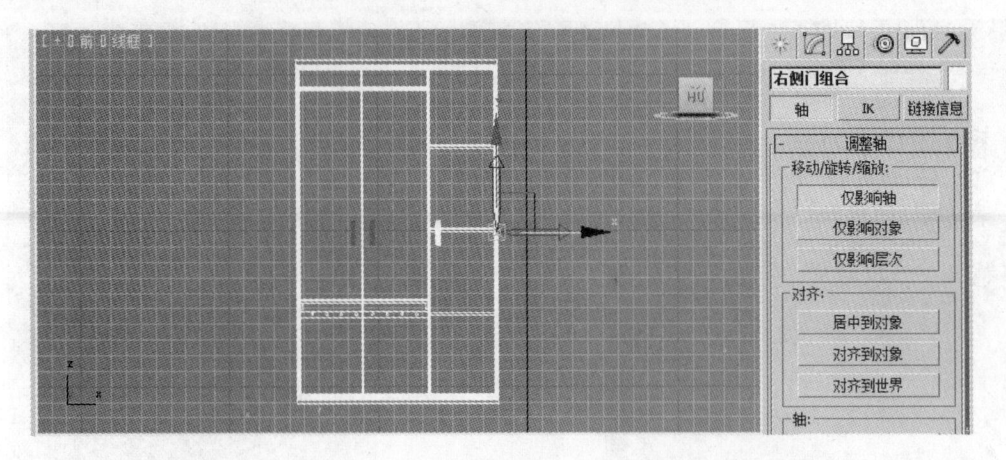

图 6-25

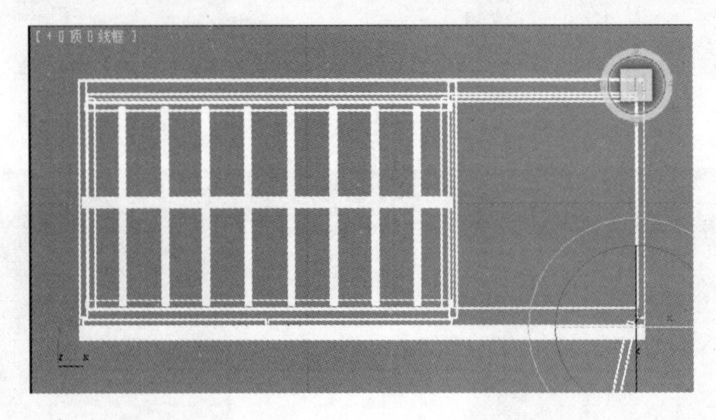

图 6-26

透视效果如图 6-27 所示。

图 6-27

26）用同样的方法，可以将“左侧柜门组合”“中间柜门组合”分别开启一定角度，效果如图 6-28 所示。

图 6-28

27）为衣柜添加木纹材质。选中衣柜的所有组件，单击工具栏中的“材质编辑器”按钮，在打开的“材质编辑器”对话框中选中第一个材质球，单击“漫反射”右边的按钮，在随即打开的“材质/贴图浏览器”对话框中选择“位图”，再单击“确定”按钮，将打开“选择位图图像文件”对话框，在对话框中选择一幅木纹材质，如“木纹 26”，单击“打开”按钮。单击材质球下方的“将材质指定给选定对象”按钮，再单击“视口中显示明暗处理材质”按钮，衣柜的木纹材质即可在视口中显示出来。再单击材质球下面的“转到父对象”按钮，为其设置一定的高光。此处设置“高光级别”为 70，“光泽度”为 60，材质球变化后的效果如图 6-29 所示。

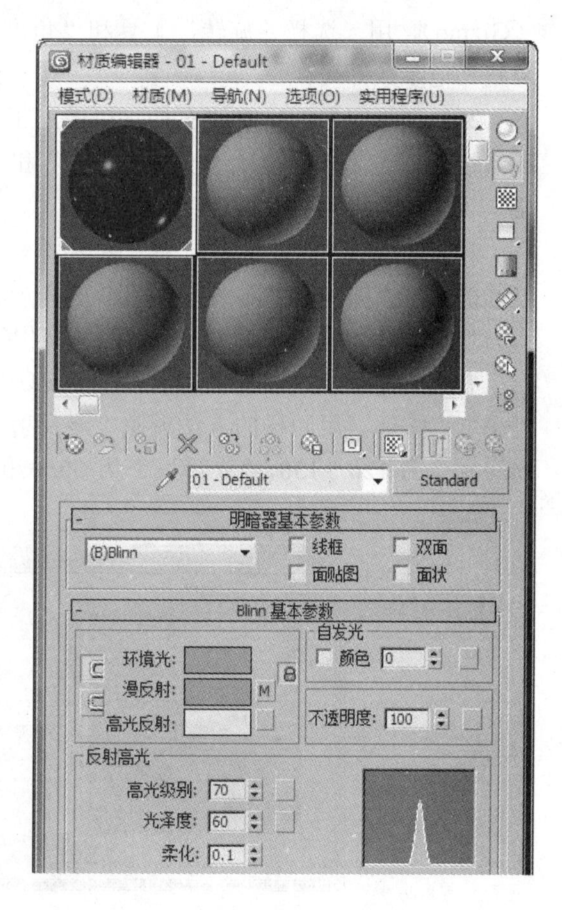

图 6-29

28）由于制作衣柜的各面板尺寸不同，添加木纹材质后还要对木纹纹理进行进一步修饰。此时可单独选择要修饰的对象，对其执行“UVW 贴图”修改命令，通过调整贴图的长、宽、高的数值或调整 U、V、W 平铺数值。在具体调整时需边调整边观察透视图中的具体效果，最终达到满意为止。调整后的效果如图 6-30 所示。

图 6-30

如果在修饰贴图纹理的同时还想改变木纹方向，可以选中修改堆栈中的线框（Gizmo），用“选择并旋转”工具和“角度捕捉”工具将线框旋转一定角度，再适当调整其他参数即可。

29）选择衣柜的所有挂衣杆。单击主工具栏中的“按名称选择”按钮，在“从场景选择”对话框中选择“顶层挂衣杆”和“衣柜底部挂衣杆组合”，单击“确定”按钮。

30）为衣柜“上、下挂衣杆”添加不锈钢材质。单击“材质编辑器”按钮，在打开的“材质编辑器”对话框中选择第 2 个材质球，在“明暗器基本参数”卷展栏下，将材质的着色方式选择为“金属”，将“环境光”和“漫反射”的锁解开，单击“环境光”右侧的矩形块，设置“环境光”的 RGB 为（33，33，33），如图 6-31 所示，单击“确定”按钮。用同样的方法调整“漫反射”的 RGB 为（210，210，210）。调整“高光级别”为 120～130，“光泽度”为 60～70。调整后的材质球效果如图 6-32 所示。

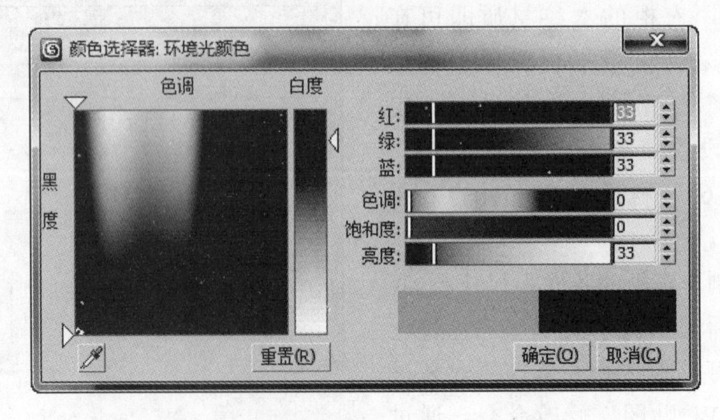

图 6-31

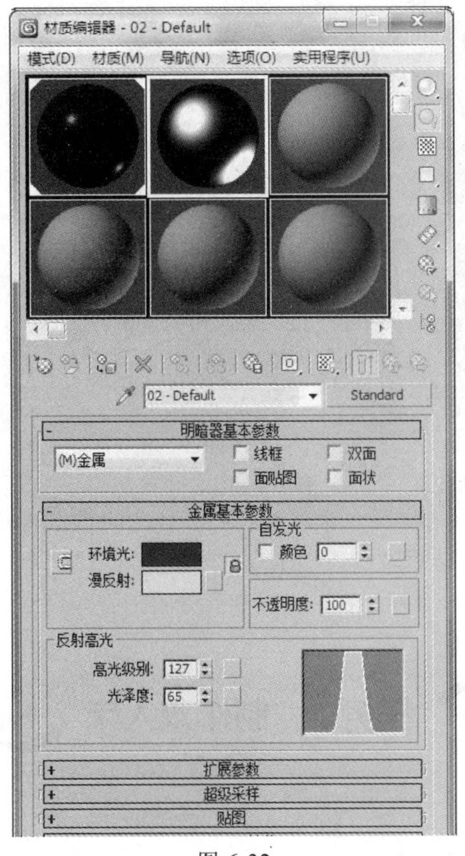

图 6-32

31）单击“贴图”按钮，在下面的卷展栏中“反射”选项里添加“光线跟踪”贴图，单击“转到父对象”按钮，将“反射”贴图的数量设置为 65～85，这里选择 80。

现实生活中不锈钢的反射应该是有变化的，近实远虚，所以还要执行一些命令。

32）在“光线跟踪器参数”卷展栏下单击 无 按钮，如图 6-33 所示。在弹出的“材质/贴图浏览器”对话框中选择“衰减”贴图，单击“确定”按钮。最后将调整的不锈钢材质赋予上、下层挂衣杆，效果如图 6-34 所示。

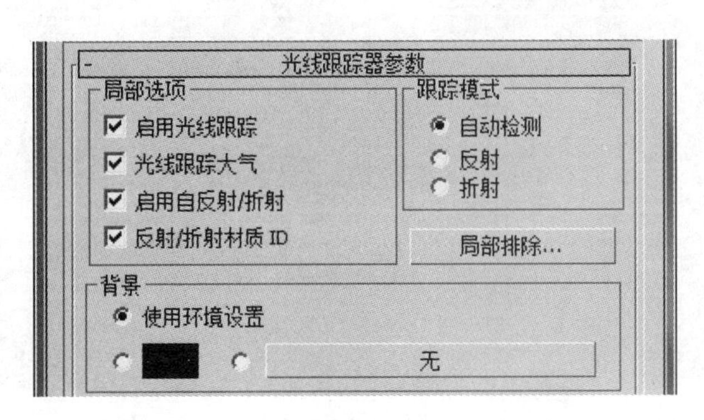

图 6-33

图 6-34

任务 2　制作双人床

操作步骤

1）启动 3ds Max 2012（中文版），将单位设置为“毫米”。

2）在顶视图绘制尺寸分别为 510×4360 和 1750×1860 的两个矩形，并用对齐工具将二者对齐，如图 6-35 所示。

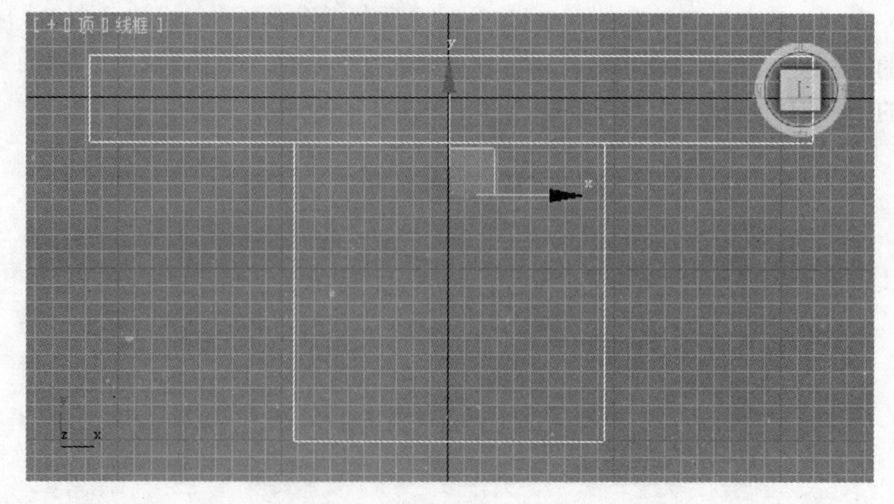

图 6-35

3）在工具栏中单击“捕捉”按钮，执行“创建”→“图形”→“线”命令，在顶视图捕捉顶点绘制如图 6-36 所示的线形。

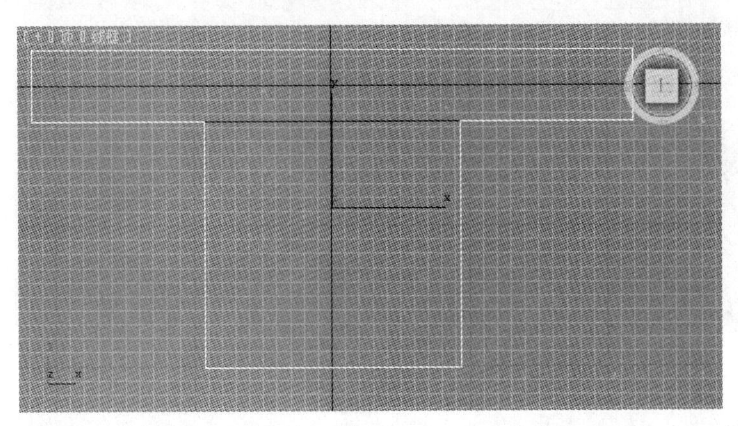

图 6-36

4）制作床板。先删除第 2 步创建的 2 个矩形，然后在顶视图对绘制的双人床线形执行“倒角”修改命令，并设置其参数，如图 6-37 所示。视图效果如图 6-38 所示。

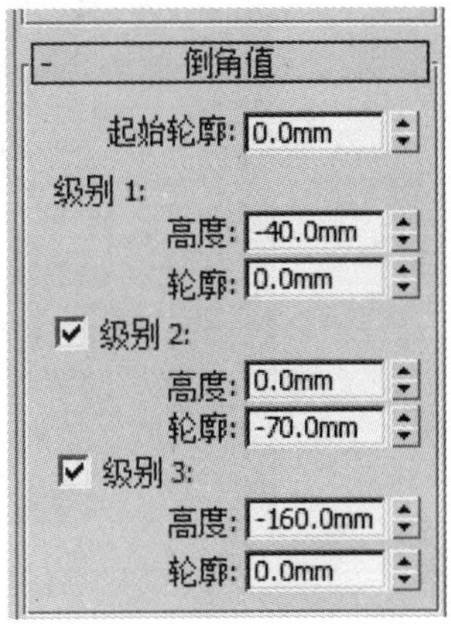

图 6-37

5）制作床垫。在顶视图创建一个 2000×1800×260×30 的切角长方体，设置其长度和圆角分段均为 3，调整其位置后，将其颜色改成银白色，效果如图 6-39 所示。

6）在顶视图创建一个 200×2300×700×30，高度分段为 10，圆角分段为 3 的切角长方体，作为“床头”。对其执行“FFD 长方体”修改命令，单击 FFD 卷展栏下的“设置点数”按钮，修改控制点为 2×2×6，单击“确定”按钮。调整位置后的效果如图 6-40 所示。

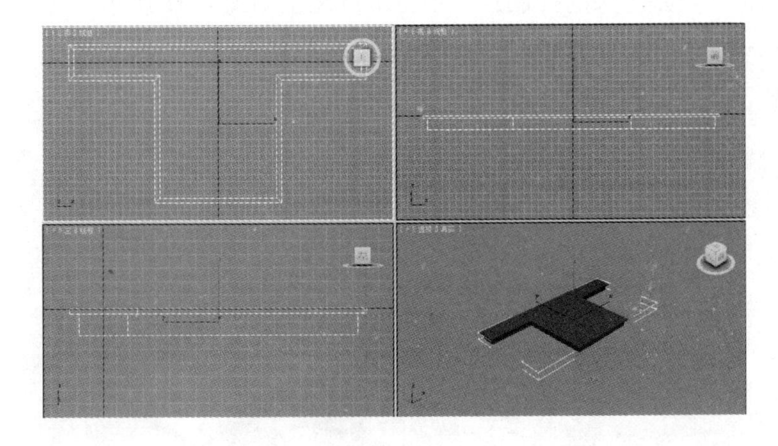

图 6-38

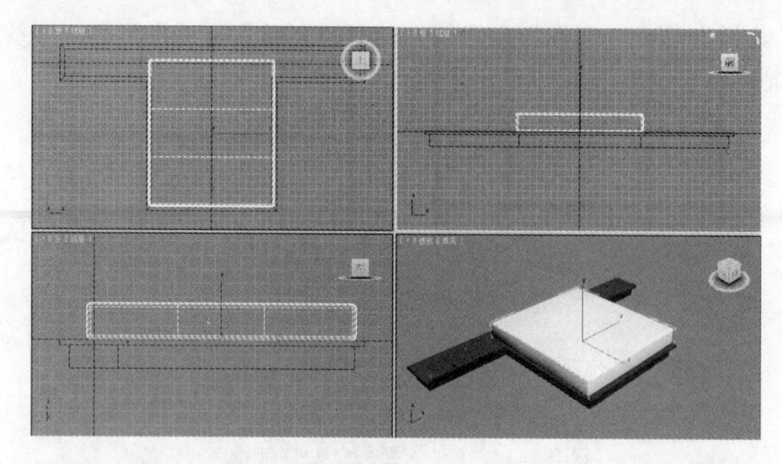
图 6-39

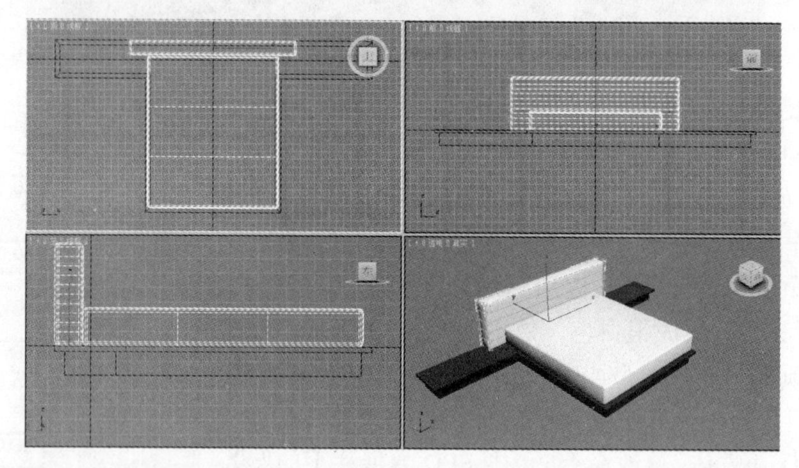
图 6-40

7）在修改堆栈中展开“FFD 长方体”，并单击“控制点”，进入控制点子对象层级。在左视图依次调整床头的控制点，使得最终造型如图 6-41 所示。

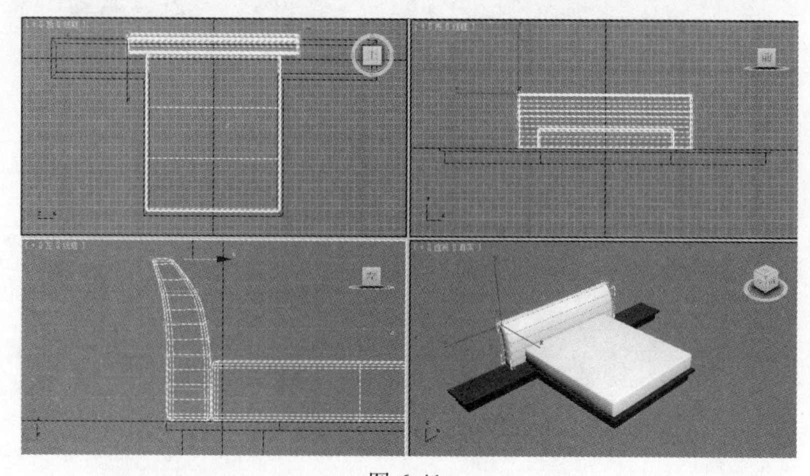
图 6-41

8）退出“床头”控制点操作，在顶视图创建一个半径为 30，高度为 120 的圆柱体，然后用“移动”和“对齐”工具将其与“床板”适当位置对齐。实例复制其他床腿，并沿“床板”的形态合理摆放，最终把制作的 10 个床腿组合为一体，取名为“床腿组合”，效果如图 6-42 所示。双人床最终透视效果如图 6-43 所示。

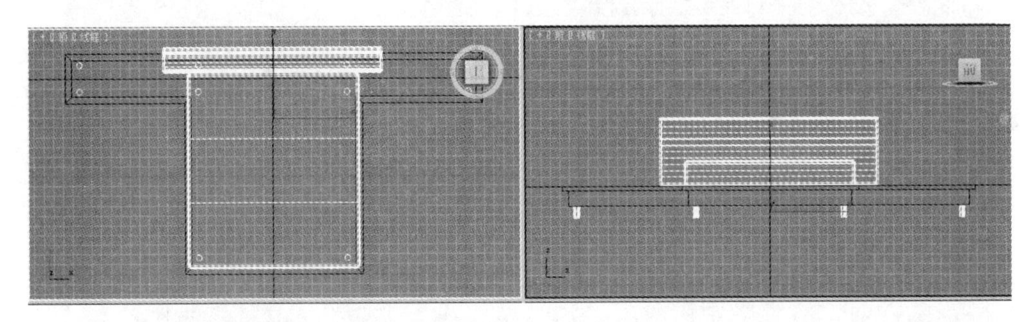

图 6-42

图 6-43

9）将床腿改换成黑色。在前视图选中床腿，单击主命令面板下的名称框右侧的按钮，在随即打开的“对象颜色”对话框中选择黑色色块，单击“确定”按钮，床腿即可设置为黑色，如图 6-44 所示。

10）为双人床“床板”添加木纹材质。单击双人床“床板”，单击“材质编辑器”按钮，打开“材质编辑器”对话框，选中第一个材质球，单击“漫反射”右侧的按钮，为其添加一幅木纹位图贴图，这里选择“木纹 26”。单击“转到父对象”按钮，设置“高光级别”为 30，“光泽度”为 40，如图 6-45 所示。将材质赋予双人床床板，透视效果如图 6-46 所示。

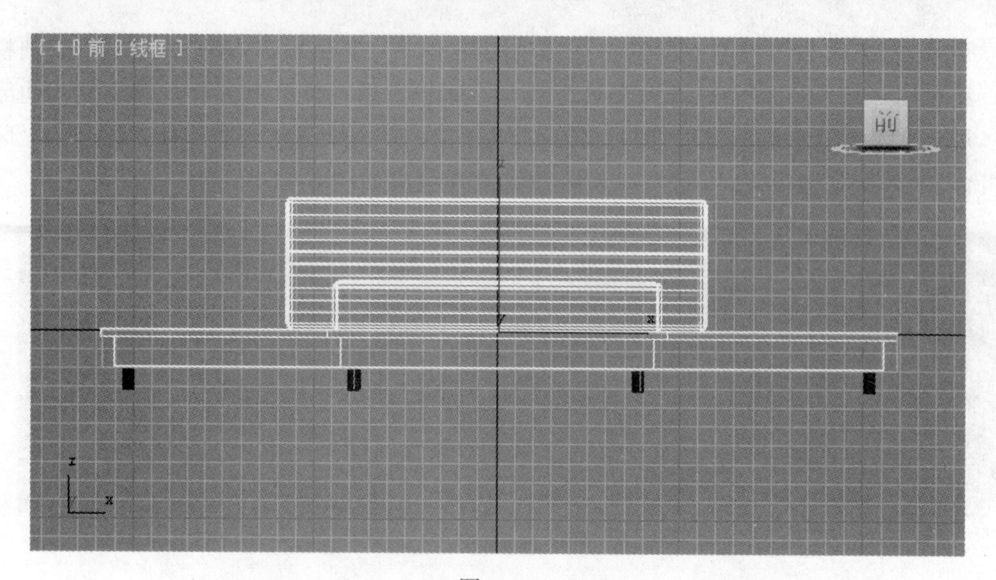
[+][前][线框]

图 6-44

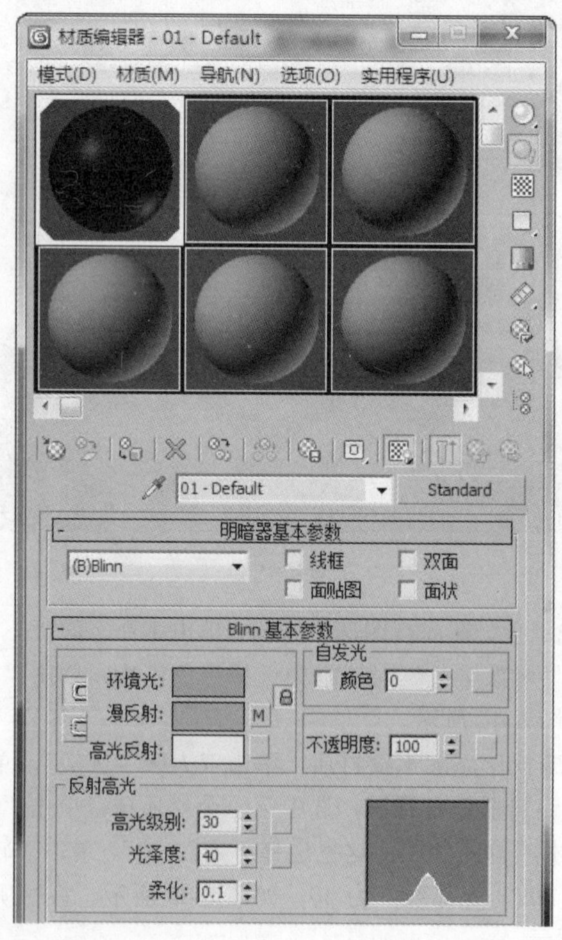
材质编辑器 - 01 - Default
模式(D) 材质(M) 导航(N) 选项(O) 实用程序(U)
01 - Default
Standard
明暗器基本参数
(B)Blinn
线框
双面
面贴图
面状
Blinn 基本参数
自发光
环境光:
颜色
漫反射:
高光反射:
不透明度:
100
反射高光
高光级别:
30
光泽度:
40
柔化:
0.1

图 6-45

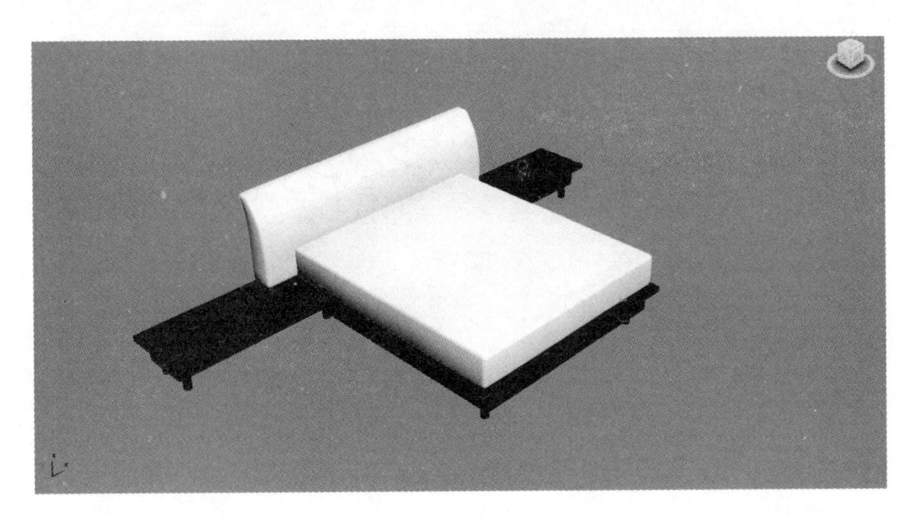

图 6-46

11）可以看到，“床板”木纹不真实，需要对它执行“UVW 贴图”修改命令。选中床板，在修改器列表中执行“UVW 贴图”修改命令，在“参数”卷展栏下，选择贴图类型为“长方体”，U 向平铺为 3，如图 6-47 所示。

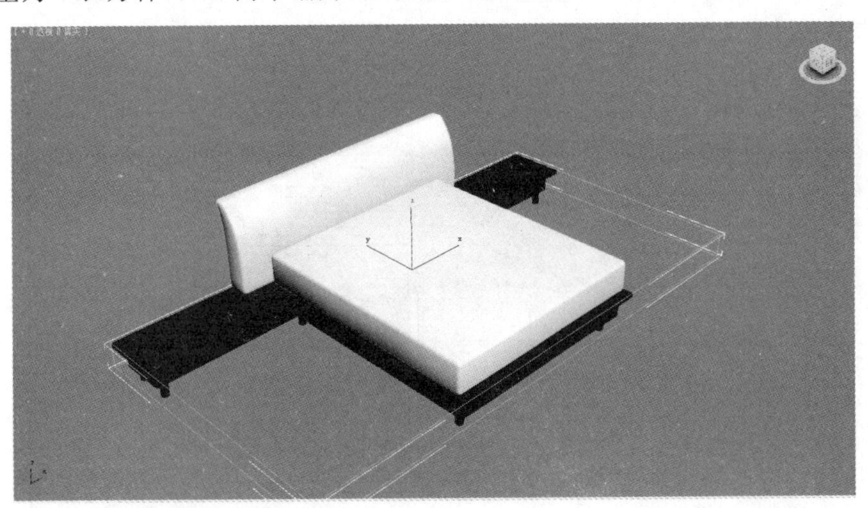

图 6-47

12）为“床头”改换颜色（读者也可以在“材质编辑器”对话框里单独选择一个材质球，为其添加某种颜色材质）。在前视图单击“床头”，单击名称框右侧的小方块，在打开的“对象颜色”对话框中选择红颜色，如图 6-48 所示，单击“确定”按钮。透视效果如图 6-49 所示。读者也可以自己选择一种比较柔和的颜色，传达出温馨的感觉即可。

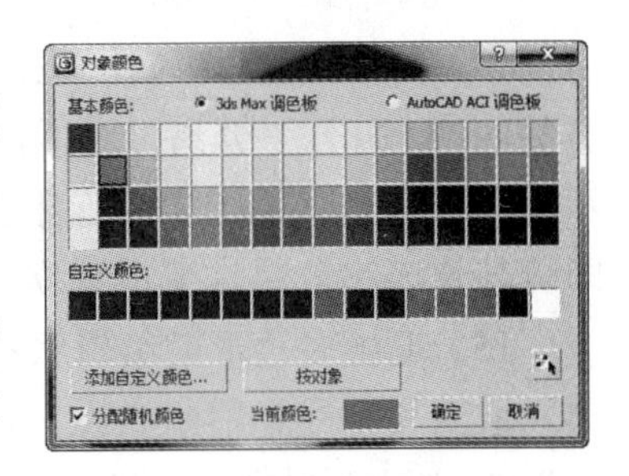

图 6-48

图 6-49

13）选中床垫，按<F4>键，显示模型线框。在修改器列表中选择“编辑多边形”。按<4>键或单击修改堆栈中的“多边形”，进入多边形层级子物体的编辑状态。单击工具栏中的“窗口/交叉”按钮，使其处于凹陷状态，再单击“选择对象”按钮，在顶视图选中靠近床头的一组多边形，如图 6-50 所示。

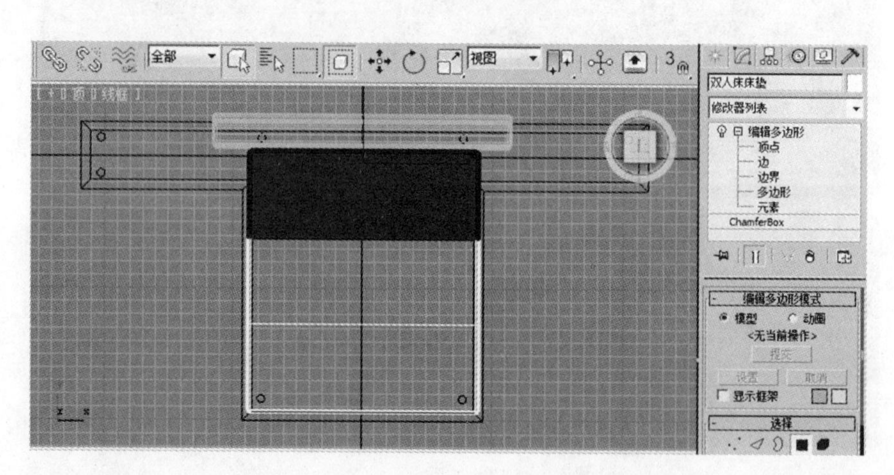

图 6-50

14）单击“编辑几何体”卷展栏下的 分离 右侧的，打开“分离”对话框，如图 6-51 所示，单击“确定”按钮，靠近床头的“对象 001”即可与原床垫分离，变成独立的物体。

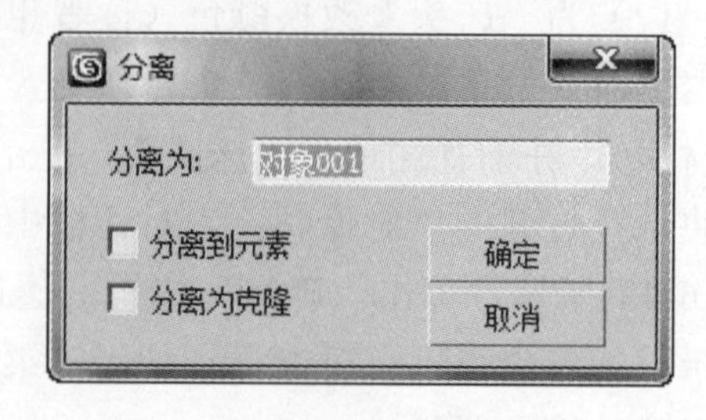

图 6-51

15）退出多边形的编辑状态，再次按<F4>键，取消模型线框显示状态。单击“双人床床垫”，为它赋予与床头一样的颜色。最终效果如

图 6-52 所示。至此，双人床制作完成。

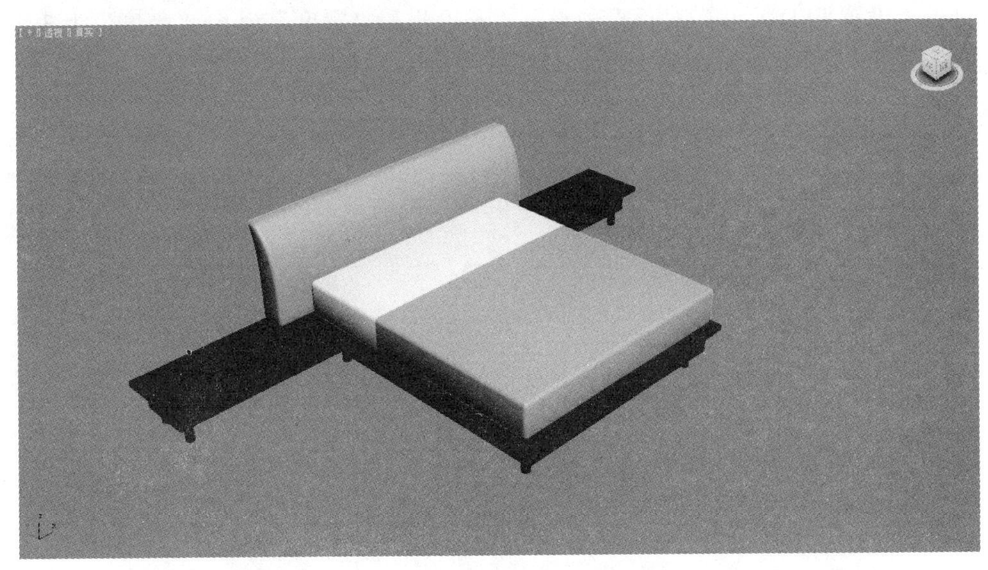

图 6-52

任务 3　制作枕头

操作步骤

1）启动 3ds Max 2012（中文版），将单位设置为“毫米”。

2）在顶视图创建一个 400×600×120×40，分段分别为 5、9、2、3 的切角长方体，并取名为“枕头”，如图 6-53 所示。

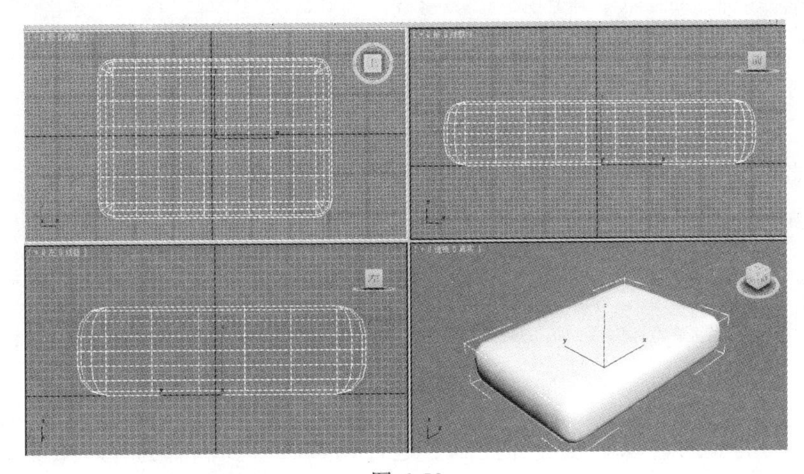

图 6-53

3）在“修改”命令面板中执行“FFD 长方体”命令，单击 设置点数 按钮，在打开的“设置 FFD 尺寸”对话框中设置“长度”和“宽度”为 6，“高度”为 3，单击 确定 按钮，效果如图 6-54 所示。

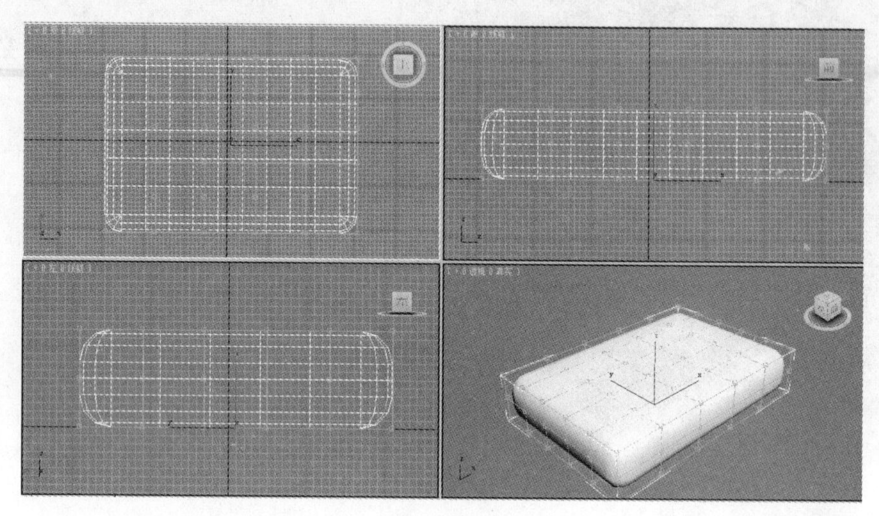

图 6-54

4）按<1>键或单击修改堆栈中的“控制点”，进入“控制点”子层级，在顶视图中按住<Ctrl>键的同时，拖选四周的控制点，使四周的控制点处于选中状态。按空格键，锁定选中的控制点，单击工具栏中的“选择并均匀缩放”按钮，在前视图沿 Y 轴进行缩放，效果如图 6-55 所示。再次按空格键解锁，以便接下来选择其他控制点，继续对其他点进行编辑修改。

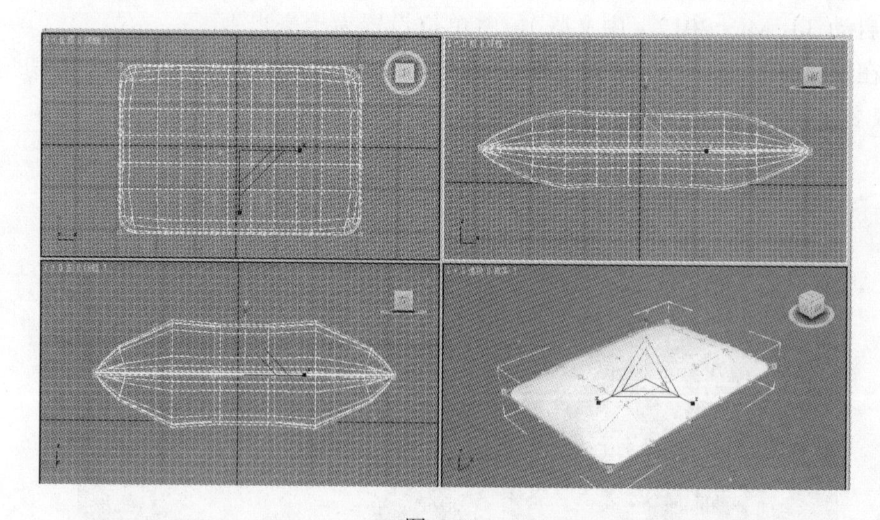

图 6-55

5）在不同的视图可以单独选择控制点进行调整，直到满意为止，效果如图 6-56 所示。

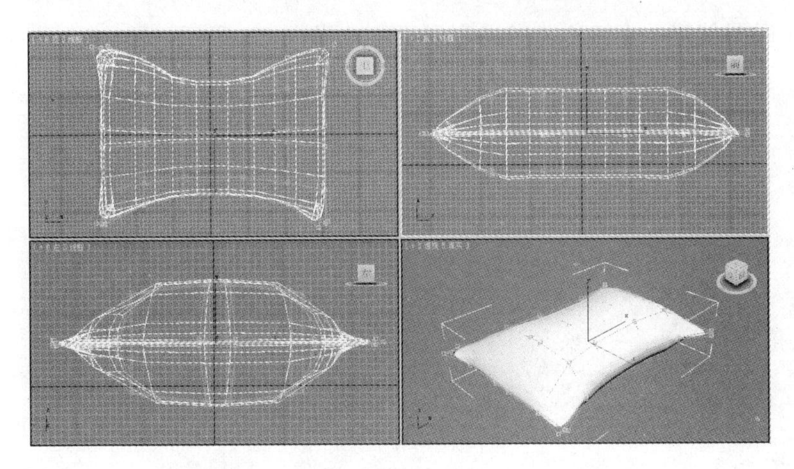

图 6-56

6）为枕头添加材质。选中枕头，单击“材质编辑器”按钮，打开“材质编辑器”对话框，单击第 1 个材质球，用前面介绍的方法为其添加一幅“布料”贴图材质，这里选择“布料 9”，并将材质赋予选定对象“枕头”，如图 6-57 所示。读者也可以选用其他布料材质，作出各种风格的枕头贴图效果。

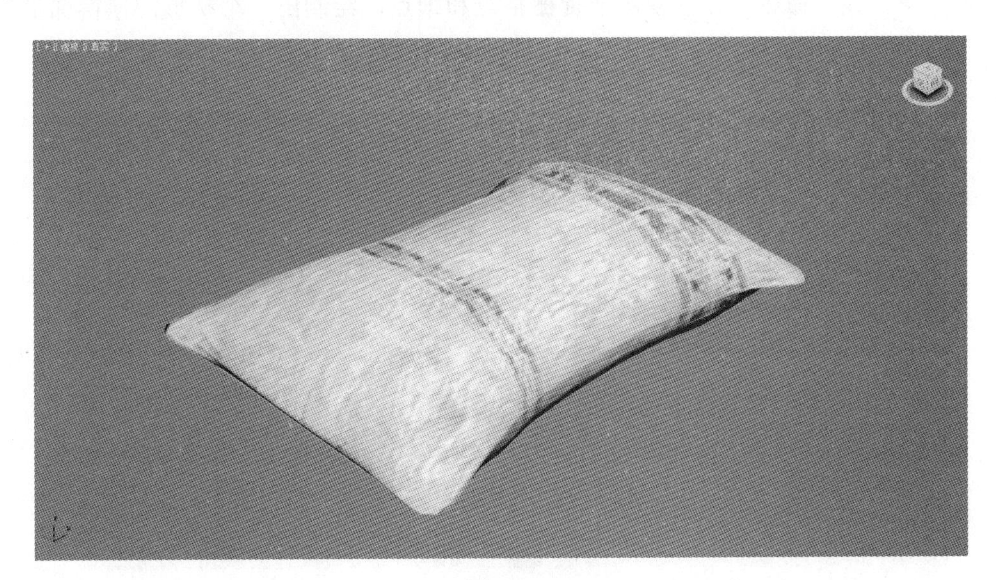

图 6-57

任务 4 制作室内墙壁搁物架

1）启动 3ds Max 2012（中文版），将单位设置为“毫米”。

2）在顶视图创建一个300×1000的矩形，如图6-58所示。

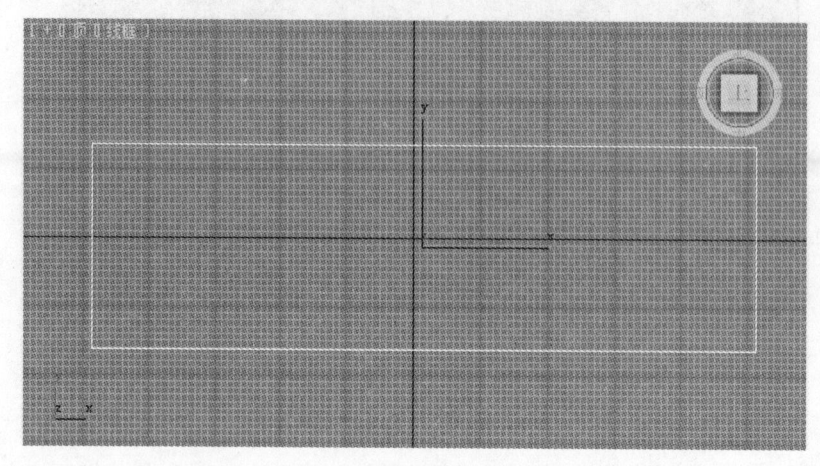

图 6-58

3）在“捕捉”工具上单击鼠标右键，在弹出的快捷菜单中选择捕捉“栅格”和“顶点”命令，使得捕捉工具能同时具有“栅格”和“顶点”捕捉功能。执行“创建”→“图形”→“线”命令，在顶视图捕捉栅格点和顶点，绘制出一个梯形，使得梯形尺寸上底为1000，下底为600，高为300，如图6-59所示。

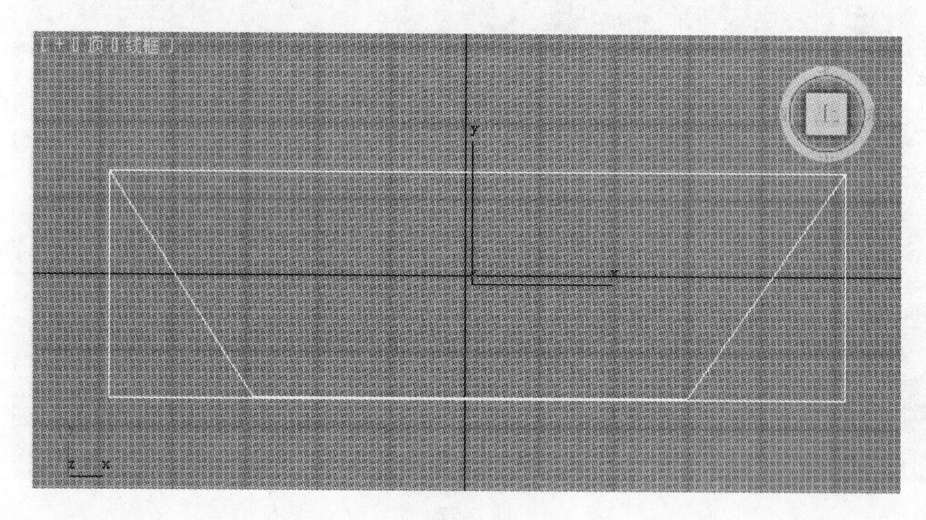

图 6-59

4）删除绘制的矩形，保留梯形，如图6-60所示。

5）单击修改堆栈中的“顶点”或按<1>键，打开顶点层级子物体，在顶视图选中“下底”的两个顶点，在“几何体”卷展栏下设置“圆角”为20，如图6-61所示。

6）退出“顶点”层级，进入线编辑状态。对梯形执行“挤出”命令，挤出数量为20，效果如图6-62所示。

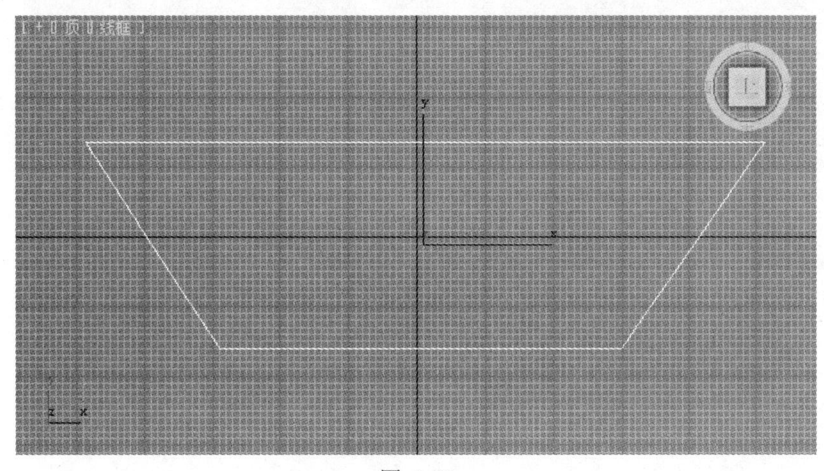

图 6-60

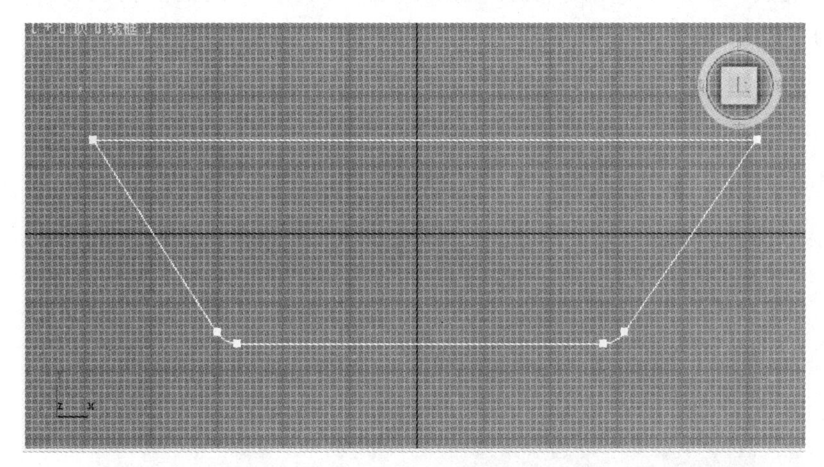

图 6-61

图 6-62

7）在前视图沿 Y 轴实例复制两个水平板，如图 6-63 所示。

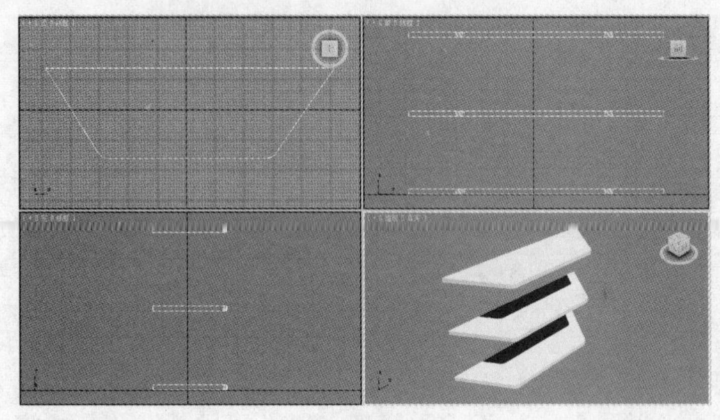

图 6-63

8）用“旋转”工具和“角度捕捉”工具，将水平方向中间的搁物板旋转复制一份，旋转角度为 90°，如图 6-64 所示。

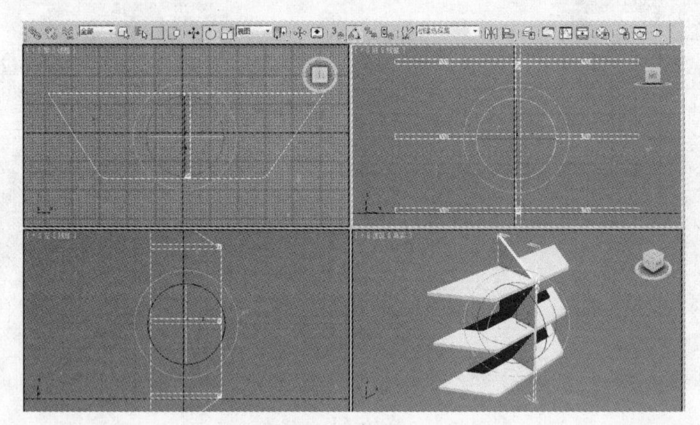

图 6-64

9）将旋转复制后的竖直板再以移动复制的方式实例复制两份，并分别放置在其左右两侧，如图 6-65 所示。至此，室内墙壁搁物架制作完成。

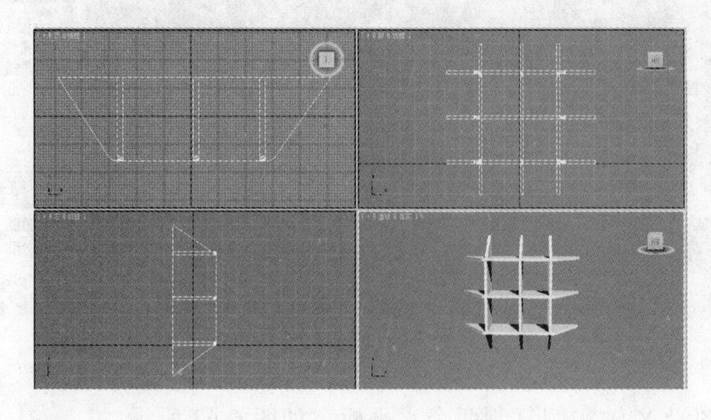

图 6-65

10）搁物架材质的添加。选中整个搁物架，单击“材质编辑器”按钮或按<M>键，打开“材质编辑器”对话框。单击第 1 个材质球，设置“漫反射”贴图为“木纹 26”，“高光级别”为 60，“光泽度”为 25，如图 6-66 所示。

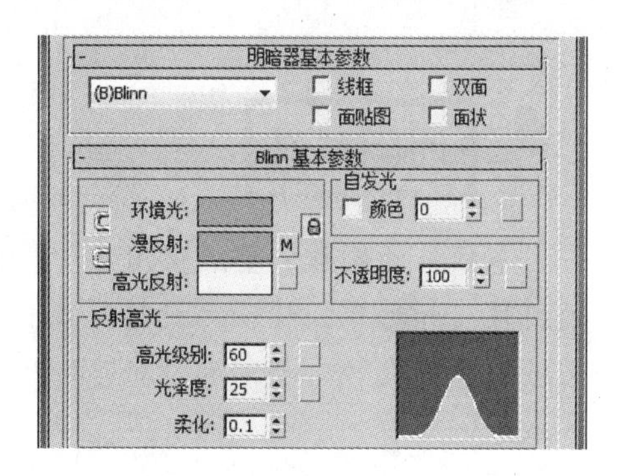

图 6-66

11）将调制好的材质赋予选定对象，可以看到木纹材质已经添加到整个鞋架上。但效果并不理想，需要执行“UVW 贴图”修改命令。

12）单击竖直方向的任意板，在修改器列表中选择“UVW 贴图”修改命令，在“参数”卷展栏下选择“长方体”贴图类型，长、宽、高分别设置为 300、200、20，如图 6-67 所示。可以看到，其他的板也随之进行了同样的调整。这是由于各板是实例复制。

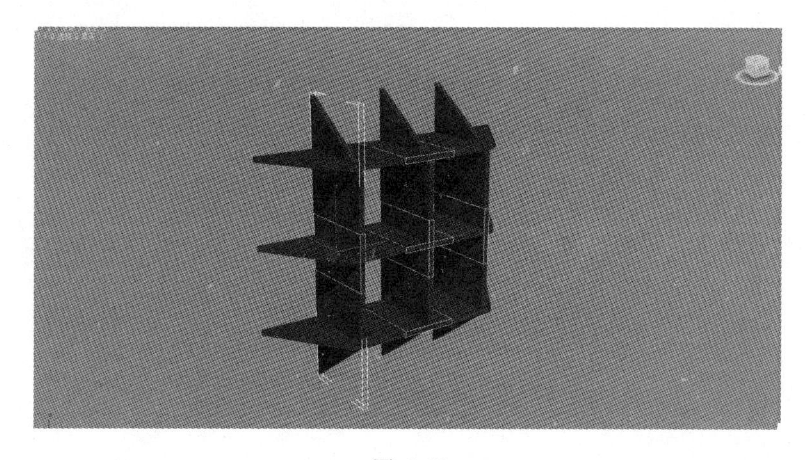

图 6-67

13）选择整个搁物架，执行“组”→“成组”命令，在打开的“组”对话框中命名为“室内墙壁搁物架”。至此，室内墙壁搁物架制作完成，最终效果如图 6-68 所示。

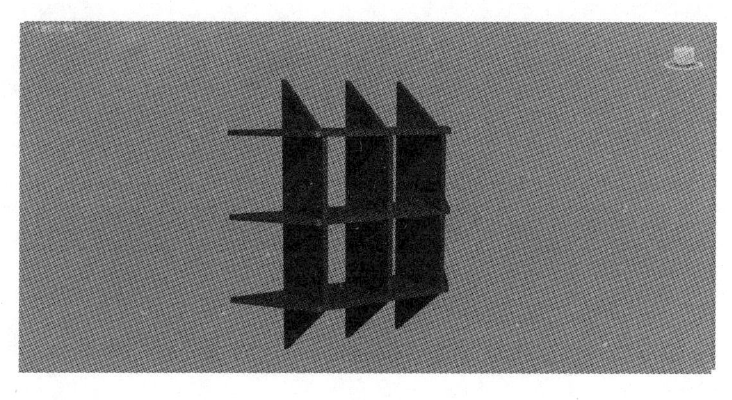

图 6-68

本项目的制作，重点使用了“挤出”“倒角”“弯曲”“FFD 长方体”等修改命令的运用技巧和对齐、移动、旋转等工具。通过制作衣柜门开启的效果，学会了运用命令面板中“层次”命令下的“轴”“仅影响轴”的操作和运用方法。

用 FFD 长方体修改命令，设计制作一个沙发靠垫或抱枕。

项目7　制作灯具

本项目根据灯具的造型、功能以及放置的空间位置不同，将其分为台灯、吊灯、壁灯及筒灯4个任务。灯具是室内效果图中必不可少的构件之一，不同的灯具造型可以衬托出不同的空间气氛，是室内装饰的重要环节。

1）熟练掌握“矩形”“线”“长方体”的创建方法。

2）熟练掌握移动复制、旋转复制、镜像复制等方法。

3）熟悉使用“层次”命令调整轴的位置。

4）掌握锥化修改命令的使用。

5）熟练掌握“车削”“挤出”两个二维图形转三维模型的修改命令的应用技巧。

6）熟悉“角度捕捉”工具在建模中的使用。

相关知识介绍

“锥化”修改命令通过缩放物体的两端产生锥形轮廓，在锥化修改中可以限制物体局部锥化效果。对对象执行了“锥化”修改命令后，修改面板中将会出现该项的修改器的编辑参数。锥化面板中的重要参数如下。

1）“锥化”，该选项组用于设置锥化的程度和锥化的曲线度，包括以下两个内容。

①“数量”设置正或负方向上的锥化程度。

②“曲线”设置锥化的曲线度。当该值大于0时，锥化曲线向外，当该值小于0时，锥化曲线向内。

2）“锥化轴”，该选项组用于设置锥化的轴向。

3）“限制”，该选项组用于设置锥化的上界和下界。

任务 1 制作台灯

操作步骤

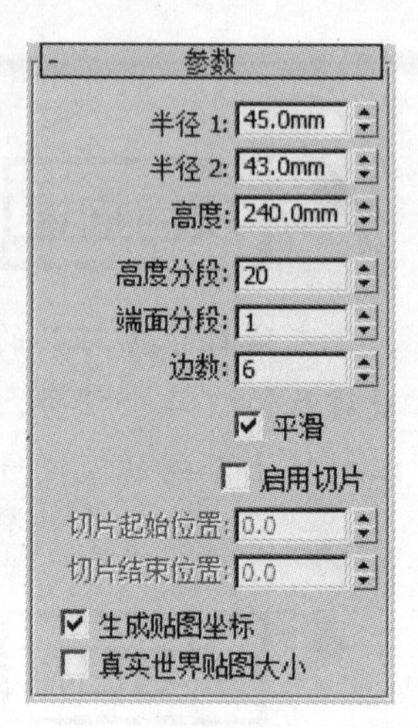

图 7-1

1）启动 3ds Max 2012（中文版），将单位设置为“毫米”。

2）执行“创建”→“几何体”→“管状体”命令，在顶视图创建一个管状体，参数如图 7-1 所示。管状体效果如图 7-2 所示。

3）选中管状体，切换到“修改”命令面板，在修改器列表中执行“锥化”命令，将“锥化”参数卷展栏中的“数量”设置为-0.4，“曲线”设置为 5.0，如图 7-3 所示，该造型作为台灯灯罩。

4）在前视图使用“线”命令绘制出台灯底座的截面线，如图 7-4 所示。

5）选中该样条线，切换到“修改”命令面板，在修改器列表中执行 “车削”命令，将“车削”参数卷展栏中的“度数”设置为 360，“分段”设置为 30，“方向”选择“Y”，“对齐”选择“最小”，得到灯座造型如图 7-5 所示。

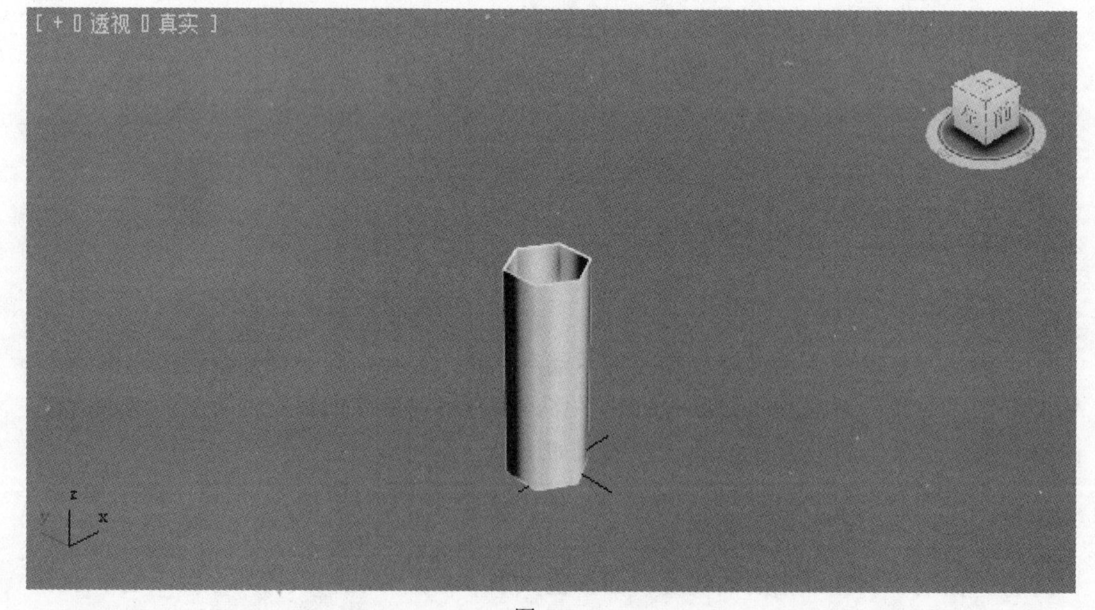

图 7-2

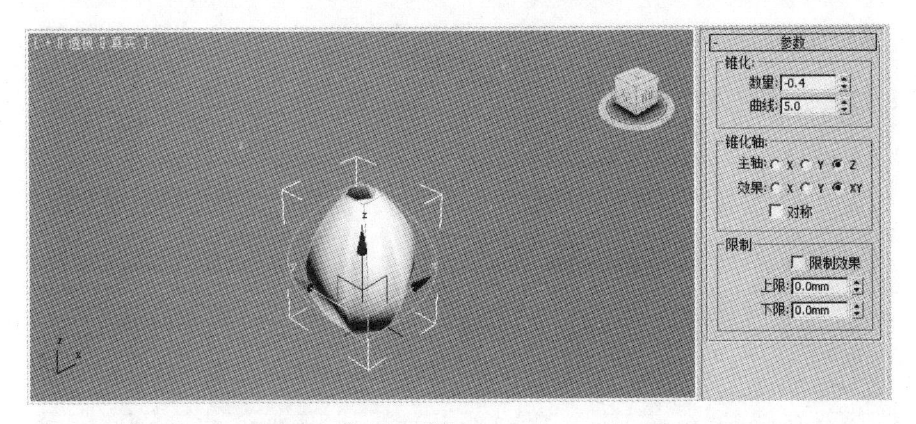

图 7-3

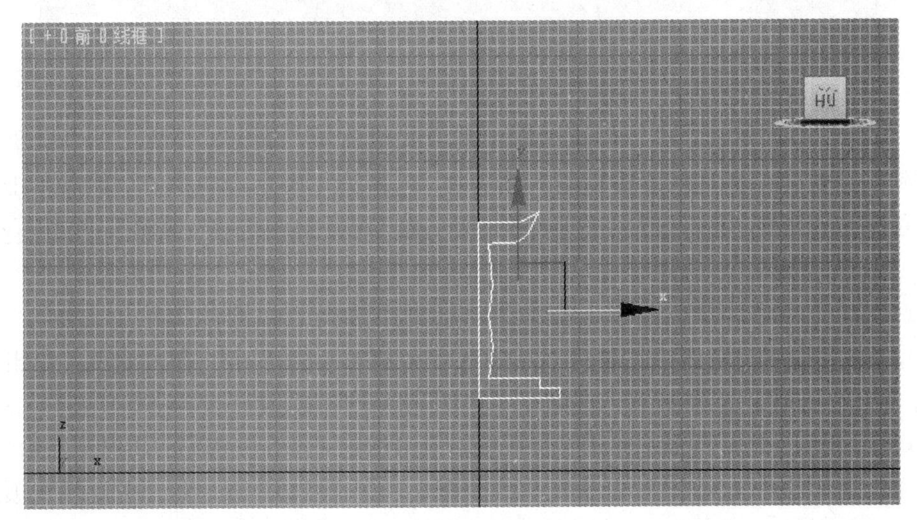

图 7-4

图 7-5

6）将灯罩置于灯座上，台灯制作完成，如图 7-6 所示。

图 7-6

7）为台灯添加材质，灯罩用位图贴图的方式赋材质。单击工具栏中的“材质编辑器”按钮，快速打开“材质编辑器”对话框，选择第 1 个空白材质球，然后单击“漫反射”右侧的按钮，在打开的“材质/贴图浏览器”对话框中选择“位图”，单击确定按钮。

8）在打开的“选择位图图像文件”对话框中选择一幅图片文件（比如，“人物 1.jpg”），单击打开(O)按钮，此时材质球的灰色会被“人物 1.jpg”图片覆盖，单击“转到父对象”按钮，返回到上一层级。

9）回到视图中选中灯罩，单击“将材质指定给选定对象”按钮，将材质赋给灯罩，然后在修改器列表中执行“UVW 贴图”修改命令，在“参数”卷展栏下的贴图选项组中选中“柱形”单选按钮，“U 向平铺”为 3，其余参数值均默认，灯罩添加材质完成，如图 7-7 所示。

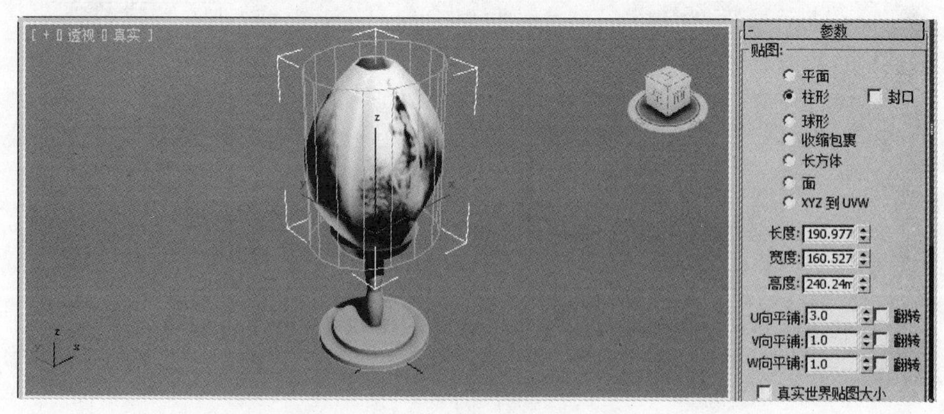

图 7-7

10）选择第 2 个空白材质球，将“漫反射”右侧的色块调整为与灯罩上的绿色相近的颜色，然后回到视图中选中灯座，单击“将材质指定给选定对象”按钮，台灯效果制作完成，如图 7-8 所示。

图 7-8

操作步骤

1）启动 3ds Max 2012（中文版），将单位设置为“毫米”。

2）执行“创建”→“图形”→“线”命令，在前视图绘制如图 7-9 所示的吊灯灯柱截面线。

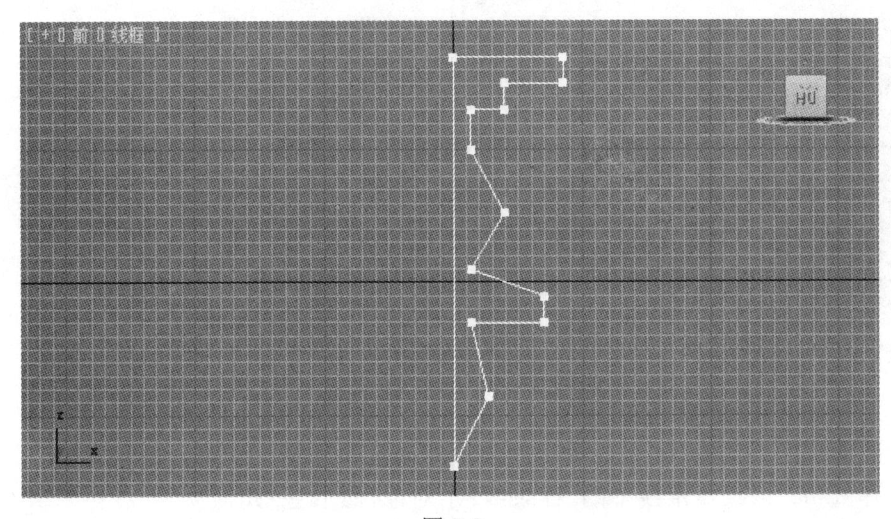

图 7-9

3）切换到“修改”命令面板，在“Line”修改器堆栈中选择“顶点”子对象，然后单击“几何体”卷展栏中的 圆角 按钮，将光标移至需要作圆角处理的顶点处单击鼠标拖动使其平滑，如图 7-10 所示。

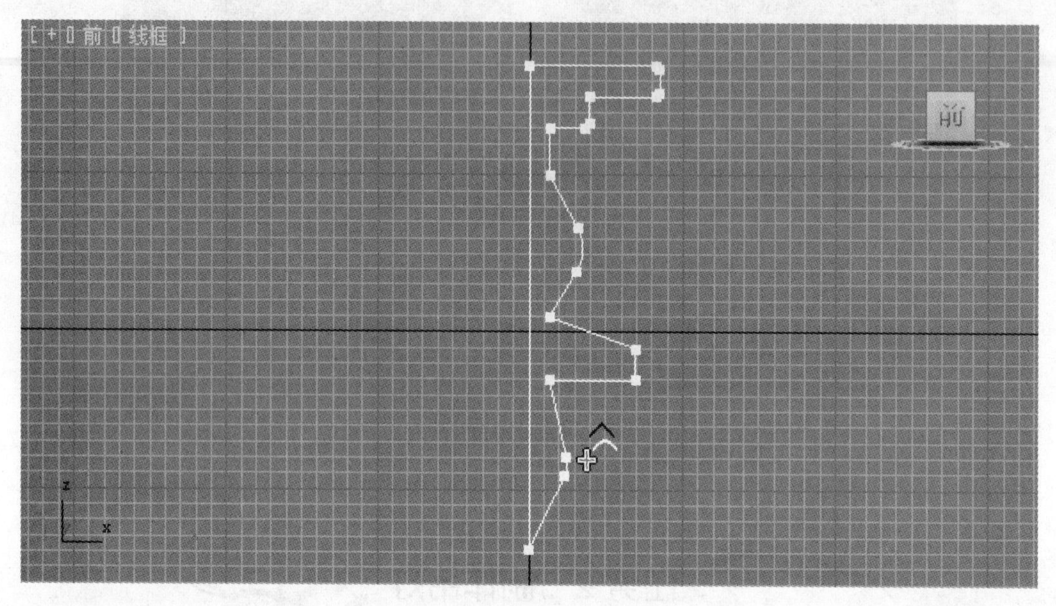

图 7-10

4）关闭 圆角 按钮，选中灯柱的截面线，切换到“修改”命令面板，执行“车削”修改命令，在参数卷展栏中选中“焊接内核”复选框，设置“分段”的数值为 30，“方向”选择“Y”，“对齐”选择“最小”，灯柱制作完成，如图 7-11 所示。

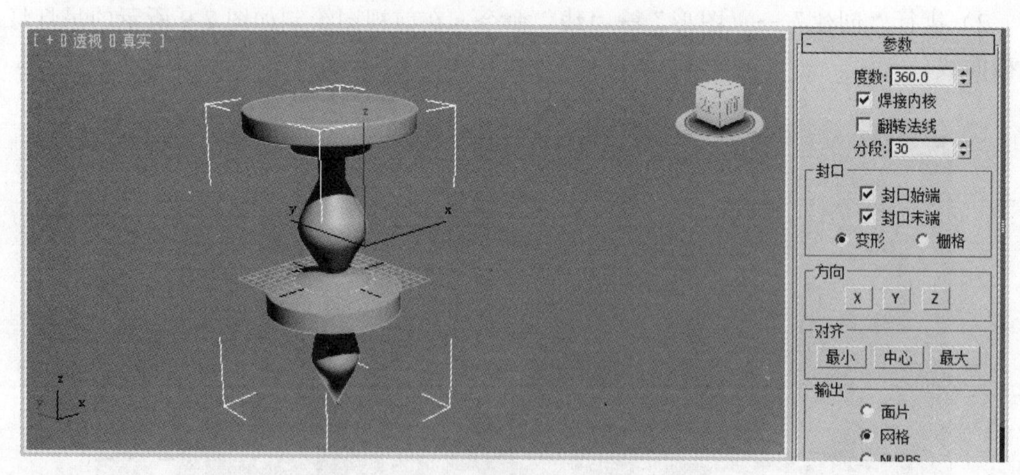

图 7-11

5）在前视图绘制如图 7-12 所示的线形作为灯罩的截面线，切换到“修改”命令面板，选择“Line”修改器堆栈中的“样条线”子对象，然后在“几何体”卷展栏中 轮廓 按钮右侧的文本框中输入数值 3，作为灯罩截面线的厚度，如图 7-13 所示。

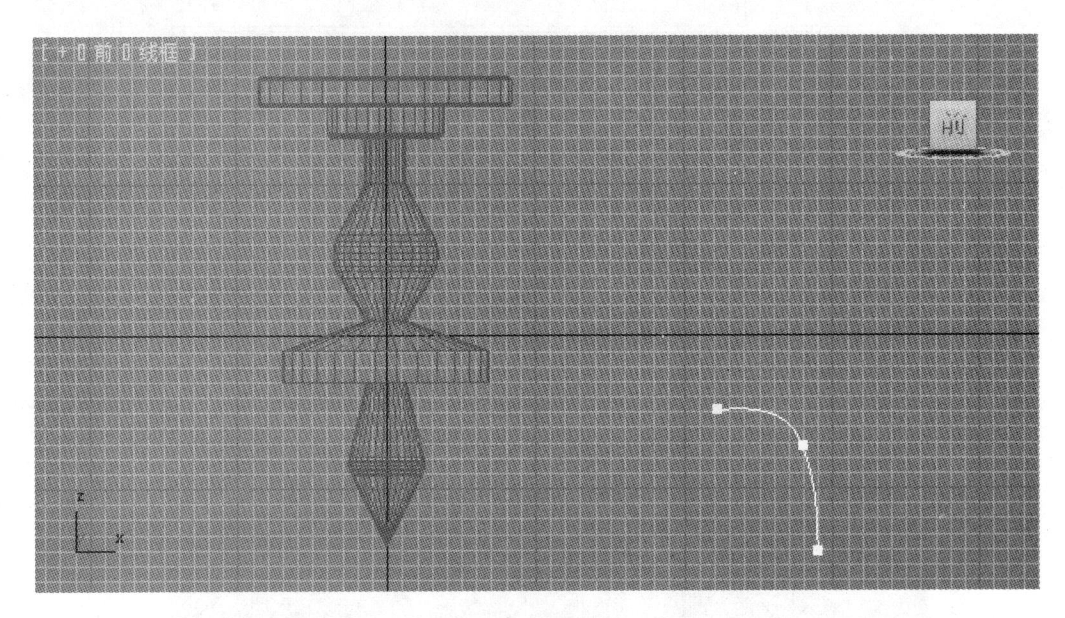

图 7-12

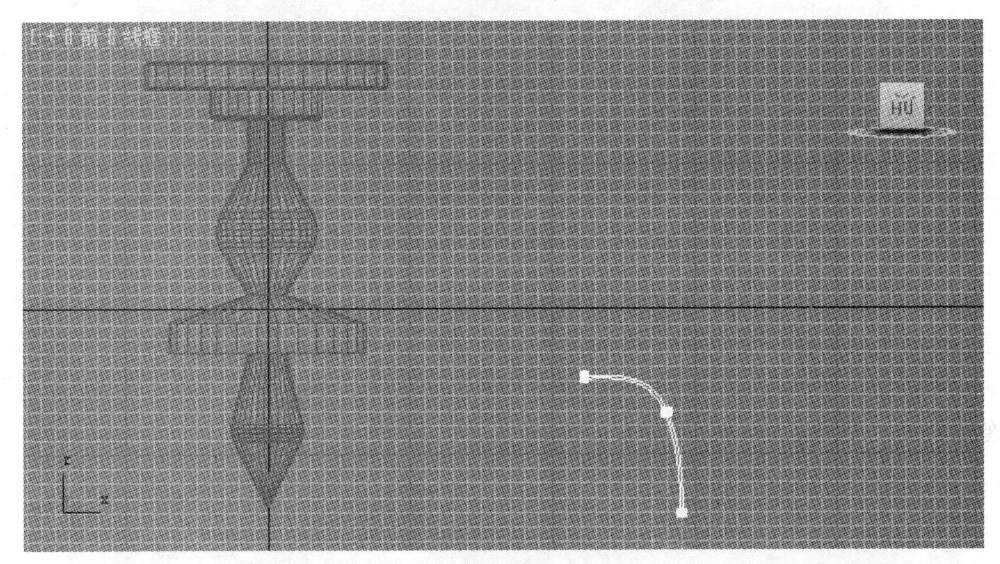

图 7-13

6）选择灯罩的截面线，执行“修改”命令面板中的“车削”修改命令，在“参数”卷展栏中选中“焊接内核”复选框，设置“分段”的数值为 30，方向选择“Y”，“对齐”面选择“最小”，灯罩制作完成，如图 7-14 所示。

7）单击 线 按钮，在前视图拖动鼠标绘制一条曲线。切换到“修改”命令面板，在“Line”修改器堆栈中选择“顶点”子对象，用“移动”工具按钮对所绘制曲线上的顶点进行调整，使曲线最终效果如图 7-15 所示。

8）执行“创建”→“图形”→“圆”命令，在顶视图绘制一个半径适中的圆。

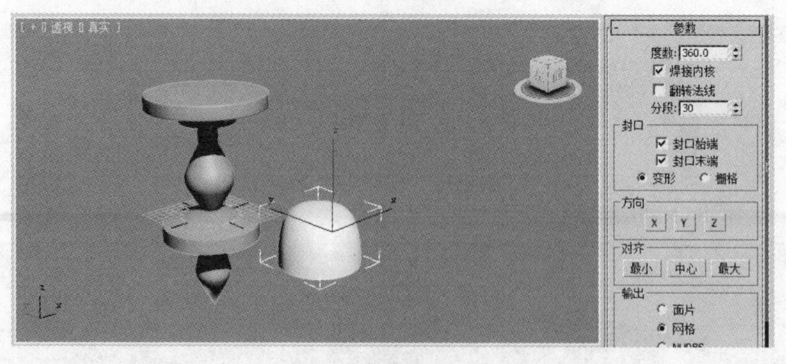

图 7-14

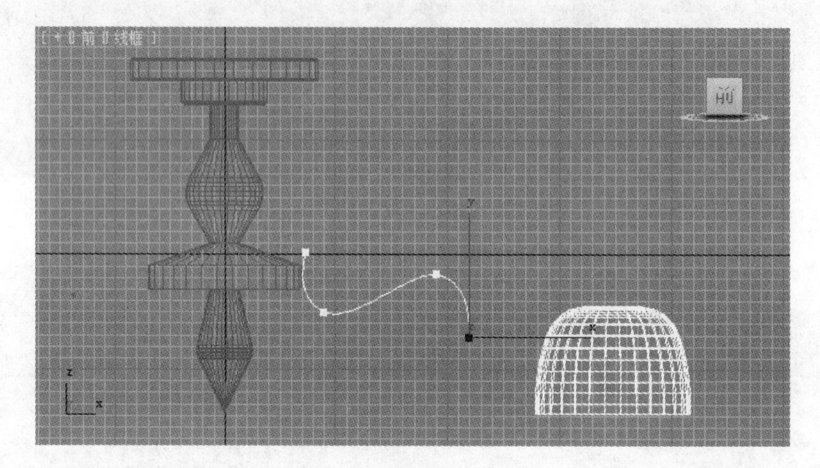

图 7-15

9）选中步骤 7）中绘制的曲线，执行“创建”→“几何体”→“复合对象”命令，再在“对象类型”卷展栏中单击“放样”按钮，然后在“创建方法”卷展栏中单击“获取图形”按钮，最后在顶视图单击步骤 8）中绘制的圆，放样过程结束。灯柱与灯罩的连接部件已制作完成，效果如图 7-16 所示。

图 7-16

10）激活顶视图，执行“创建”→“几何体”→“球体”命令，在灯罩和灯柱连接部件的末端绘制一个白色球体作为灯，透视效果如图 7-17 所示。

图 7-17

11）将灯罩移至灯的“连接部件”上合适的位置处，然后同时选中“灯罩”“灯”“连接部件”，执行“组”→“成组”命令，在打开的对话框“组名”文本框中输入“灯 1”，然后单击 确定 按钮，如图 7-18 所示。

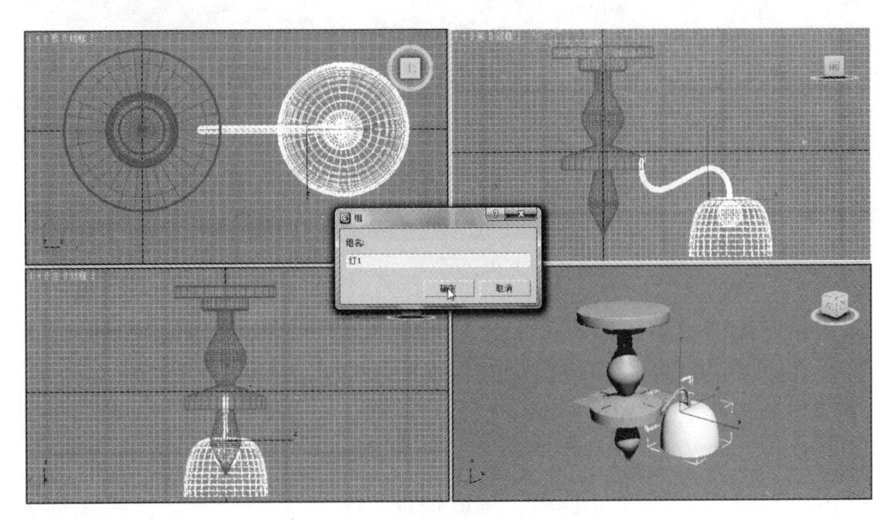

图 7-18

12）在前视图选中“灯 1”组，单击按钮切换到“层次”修改命令面板，在“调整轴”卷展栏中单击 仅影响轴 按钮，然后将“灯 1”的轴用“选择并移动”工具沿 X 轴移动到灯柱的对称轴处，移动前、移动后的效果分别如图 7-19 和图 7-20 所示。关闭 仅影响轴 按钮。

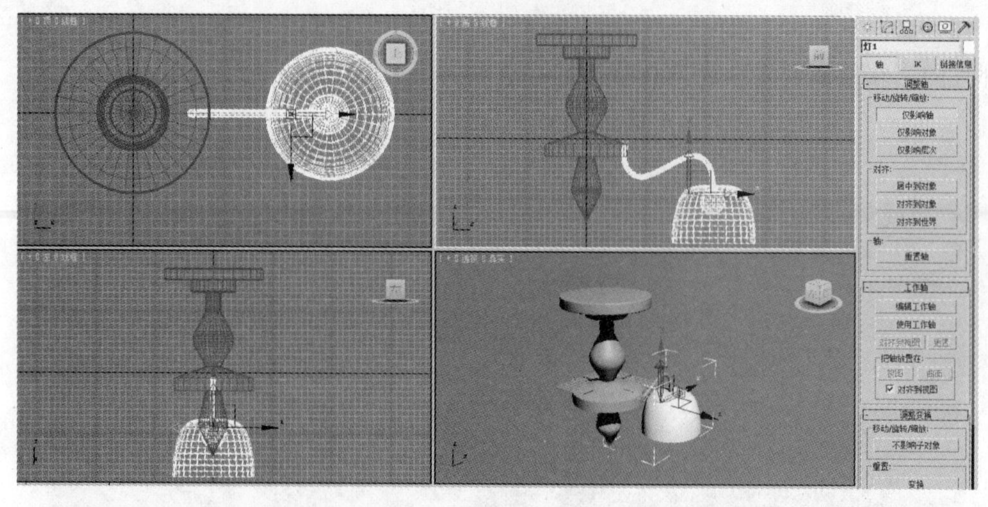

图 7-19

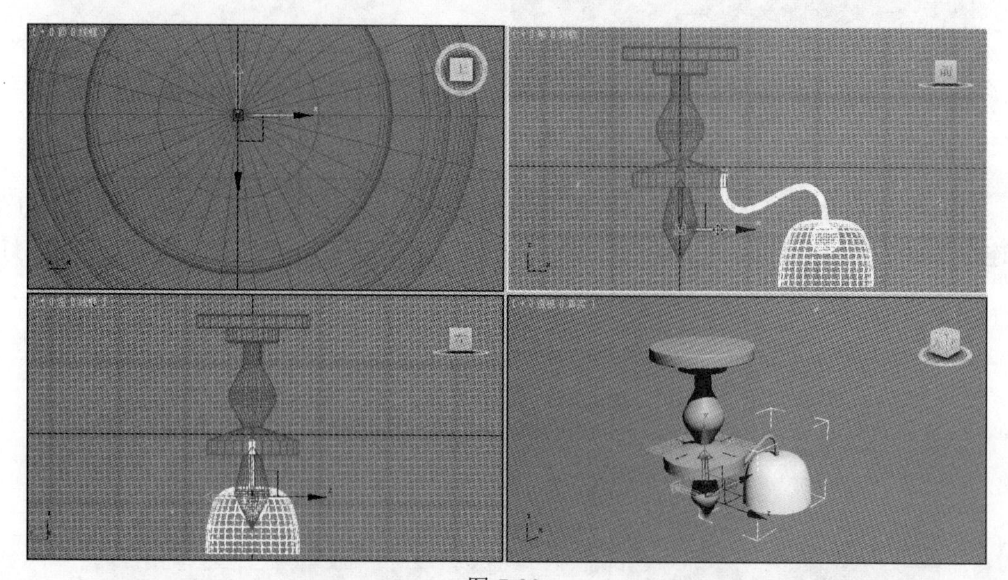

图 7-20

13）在工具栏中的“角度捕捉”工具按钮上单击鼠标右键，在打开的“栅格和捕捉设置”对话框中将捕捉“角度”的值设置为 60°，如图 7-21 所示，然后关闭该对话框。

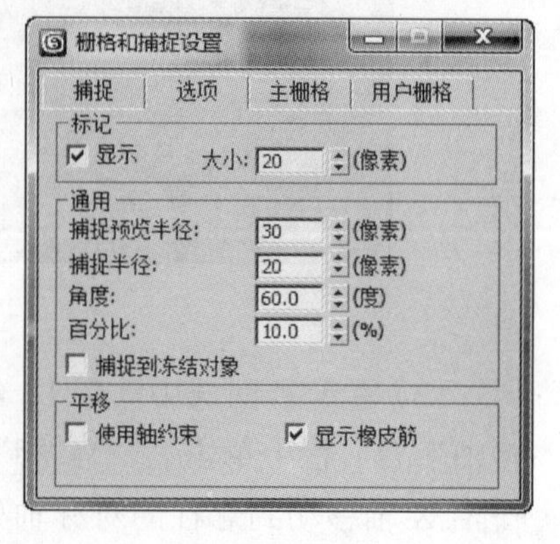

图 7-21

14）单击“旋转”工具按钮和“角度捕捉”工具按钮，在顶视图中选中 “灯 1” 组，然后在按<Shift>键的同时按下鼠标左键拖动将“灯 1”组绕 Z 轴沿顺时针方向旋转 60°，如图 7-22 所示。

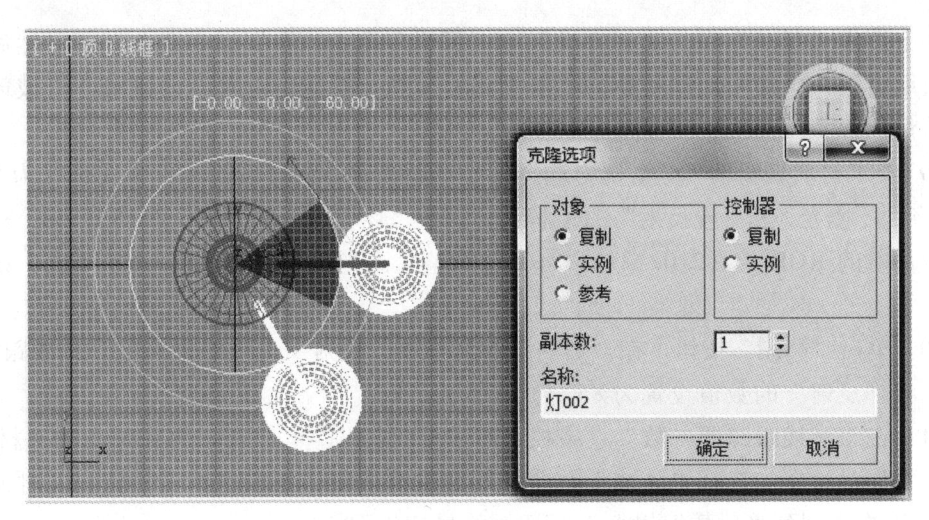

图 7-22

15）在打开的“克隆选项”对话框中选择复制“对象”类型为“实例”，“副本数”为“5”，然后单击“确定”按钮，吊灯建模完成，如图 7-23 所示。

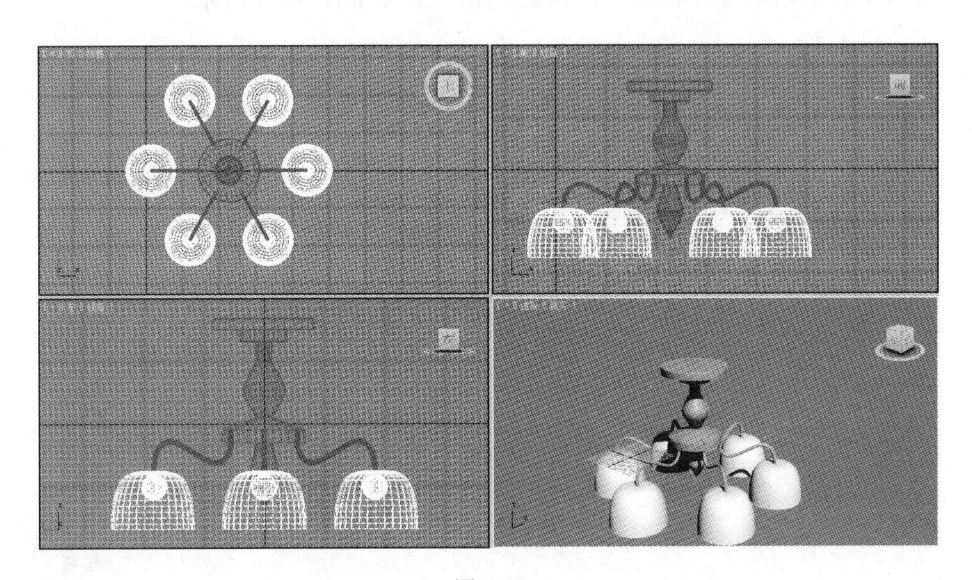

图 7-23

16）为吊灯赋材质。按<M>键打开“材质编辑器”对话框，选择第 1 个材质球，将着色方式选择“phong(塑性)”。将“phong 基本参数”下的“环境光”和“漫反射”调整为淡蓝绿色，“高光反射”调整为纯白色，“不透明度”调整为 30，“高光级别”调整为 60，“光泽度”调整为 30。

17）单击“贴图”按钮，在“贴图”卷展栏中“反射”选项组里添加“光线跟踪”贴图，将“反射”贴图的数值设置为 30，单击“转到父对象　”按钮，返回上一层，玻璃材质制作完成。

18）选中“灯 1”组，执行“组”→“解组”命令。在视图中选中灯罩，然后在“材质编辑器”中选中玻璃材质，单击“将材质指定给选定对象”按钮，将玻璃材质赋给灯罩。

19）在“材质编辑器”对话框中选择第 2 个材质球，将材质的着色方式选择为“金属”。将“环境光”和“漫反射”的锁解开，调整“环境光”的 RGB 为（33，33，33），调整漫反射的 RGB 为（210，210，210），调整“高光级别”为 125，“光泽度”设置为 65。

20）单击“贴图”按钮，在“贴图”卷展栏中“反射”选项组里施加“光线跟踪”贴图，将“反射”的数值设置为 85。

21）在“光线跟踪器参数”卷展栏下单击 无 按钮，再在弹出的“材质/贴图浏览”对话框中选择“衰减”贴图，不锈钢材质制作完成。单击“转到父对象”按钮 2 次，回到“材质编辑器”对话框的最初界面。

22）在视图中选中灯柱和连接部件，然后在“材质编辑器”中选中不锈钢材质，单击“将材质指定给选定对象”按钮，将不锈钢材质赋给灯柱和连接部件。最后再单击“视口中显示明暗处理材质”按钮。吊灯效果如图 7-24 所示。

图 7-24

任务 3 制作壁灯

操作步骤

1）启动 3ds Max 2012（中文版），将单位设置为“毫米”。

2）在顶视图中绘制一组如图 7-25 所示的线形，控制其长度尺寸大约为 120mm，宽度尺寸大约为 100mm。

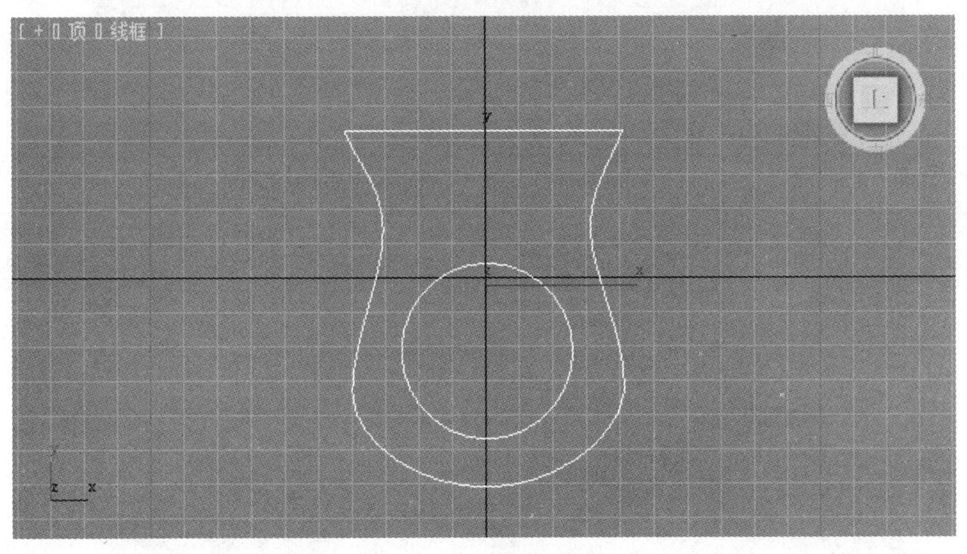

图 7-25

3）为绘制的线形执行“倒角”命令，倒角值卷展栏设置如下，“级别 1”中的“高度”和“轮廓”的值分别为 9 和 0，“级别 2”中的“高度”和“轮廓”的值分别为 0 和-1，“级别 3”中的“高度”和“轮廓”的值分别为 2 和 0，如图 7-26 所示。所得造型作为壁灯底座。

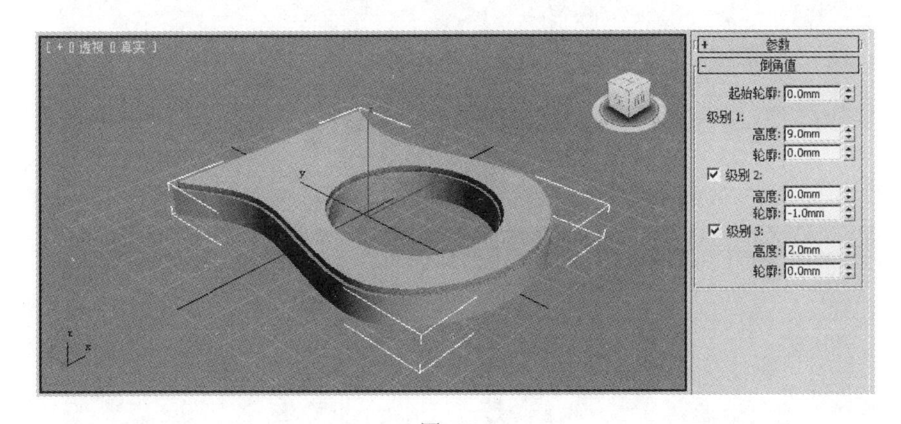

图 7-26

4）激活前视图，将制作的壁灯底座镜像复制一个。在选中壁灯底座的情况下，单击工具栏中的“镜像”按钮，在打开的“镜像：屏幕 坐标”对话框中，选择“镜像轴”为“Y”轴，“偏移”为“280mm”，“克隆当前选择”为“实例”，单击“确定”按钮。镜像复制后的效果如图 7-27 所示。

5）在顶视图绘制如图 7-28 所示的线形，作为灯管的截面线，然后对其执行“挤出”修改命令，设置挤出的数量为 270mm，得到如图 7-29 所示的效果。

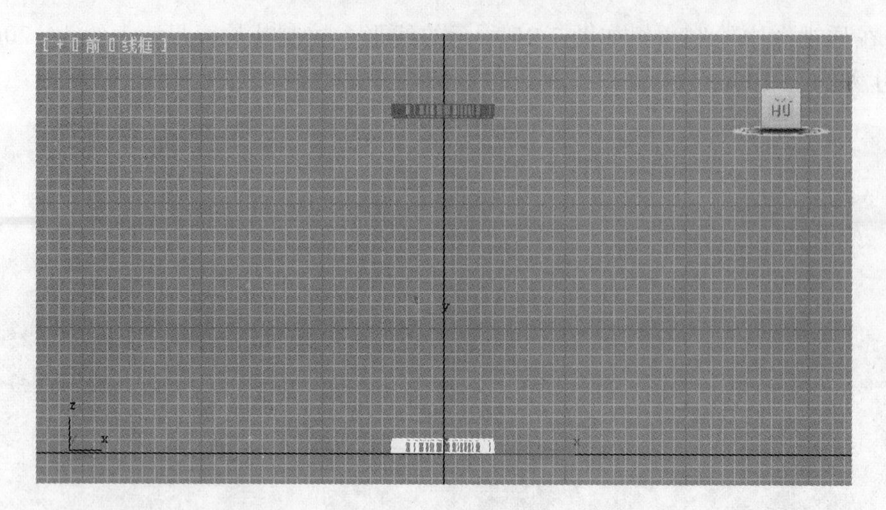

图 7-27

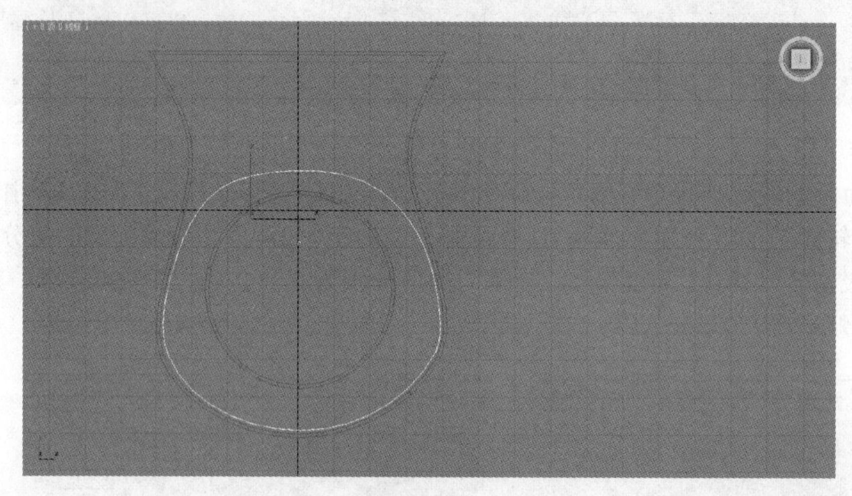

图 7-28

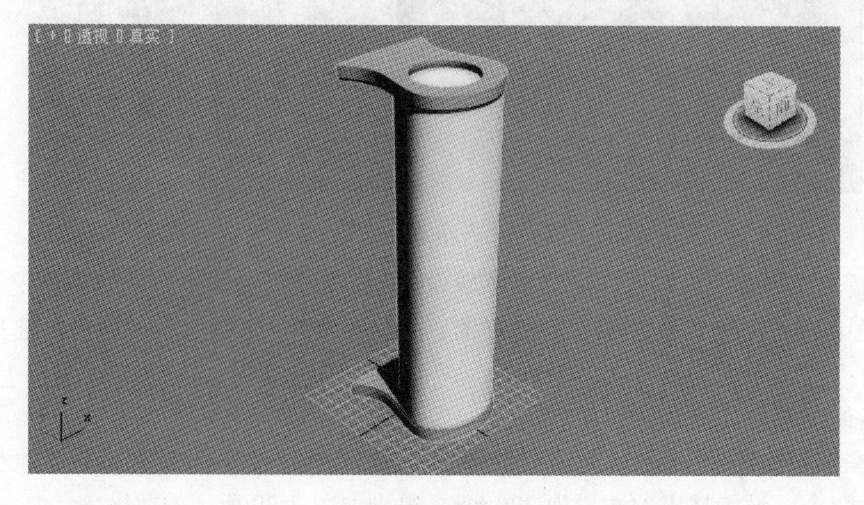

图 7-29

6）在顶视图绘制壁灯后背的截面线形，如图 7-30 所示。然后对其执行“挤出”修改命令，设置挤出的数量为 270mm，得到的造型作为壁灯的后背。

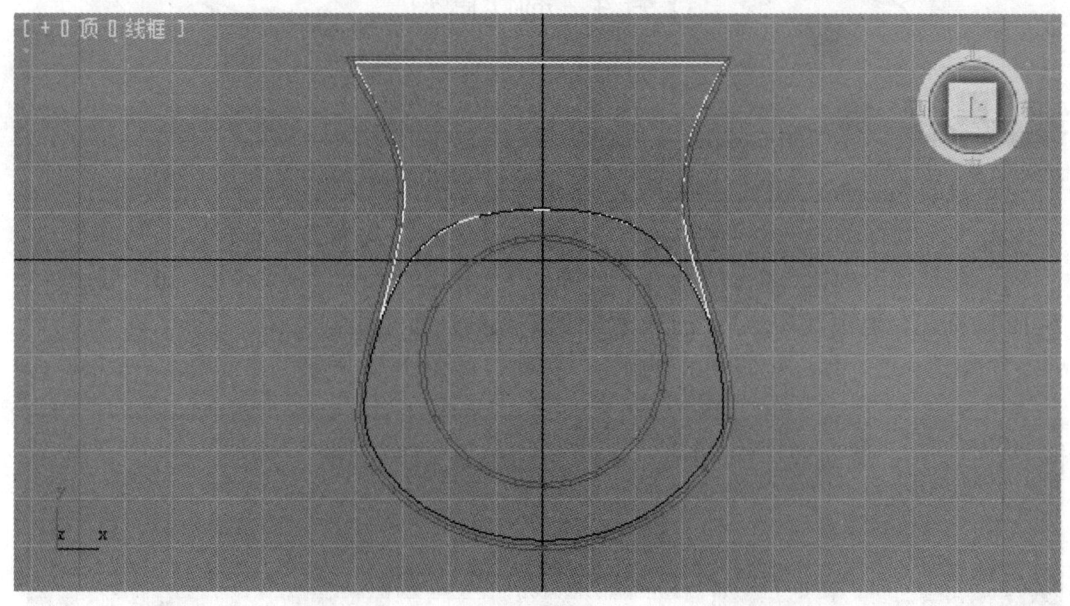

图 7-30

7）为壁灯添加材质。单击“材质编辑器”按钮，或按<M>键快速打开“材质编辑器”对话框，在该对话框中选中第 1 个空白材质球，选择一种淡紫色，并将该材质赋予壁灯底座和后背。单击第 2 个材质球，将“漫反射”和“高光反射”均调整为白色，并将材质赋予灯管，如图 7-31 所示。至此，壁灯制作完成。

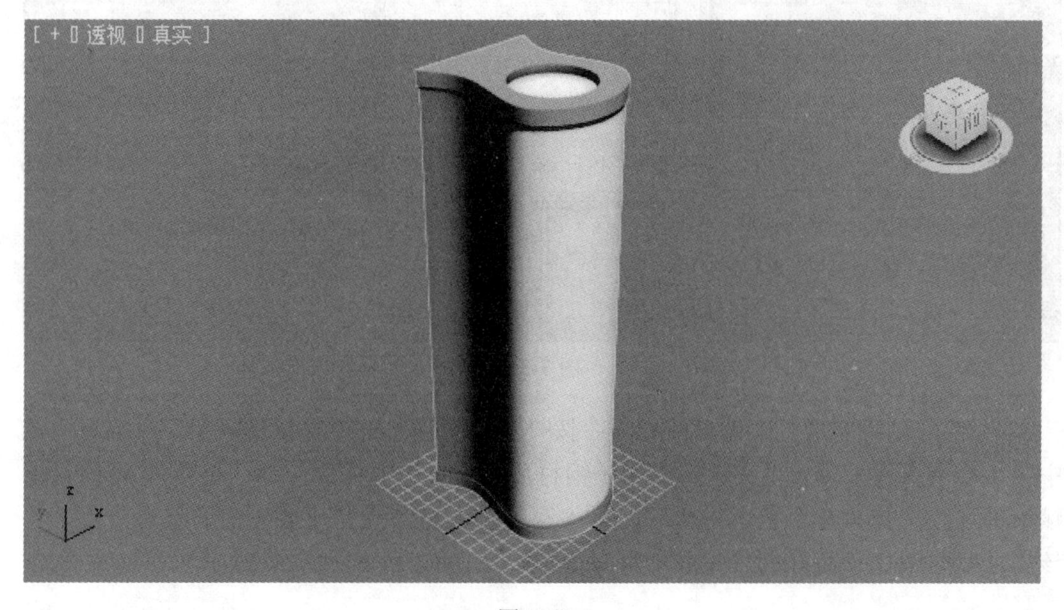

图 7-31

任务 4 制作筒灯

操作步骤

1）启动 3ds Max 2012（中文版），将单位设置为“毫米”。

2）在顶视图创建一个半径为 45，高为 45，边数为 30 的圆柱体。

3）在顶视图创建一个“半径 1”为 50，“半径 2”为 5，“分段”为 30，“边数”为 12 的圆环，选中圆环，单击工具栏中的按钮，再单击圆柱体，将两者在 X 轴和 Y 轴方向上中心对齐，然后单击“确定”按钮，如图 7-32 所示。

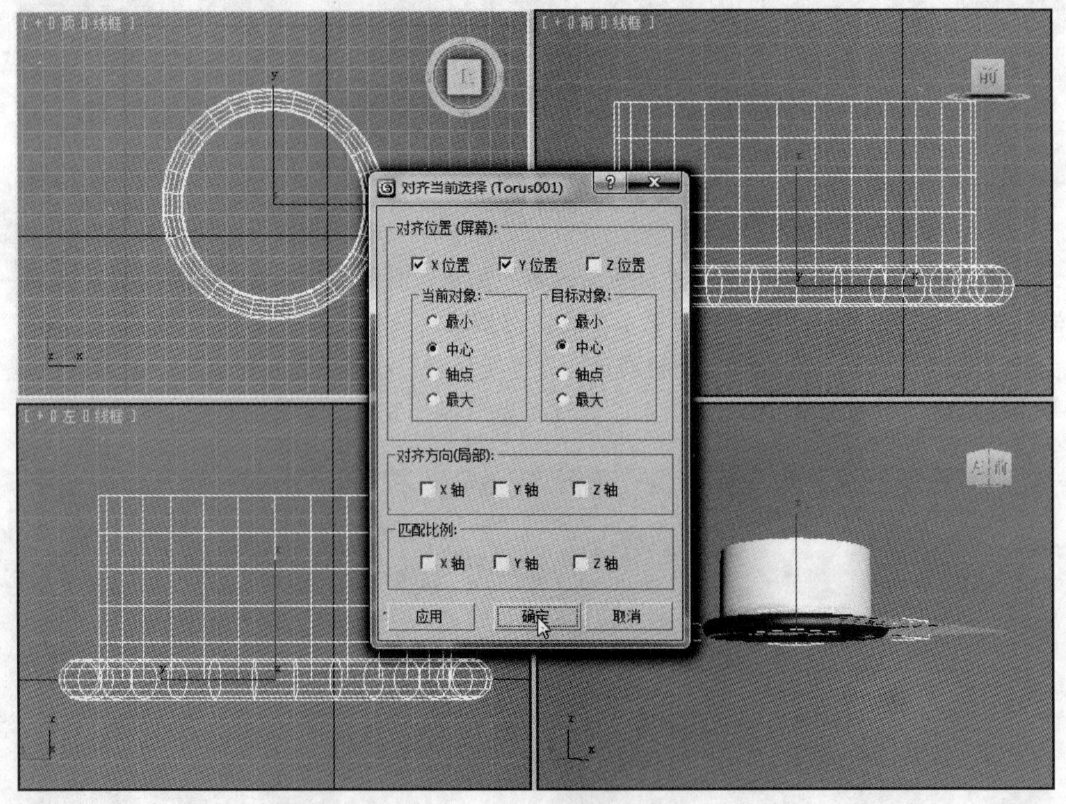

图 7-32

4）筒灯制作完成，为筒灯赋材质。按<M>键快速打开“材质编辑器”对话框，选中第 1 个空白材质球，将其调整成不锈钢材质（方法与本项目任务 2 相同），将该材质赋给圆环。选择第 2 个空白材质球，将“漫反射”和“高光反射”均调整为白色，将该材质赋给圆柱。筒灯制作完成，最终效果如图 7-33 所示。

图 7-33

本项目通过灯具的制作，进一步熟悉二维图形转三维模型的方法，尤其是“车削”和“挤出”两个修改命令的运用，重点学习了“锥化”修改命令以及“角度捕捉”在旋转中的应用技巧。现实生活中的灯多种多样，通过本项目知识点的学习，读者可以运用 3ds Max 软件制作出其他灯具模型。

设计一款吊灯和台灯。

项目8　制作门窗

本项目主要是制作空间内的门、窗及窗帘，门、窗风格不同会给人不一样的视觉享受。通过本项目，进一步学习二维、三维建模方法和模型材质的添加方法。

1）熟练掌握“矩形”“线”“长方体”的创建方法。

2）熟练掌握“编辑多边形”修改命令在三维建模中的应用技巧。

3）熟练掌握“挤出”“放样”等修改命令的运用。

4）学会使用“倒角剖面”修改命令将二维图形转成三维模型。

相关知识介绍

“倒角剖面”：“倒角剖面”修改命令也是将二维图形转成三维模型的一种方法。在对二维图形执行了“倒角剖面”修改命令后，就会出现“倒角剖面”的参数卷展栏，在卷展栏中的重要参数如下。

1）“倒角剖面”，为图形添加了修改器后，单击该参数栏中的 拾取剖面 按钮，即可在视图中拾取一个二维图形作为剖面线。

2）“封口”，该参数栏中的“始端”“末端”两个复选框可对生成造型的顶部和底部进行封口。

3）“封口类型”，该参数栏用于设置倒角造型开始和结尾两个封口面的类型。

任务 1 制作窗

操作步骤

1）启动 3ds Max 2012（中文版），将单位设置为“毫米”。

2）在前视图创建一个 2800×3000 的矩形作为“墙体”，再创建一个 1500×1400 的小矩形作为墙面上的“窗”，并使两矩形在 X 轴方向上中心对齐。方法为先选中小矩形，然后单击工具栏中的“对齐”按钮，再单击大矩形，在弹出的“对齐当前选择”对话框中进行设置，如图 8-1 所示。单击“确定”按钮，对齐后的效果如图 8-2 所示。

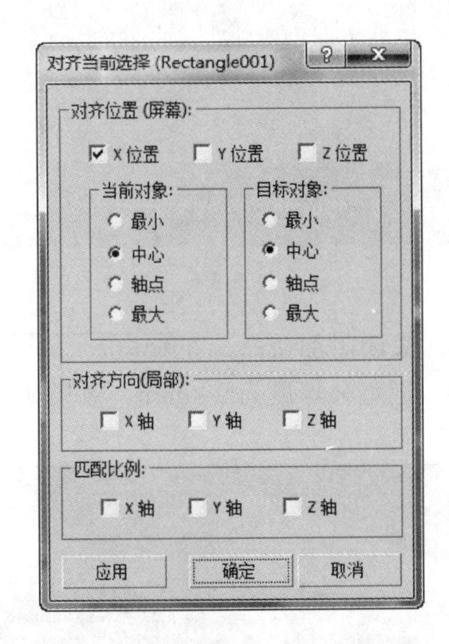

图 8-1

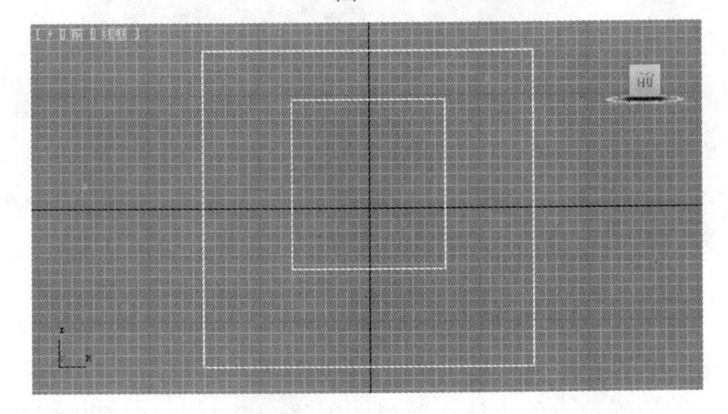

图 8-2

3）选中大矩形，切换到“修改”命令面板，在修改器列表中执行“编辑样条线”修改命令，单击“几何体”卷展栏中的附加按钮，然后在视图中单击小矩形，将它们附加为一体，如图 8-3 所示。

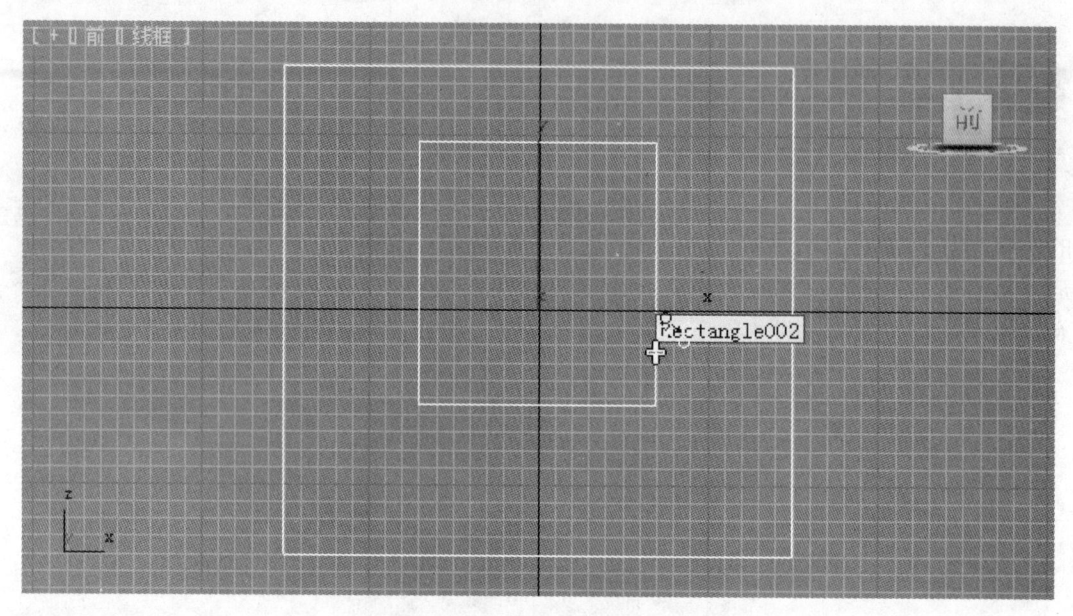

图 8-3

4）单击附加按钮，关闭附加命令。在修改器列表中执行“挤出”修改命令，设置挤出数量为 240，即墙体厚度为 240mm，效果如图 8-4 所示。

图 8-4

5）单击工具栏中的“捕捉工具”，并在该工具上单击鼠标右键，将捕捉对象设置为顶点，然后用捕捉顶点的方法在前视图创建一个大小为 1500×1400 的矩形。将

矩形执行 修改器列表 中的“编辑样条线”命令，单击修改器堆栈中的“样条线”子对象，再回到视图中选择“矩形”样条线，然后在“几何体”卷展栏中 轮廓 右侧的文本框中输入 60，按<Enter>键，即窗框的宽度为 60mm，如图 8-5 所示。

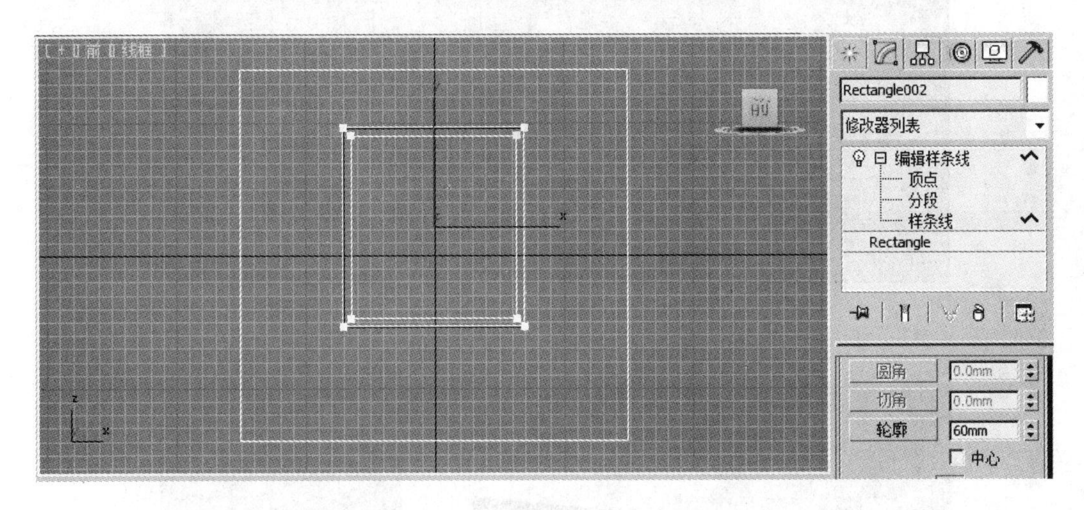

图 8-5

6）关闭“捕捉”工具按钮，单击修改器堆栈中的“分段”子对象，在前视图选择右边的线段向左移动到大约能放下两个窗扇的位置，如图 8-6 所示。

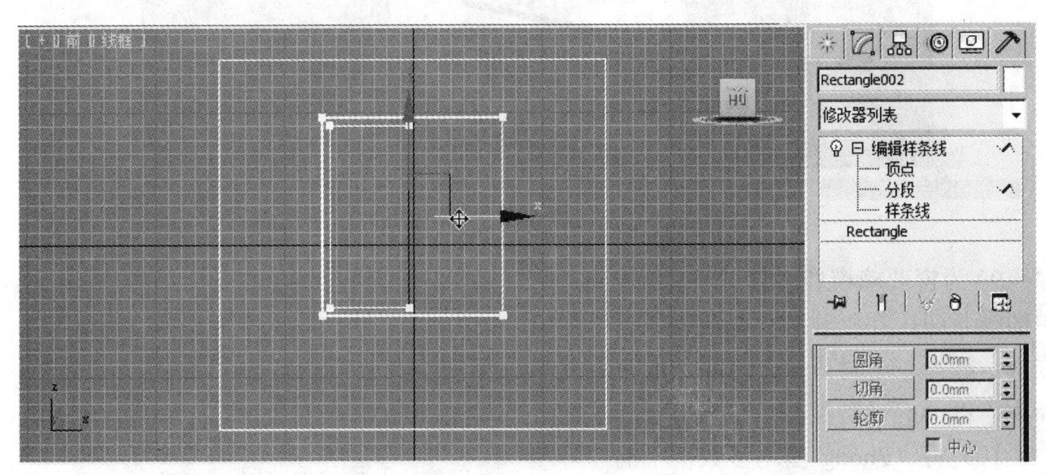

图 8-6

7）单击修改器堆栈中的“样条线”子对象，选择里面的小矩形，向右移动复制一个，窗框制作完成。取消“样条线”子对象的选择，然后对窗框执行“挤出”修改命令，数量设置为 60，即窗框的厚度为 60mm，如图 8-7 所示。

8）单击工具栏中的“捕捉工具”按钮 ，将捕捉对象设置为顶点，在前视图沿窗框内部绘制一个矩形作为窗玻璃模型，然后执行“挤出”命令，数量设置为 3，即玻璃的厚度为 3mm，透视效果如图 8-8 所示。

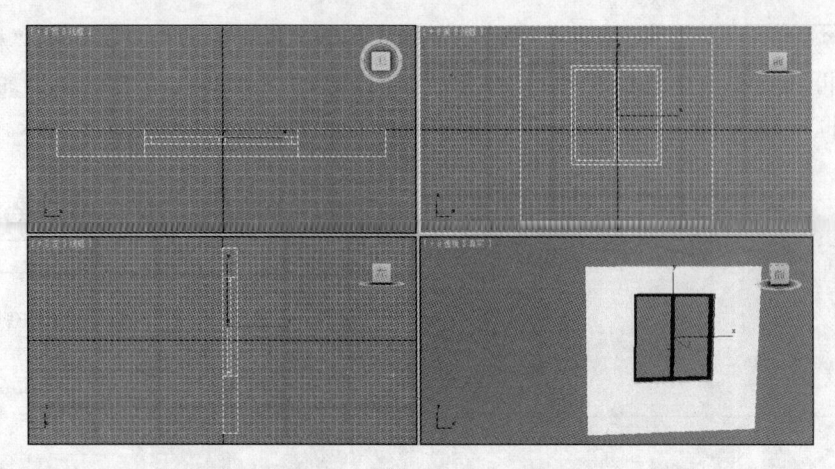

图 8-7

图 8-8

9）为窗玻璃模型添加材质。单击工具栏中的按钮，在打开的“材质编辑器”对话框中，选择一个材质球，将颜色着色方式选择为“Phong”（塑性）。

10）将“Phong 基本参数”下的“环境光”,“漫反射”调整为浅蓝绿色,“高光反射”设置为纯白色，“不透明度”调整为 30，将“高光级别”设置为 65，“光泽度”设置为 30，如图 8-9 所示。

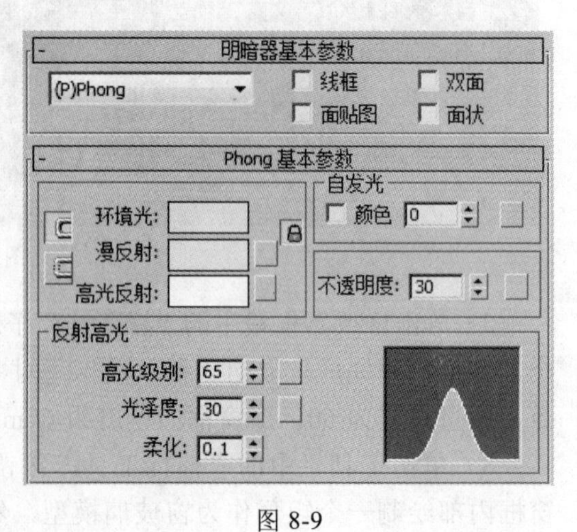

图 8-9

11）单击“贴图”按钮，在下面的卷展栏中“反射”选项里面添加“光线跟踪”贴图，将“反射”贴图的数值设置为 30，玻璃材质的调制完成，单击按钮将其赋予窗的玻璃，至此窗的制作完成，最终效果如图 8-10 所示（此处为了衬托玻璃的效果，可以在窗的后侧放一个长方体，然后用位图贴图的方式为其添加风景画材质）。

图 8-10

任务 2　制作窗帘

操作步骤

1）首先启动 3ds Max 2012（中文版），将单位设置为“毫米”。

2）执行“创建”→“图形”→“线”命令，然后在“顶视图”绘制一条长度大约为 1000mm 的水平直线，如图 8-11 所示。

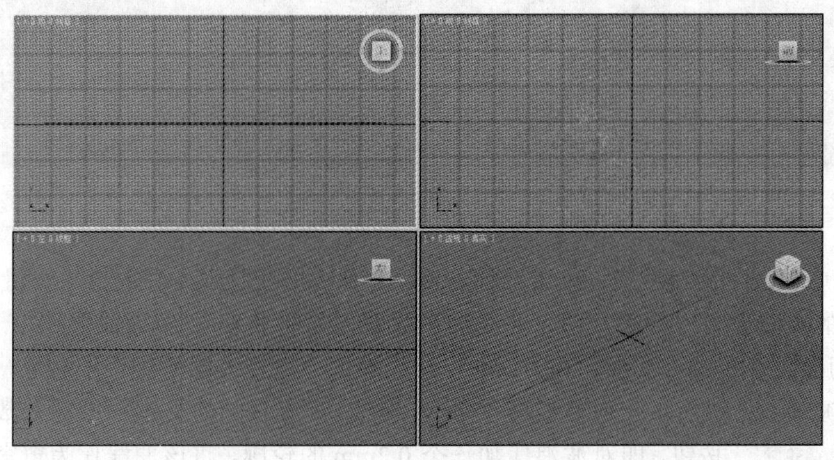

图 8-11

3）切换到“修改”命令面板，在堆栈中选择“顶点”子对象，在其“几何体”参数卷展栏中单击“优化”按钮 优化 ，然后将鼠标移动到直线上单击，为直线增加节点，如图 8-12 所示。

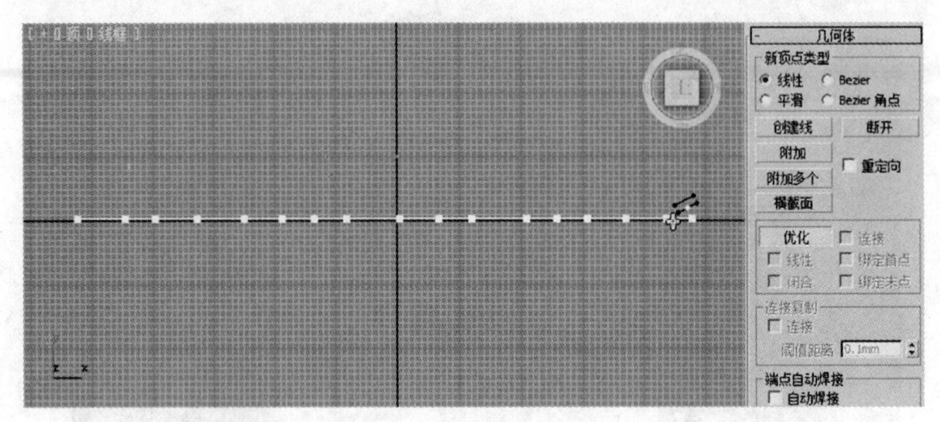

图 8-12

4）在顶视图将直线上的点间隔选中，然后单击工具栏中的“选择并移动”工具 沿 Y 轴正向移动选中的点，将直线变为曲线，如图 8-13 所示。

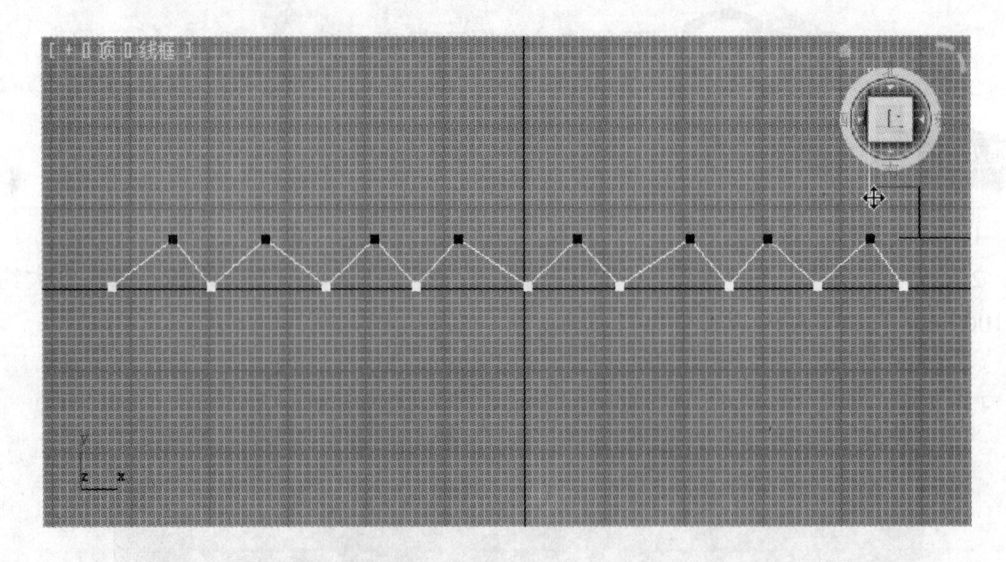

图 8-13

5）选中曲线上所有的点，单击鼠标右键，在弹出的快捷菜单中选择“平滑”命令，将所有点的类型改为“平滑”型，曲线的形状变为如图 8-14 所示的波浪线。

6）切换到修改命令面板，在“Line”修改堆栈下选择“样条线”子对象，回到顶视图单击波浪线，然后在几何体卷展栏下 轮廓 按钮右侧的文本框中输入数值 0.2，然后单击 轮廓 按钮，即对波浪线加一个 0.2mm 的轮廓，将该曲线作为窗帘的截面线，如图 8-15 所示。

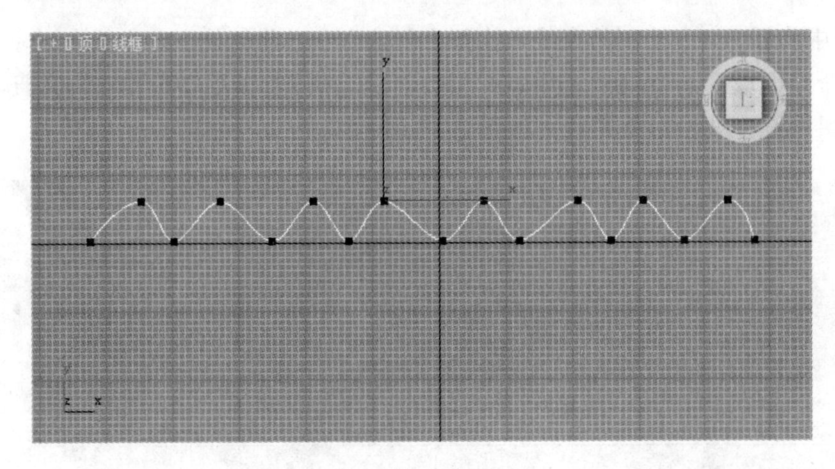

图 8-14

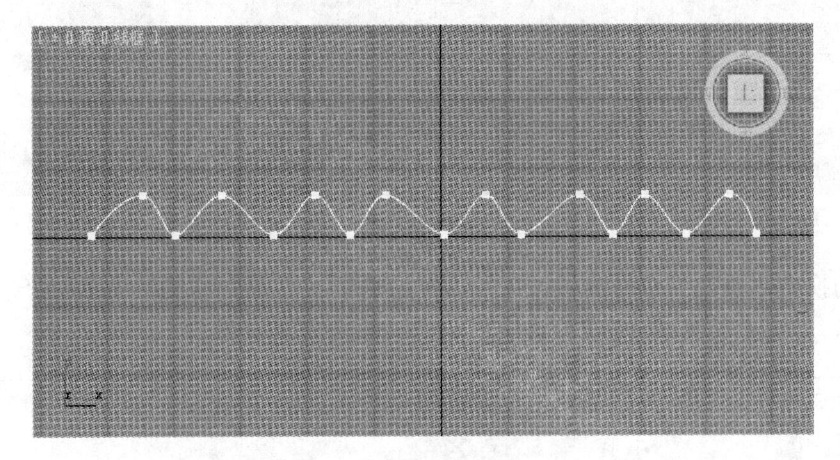

图 8-15

7）在前视图画一条长度大约为 2600mm 的竖线，作为窗帘放样的路径线，如图 8-16 所示。

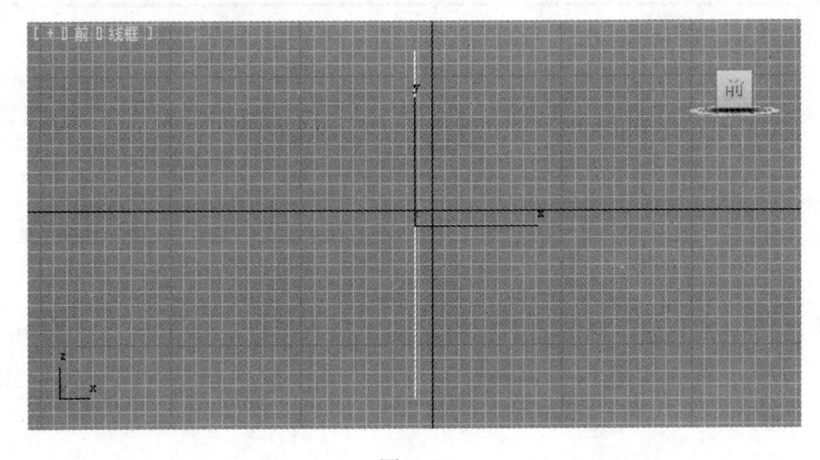

图 8-16

8）选中步骤7）中绘制的直线，执行“创建”→“几何体”→“复合对象”命令，然后单击命令面板中的 放样 按钮，在“创建方法”卷展栏中单击 获取图形 按钮，再回到视图中选择波浪形截面线，如图8-17所示。

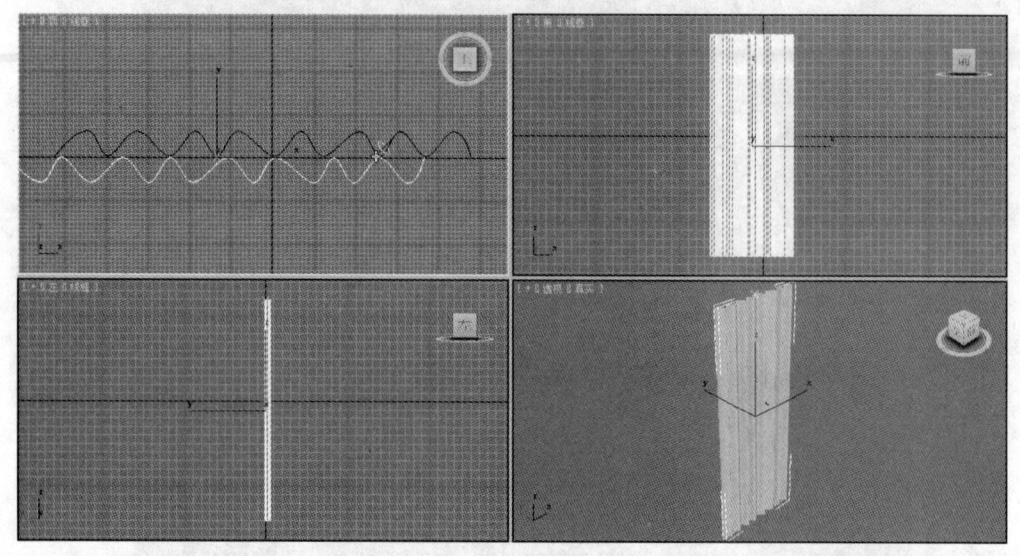

图 8-17

9）切换到“修改”命令面板，在视图区右侧的“变形”卷展栏中单击“缩放”变形修改器，打开如图8-18所示的“缩放变形”修改器对话框。

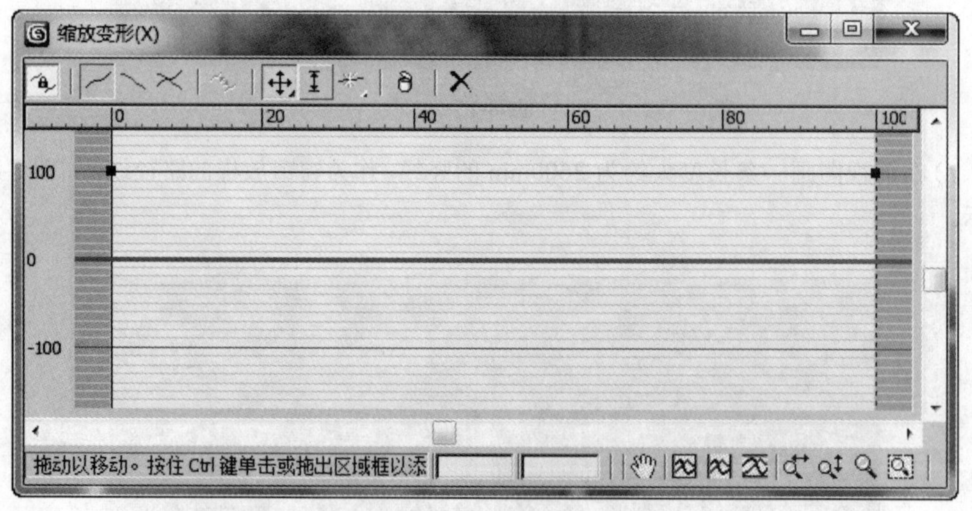

图 8-18

10）单击“缩放变形”修改器对话框中的“插入角点”按钮，在控制线上单击添加两个控制点，然后用按钮调整控制点的位置，放样物体发生变化，如图8-19所示。

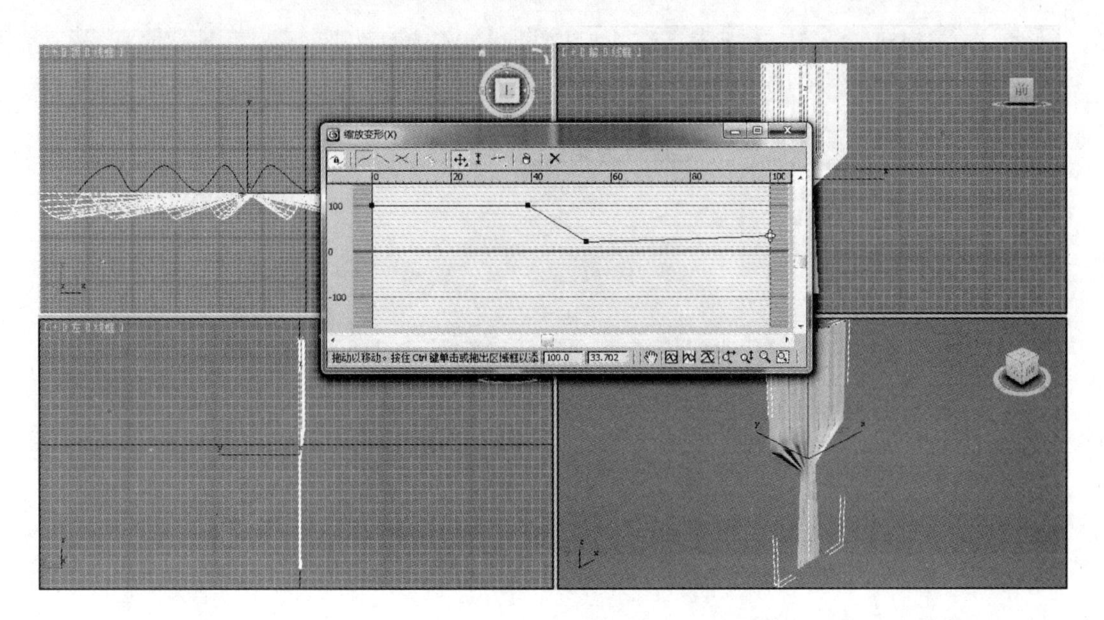

图 8-19

11）在选中的控制点上单击鼠标右键，在弹出的快捷菜单中选择“Bezier-平滑”命令，如图 8-20 所示。

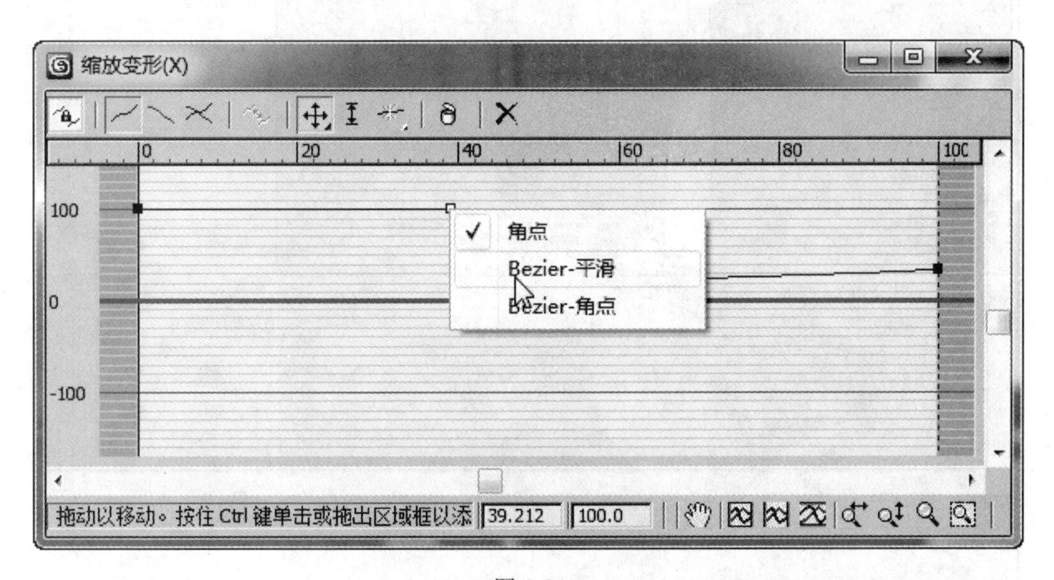

图 8-20

12）继续调整其他控制点，使其最终效果如图 8-21 所示。

13）形态调整完成后关闭“缩放变形”对话框，选择“修改器堆栈”中“Loft”下的“图形”子对象，再在视图中选择放样对象上的波浪线，然后在“图形命令”卷展栏中单击 左 或 右 按钮，这样就得到了窗帘的一半图形，其形态如图 8-22 所示。

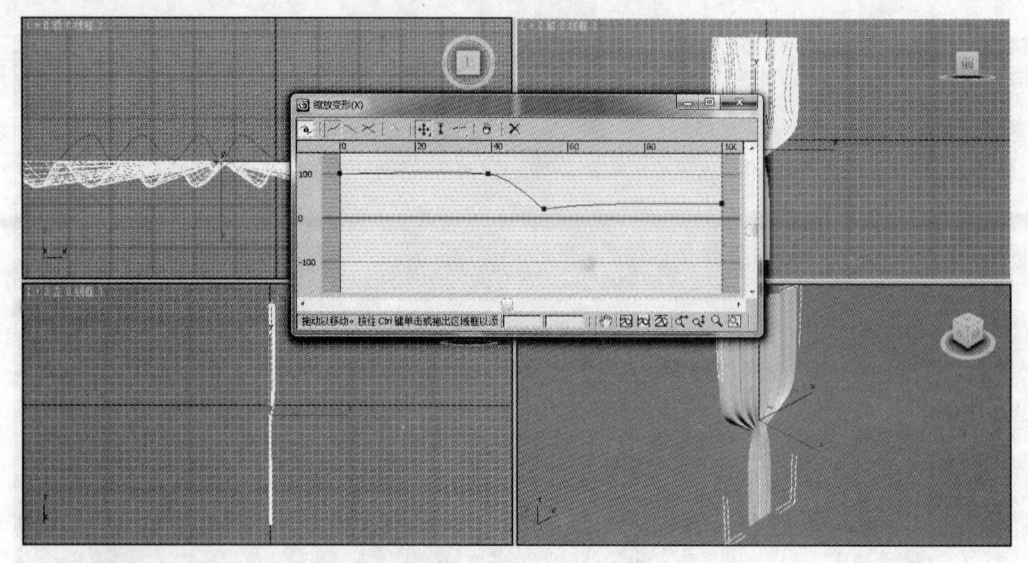

图 8-21

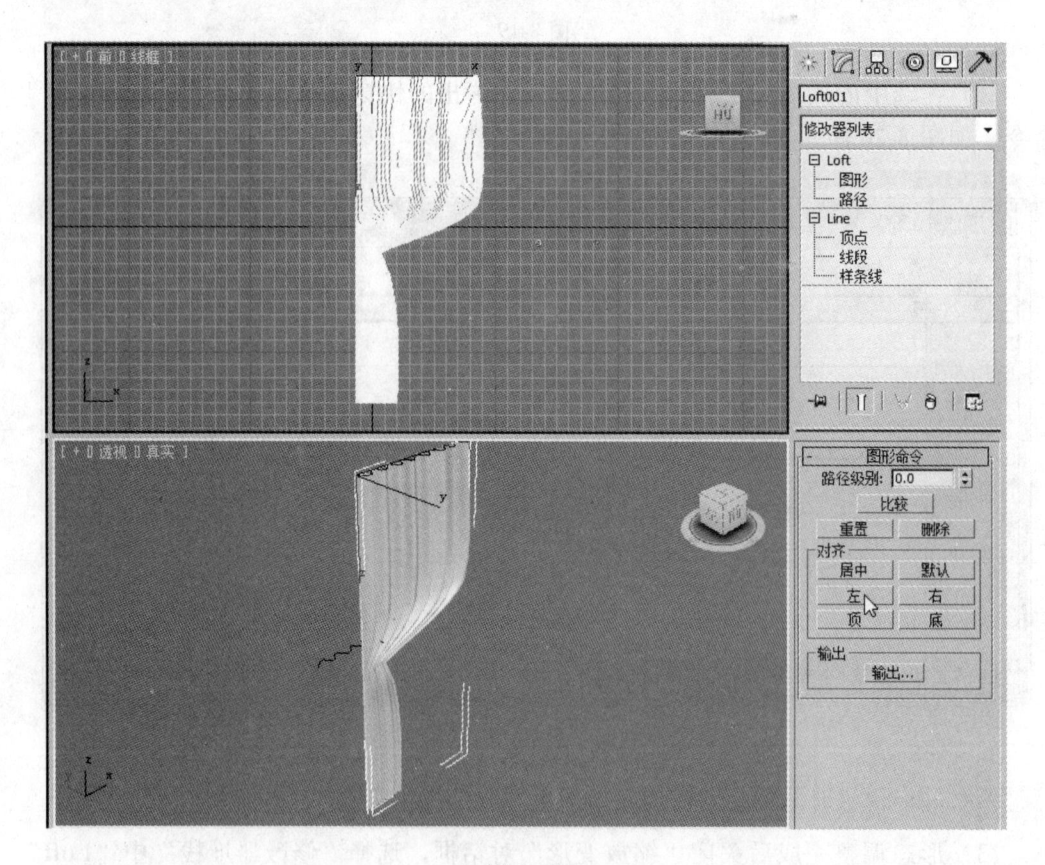

图 8-22

14）退出“图形”子对象，选中步骤 12）中得到的窗帘图形，单击工具栏中的“镜像”工具按钮，打开“镜像”对话框，如图 8-23 所示，选择“镜像轴”为 X，“偏移”设置为 2500，然后单击“确定”按钮，窗帘制作完成。

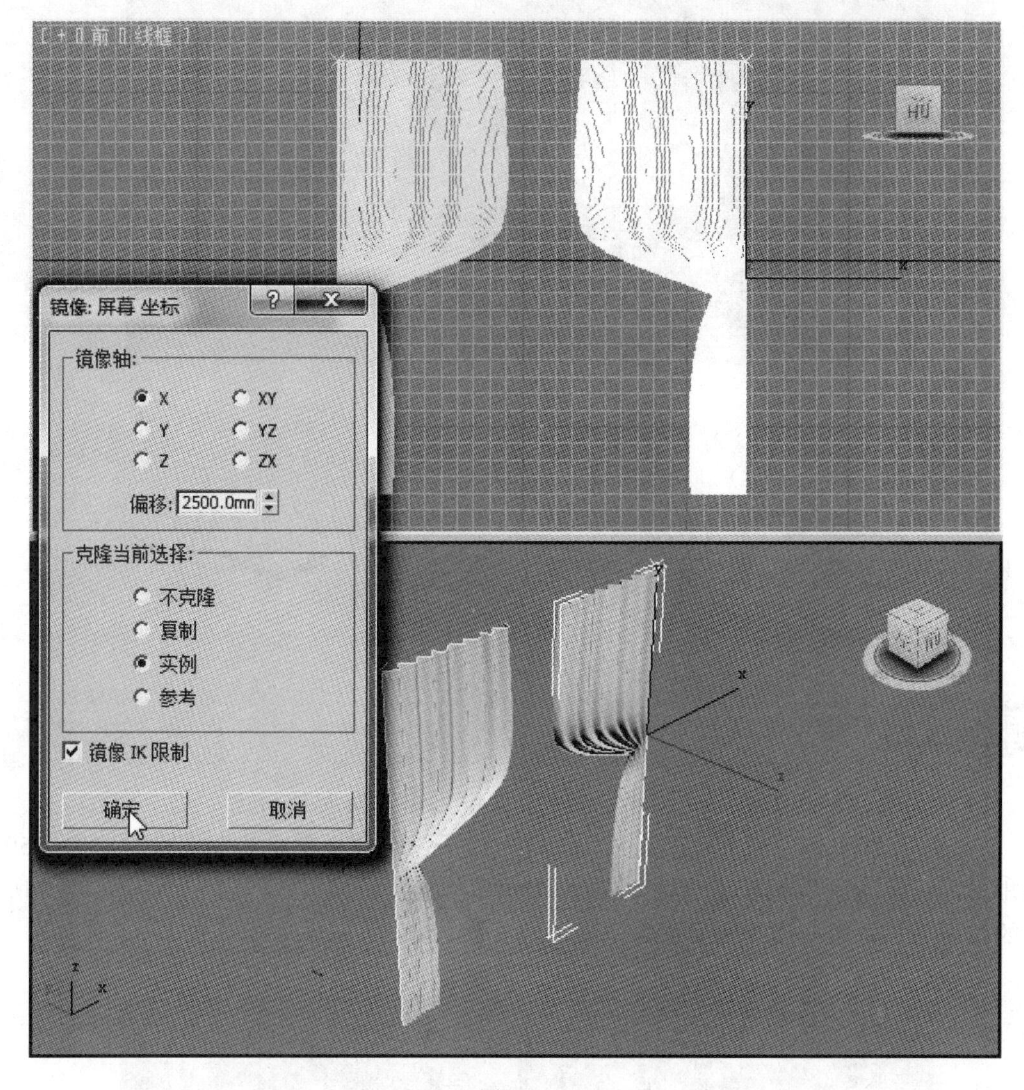

图 8-23

15）用位图贴图的方法为窗帘添加材质。单击工具栏中的“材质编辑器”按钮，打开“材质编辑器”对话框，选择第一个空白材质球，然后单击“漫反射”右侧的按钮，在打开的“材质/贴图浏览器”对话框中选择“位图”，单击 确定 按钮。

16）在打开的“选择位图图像文件”对话框中选择一幅图片文件（比如，“布料 5.jpg”），单击 打开(O) 按钮，此时材质球的灰色会被“布料 5.jpg”图片覆盖，单击“转到父对象”按钮，返回到上一层级。

17）在视图中将窗帘选中，然后单击“将材质指定给选定对象”按钮，再单击“视口中显示明暗处理材质”按钮，至此窗帘制作完成，最终效果如图 8-24 所示。

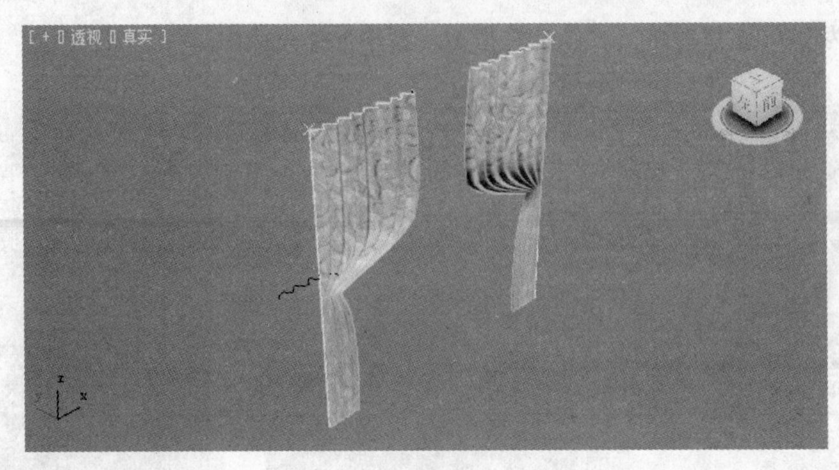

图 8-24

任务 3　制作门套及门

1. 制作门套

操作步骤

1）启动 3ds Max 2012（中文版），将单位设置为“毫米”。

2）执行“创建”→“图形”→“矩形”命令，在前视图中绘制一个 1800×750 的矩形，然后打开“捕捉”工具，在前视图中用捕捉顶点的方式绘制一个如图 8-25 所示的与矩形长、宽一致的线形作为门套的路径线。

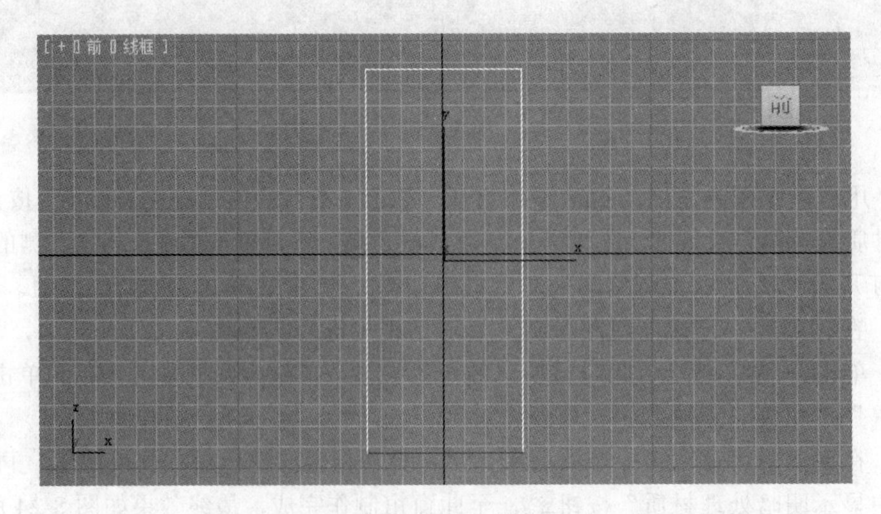

图 8-25

3）关闭“捕捉”工具，删除步骤 2）中绘制的矩形，然后在顶视图绘制一个 240×50 的矩形，切换到“修改”命令面板，执行“编辑样条线”修改命令，将矩形转化为可编辑的样条线，选择堆栈中的“顶点”子对象，如图 8-26 所示。

图 8-26

4）单击“几何体”卷展栏中的 优化 按钮，在矩形的边上增加如图 8-27 所示的 4 个节点。

图 8-27

5）关闭“优化”按钮，选中矩形的所有顶点，单击鼠标右键，在弹出的快捷菜单中选择“角点”命令，将所有顶点类型都改为角点，然后用“移动”工具调整点的形态，最终效果如图 8-28 所示，该线作为门套的剖面线。

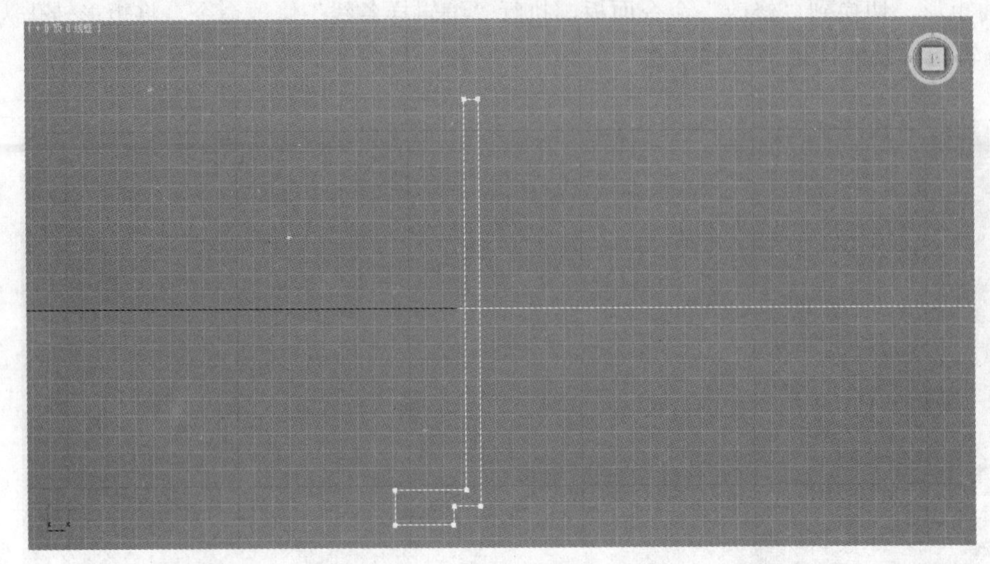

图 8-28

6）关闭“顶点”修改级别，选中步骤 2）中所绘制的门套路径线，单击按钮切换到修改命令面板，执行“倒角剖面”修改命令，单击“参数”卷展栏中的 拾取剖面 按钮，然后回到视图中单击门套的剖面线，得到的图形效果如图 8-29 所示。

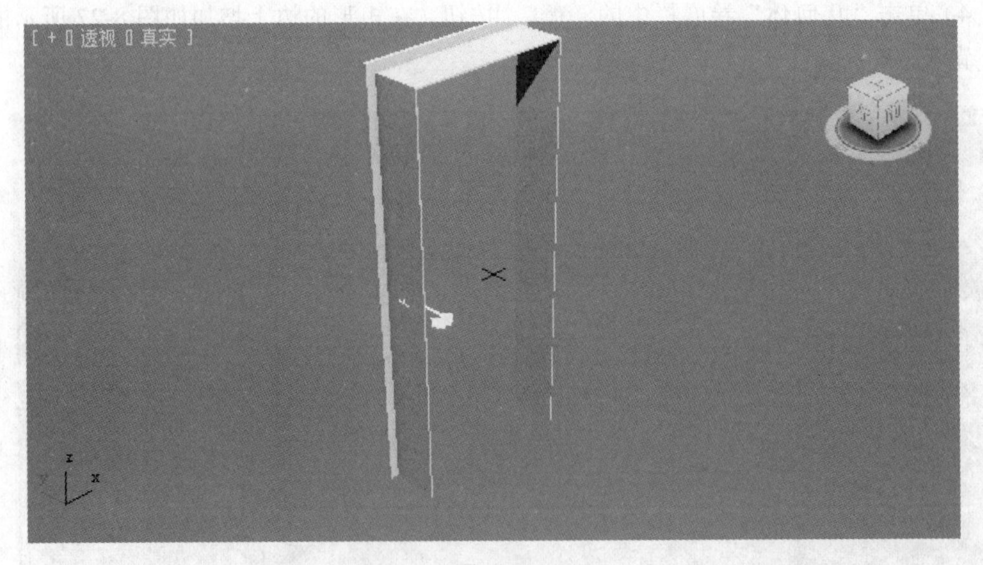

图 8-29

7）此时，发现门套的方向是反的，回到顶视图选择“剖面线”，再在“编辑样条线”堆栈中选择“样条线”子对象，然后单击“几何体”卷展栏中的 镜像 按钮进行翻转，效果如图 8-30 所示。门套制作完成，执行“文件”→“保存”命令，在打开的

“文件另存为”对话框中的“文件名”文本框中输入“门套”，单击 保存(S) 按钮。

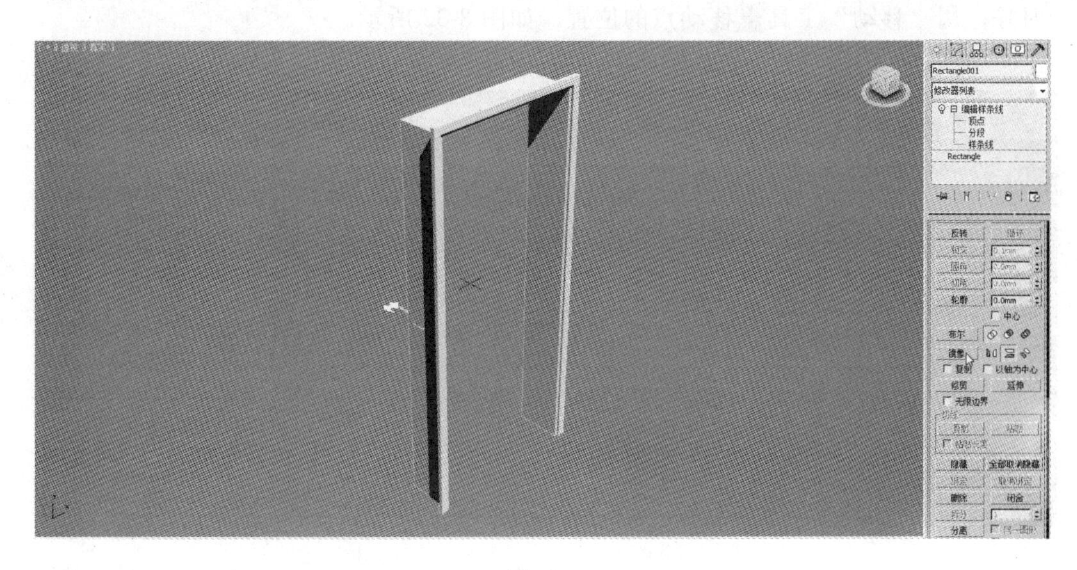

图 8-30

2. 制作门

操作步骤

1）启动 3ds Max 2012（中文版），将单位设置为“毫米”。

2）在前视图中绘制一个 1800×750×50 的长方体，设置长度分段为 3，宽度分段为 3，如图 8-31 所示。

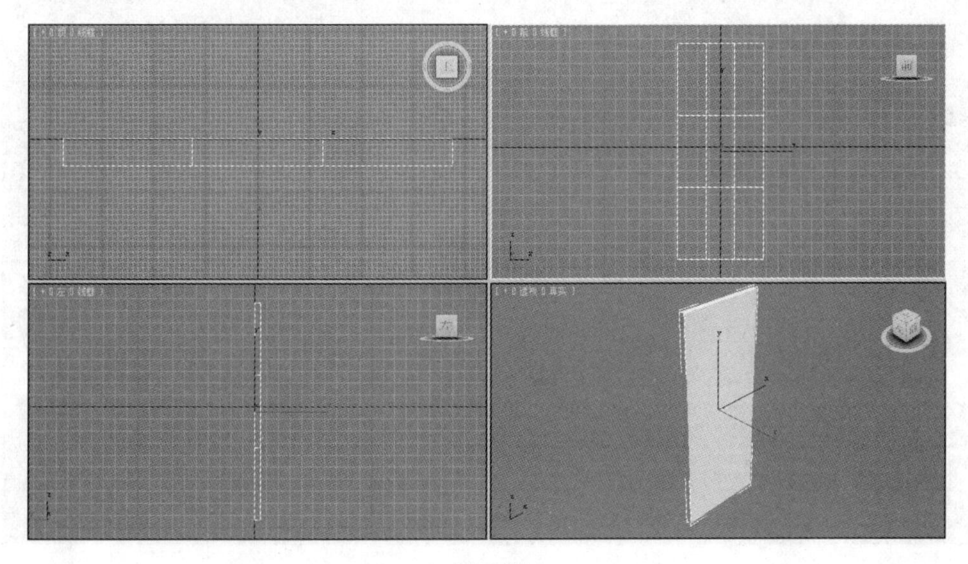

图 8-31

3）对长方体执行“修改”→“编辑多边形”命令，选择修改器堆栈中的“顶点”子对象，用“移动”工具移动点的位置，如图 8-32 所示。

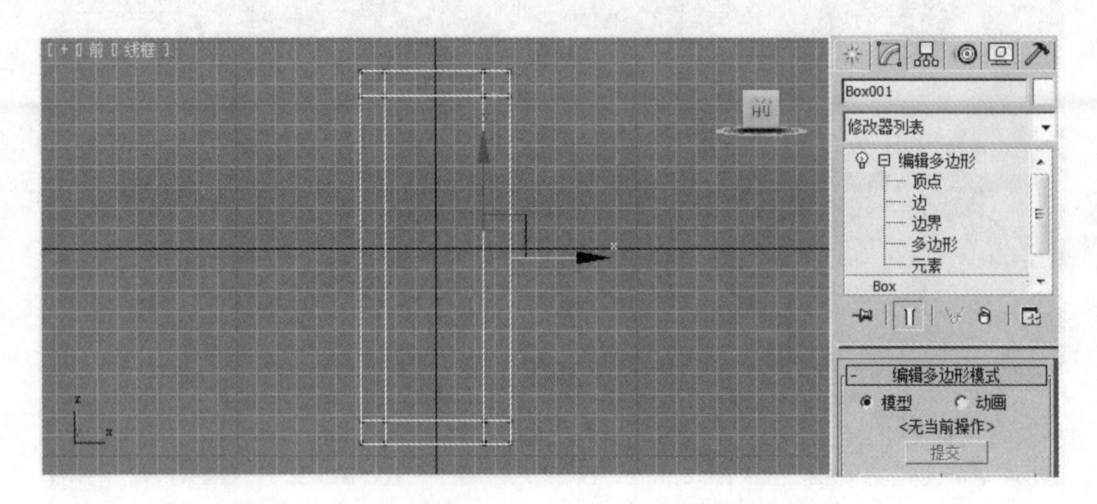

图 8-32

4）选择“编辑多边形”堆栈中的“多边形”子对象，再选中如图 8-33 所示的面，然后单击“编辑多边形”卷展栏中的 倒角 右侧的按钮，视图中出现如图 8-34 所示的“倒角”对话框。

5）在“倒角”对话框中，设置高度值为-10，轮廓值为-5，如图 8-35 所示，然后单击“应用并继续”按钮。再设置高度值为-20，轮廓值为-5，如图 8-36 所示，然后单击“确定”按钮，关闭“倒角”对话框，效果如图 8-37 所示。

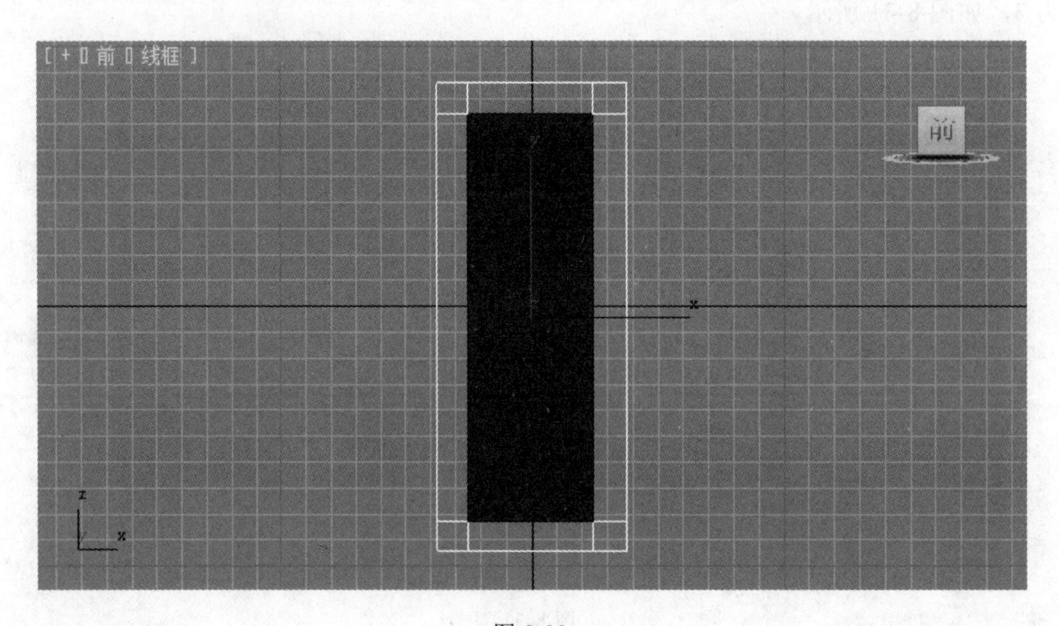

图 8-33

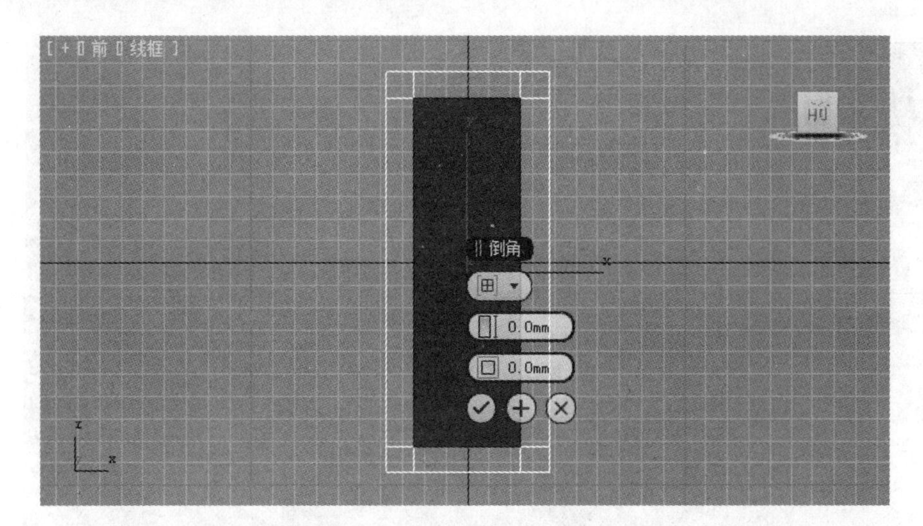

图 8-34

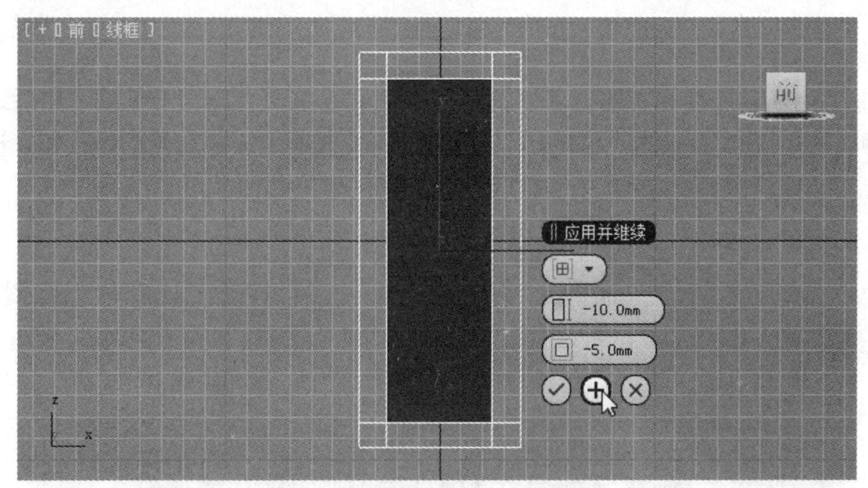

图 8-35

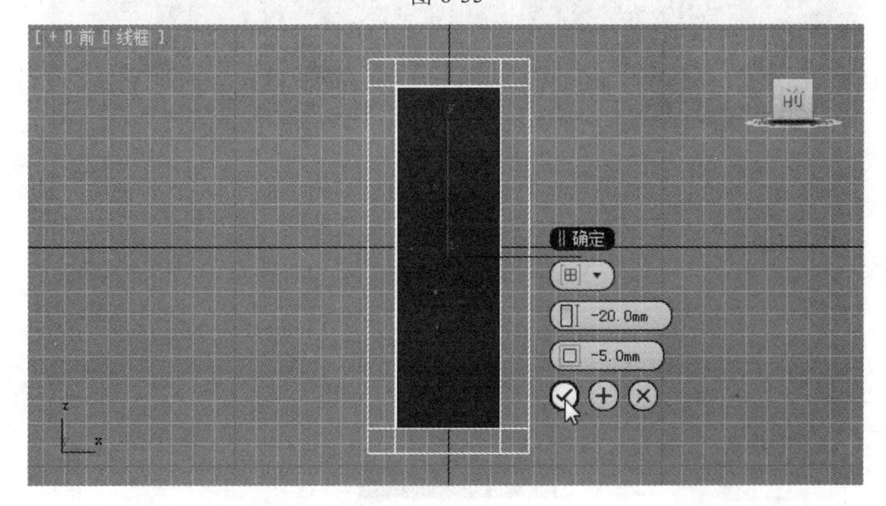

图 8-36

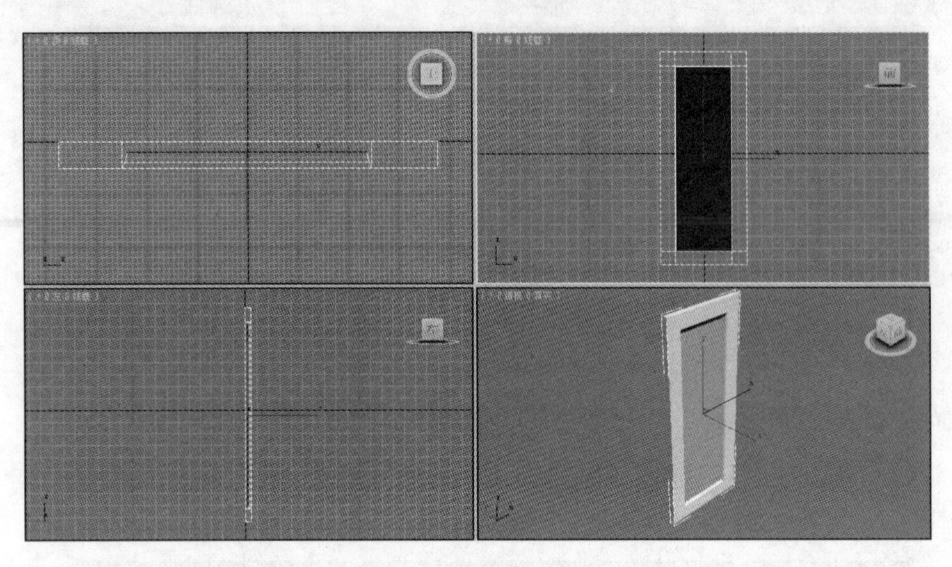

图 8-37

6）最大化显示前视图，选择“编辑多边形”堆栈中的“边”子对象，然后选中如图 8-38 所示的两条边，单击“编辑边”卷展栏中的 连接 按钮右侧的□按钮，设置分段值为 6，如图 8-39 所示。单击“确定”按钮，效果如图 8-40 所示。

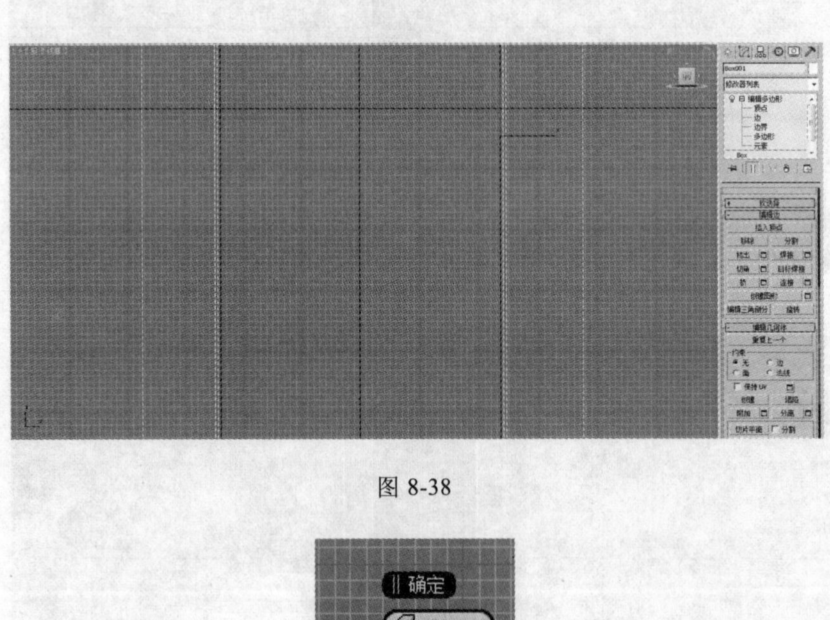

图 8-38

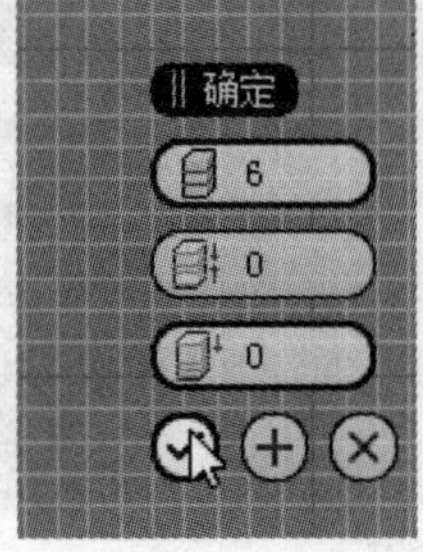

图 8-39

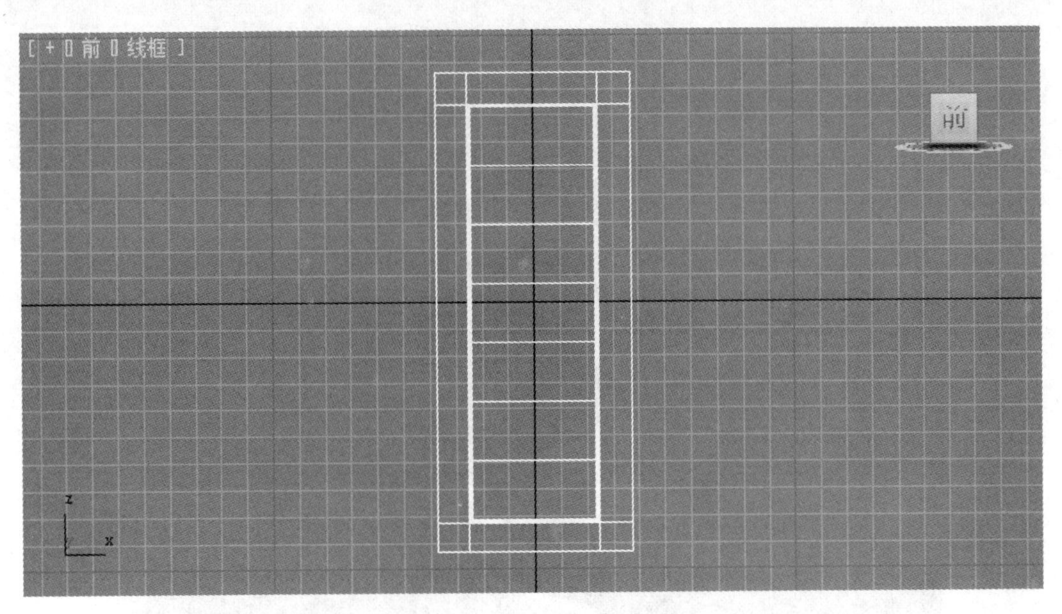

图 8-40

7）选择“编辑多边形”堆栈中的“顶点”子对象，用“移动”工具移动顶点，如图 8-41 所示。

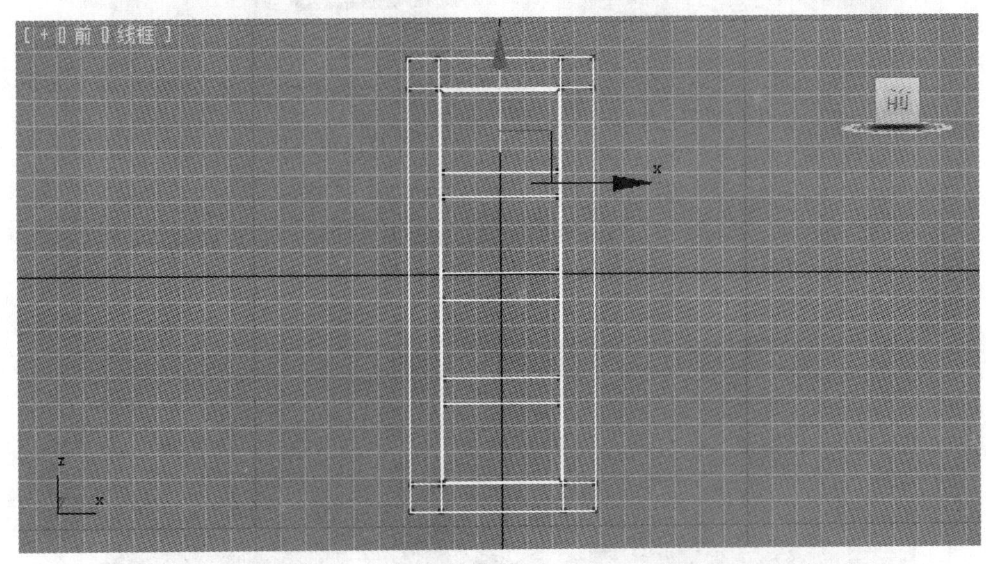

图 8-41

8）选择“编辑多边形”堆栈中的“多边形”子对象，同时选中如图 8-42 所示的面，然后单击“编辑多边形”卷展栏中的 倒角 右侧的按钮，在“倒角”对话框中设置高度和轮廓分别为 20 和 5，如图 8-43 所示。单击“应用并继续”按钮，再在“倒角”对话框中设置高度和轮廓分别为 10 和-5，如图 8-44 所示。单击“确定”按钮，关闭“倒角”对话框。

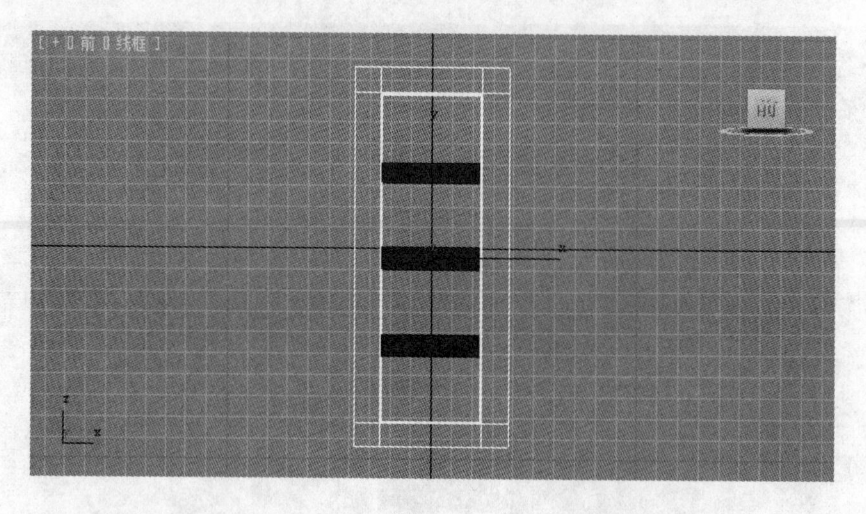

图 8-42

图 8-43

图 8-44

9）同时选中如图 8-45 所示的面，然后单击“编辑多边形”卷展栏中的 倒角 右侧的□按钮，在“倒角”对话框中设置高度和轮廓的值分别为 10 和-5，如图 8-46 所示。单击“应用并继续”按钮⊕，再在“倒角”对话框中设置高度和轮廓的值分别为 15 和-5，如图 8-47 所示。单击“确定”按钮✓，关闭“倒角”对话框，门板制作完成。

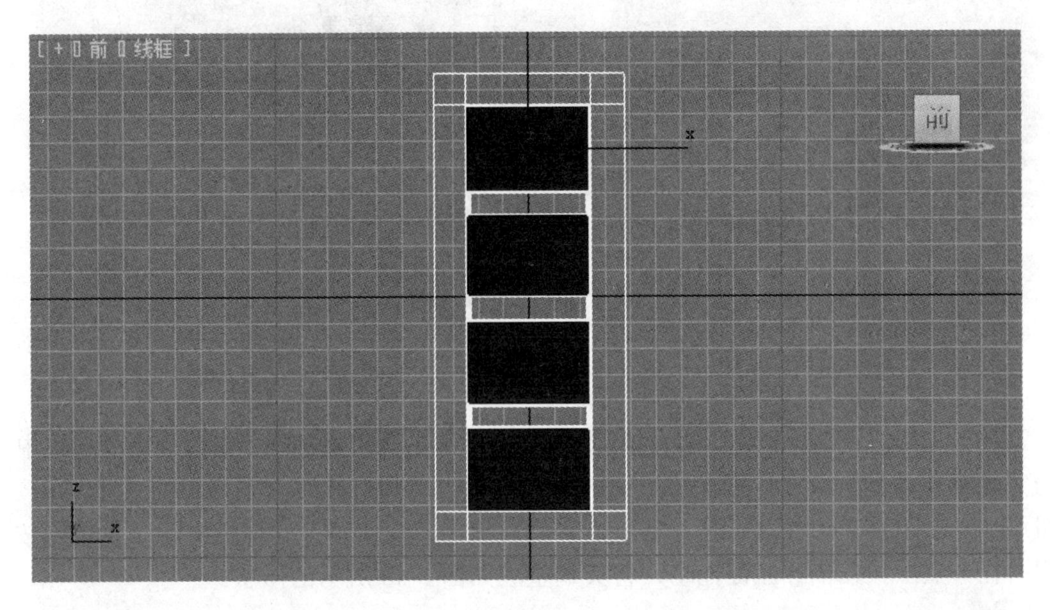

图 8-45

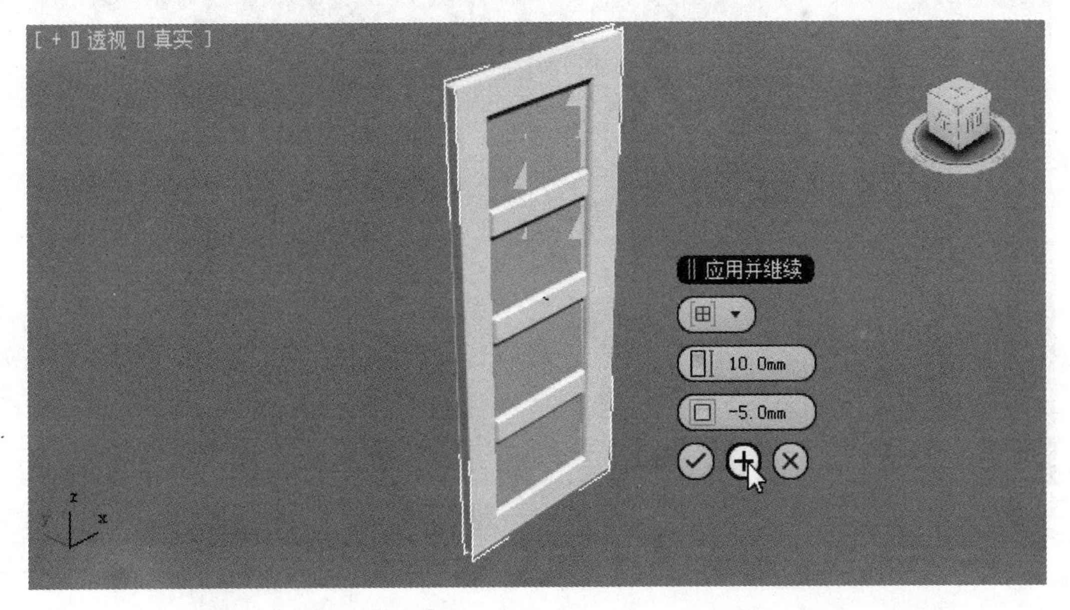

图 8-46

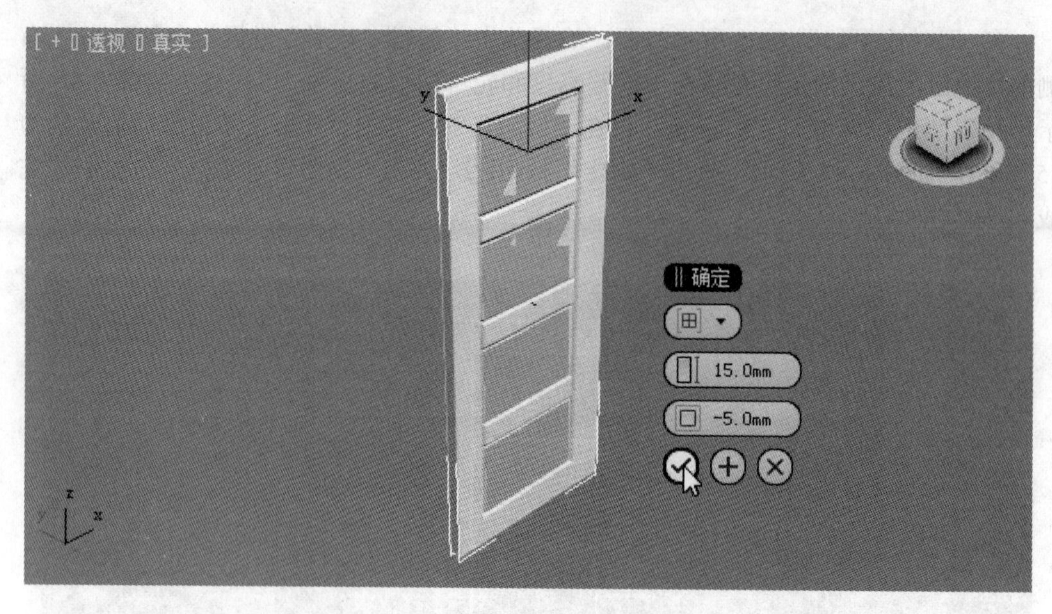

图 8-47

10）制作门锁。首先在顶视图绘制一个 10×50 的矩形，执行“修改”命令面板中的“编辑样条线”命令，再在矩形的一条边上单击“几何体”卷展栏中的 优化 按钮增加一个节点，用移动工具移动节点，然后单击“几何体”卷展栏中的 圆角 按钮，在节点上按住鼠标左键拖动，将其调整成如图 8-48 所示的形状。

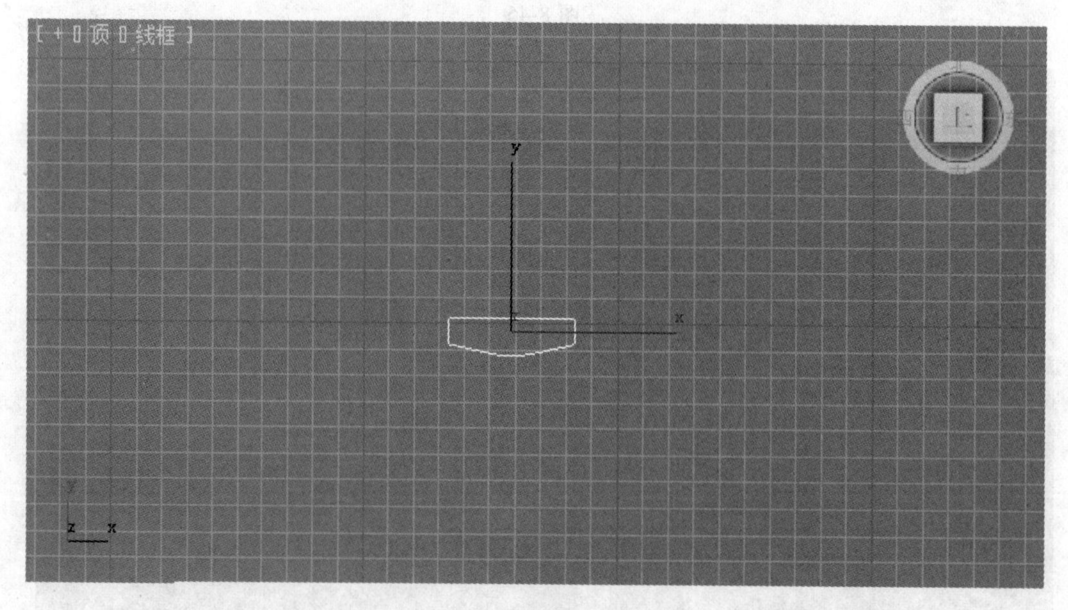

图 8-48

11）选中步骤 10）中的线，执行“修改”命令面板中的“倒角”命令，“倒角值”卷展栏各参数设置如图 8-49 所示，所得图形如图 8-50 所示。

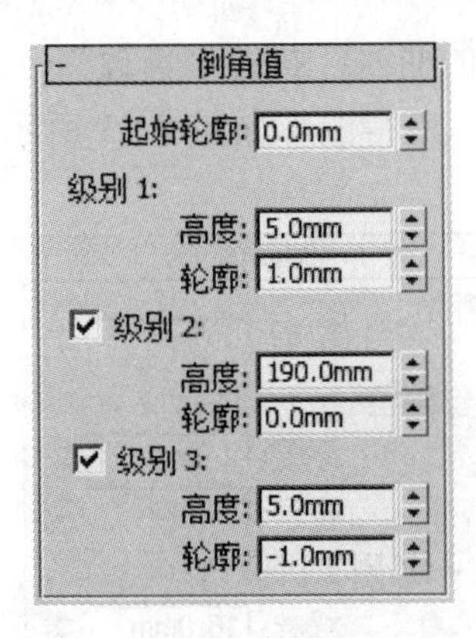

图 8-49

图 8-50

12）激活顶视图，执行“创建”→“图形”→“线”命令，绘制如图 8-51 所示的闭合曲线。

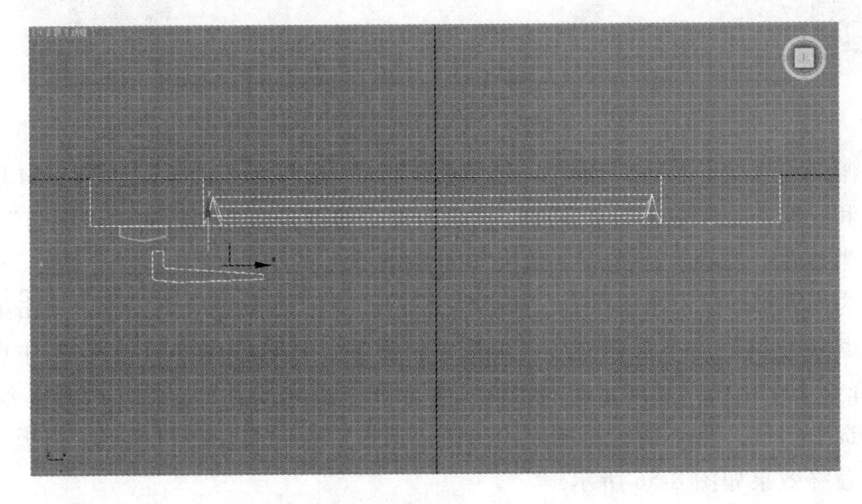

图 8-51

13）选中步骤 12）中绘制的曲线，执行“修改”→“倒角”命令，“倒角值”卷展栏各参数设置如图 8-52 所示，所得图形如图 8-53 所示。

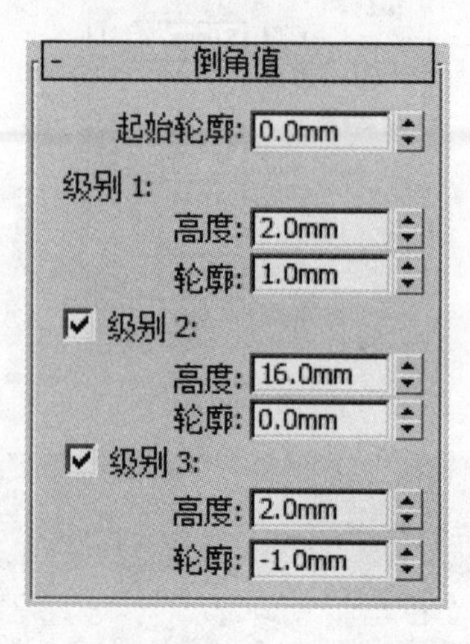

图 8-52

图 8-53

14）激活前视图，执行“创建”→“图形”→“线”命令，绘制如图 8-54 所示的闭合曲线和一个小矩形，将二者附加。然后执行“修改”命令面板中的“倒角”命令，参数可适当设置，门锁制作完成，效果如图 8-55 所示。

15）为门锁部分赋不锈钢材质。按<M>键打开“材质编辑器”对话框，单击第 1 个材质球将其参数调整为不锈钢材质（不锈钢材质各参数设置可参照项目 2 中电脑椅腿），选择第 2 个空白材质球，将其“漫反射”和“高光反射”的颜色均调整为白色。在视图中选中门锁，将不锈钢材质赋给门锁，选中门板，将白色材质赋给门板，门制作完成。最终效果如图 8-56 所示。

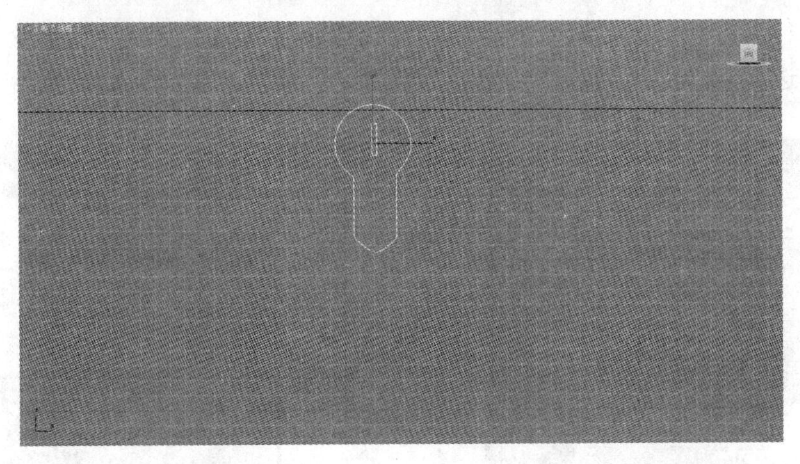

图 8-54

图 8-55

图 8-56

16）执行“文件”→“导入”→“合并”命令，然后在打开的“合并文件”对话框中找到并选择“门套”，调整“门套”的位置，使最终效果如图 8-57 所示。

图 8-57

17）用位图贴图的方式对门框赋黑胡桃材质（可参照项目 2 中电脑桌的制作方法），门套及门实例制作完成，最终效果如图 8-58 所示。

图 8-58

只要熟练掌握 3ds Max 中的常用工具及修改命令，综合运用所学知识，就可以选择最好的方法快速地进行建模和添加材质。

生活中窗与门的样式很多，请同学自行设计其他样式的窗与门。

项目 9　制作客厅效果图

本项目主要运用二维线形转三维模型的方法创建客厅墙体、窗户、天花造型，用材质编辑器为制作的模型添加材质，架设目标摄影机方便场景的观察视角，通过布设灯光和参数修改，制作场景变亮、天花灯带及筒灯的光锥效果，完成客厅效果图制作后，最后又用自由摄影机跟随路径技术制作了游历客厅场景的动画。为了分散难点，整个项目共分成 4 个任务，前 3 个任务是建模，最后 1 个任务主要是材质、灯光、摄影机的运用。通过本项目的学习，体会客厅效果图的制作流程及游历场景的动画制作方法。

1）熟练掌握二维线形转三维模型以及“可编辑多边形”“编辑样条线”“挤出”“倒角剖面”修改命令的使用方法。

2）掌握白色乳胶材质和地砖材质的调制方法。

3）掌握“摄影机”的创建和参数修改方法。

4）掌握“光度学”灯光和“标准”灯光的创建和参数修改方法。

5）掌握使用自由摄影机跟踪路径技术制作游历客厅场景的方法。

相关知识介绍

1. 灯光

在 3ds Max 2012 的场景中，灯光除了基本的照明外，还对烘托场景气氛起着非常重要的作用。灵活运用各类灯光可以准确而生动地表现出场景所处的地理环境和时间环境，如月光、不同时间的太阳光、室内光源等。在默认设置下，如果没有设置人工光源，那么 3ds Max 会在场景中自动设置一个灯光照亮整个场景。当使用者在场景中设置了光源后，系统就会关闭自动设置的光源。在 3ds Max 中，可以根据灯光的属性将灯光分为 3 类，它们分别是标准灯光、光度学灯光和系统灯光。

（1）标准灯光

标准灯光是基于计算机的模拟灯光，单击创建面板上的按钮，再在其下方的下拉列表中选择“标准”项，创建面板上将显示标准灯光的 8 种类型。它们分别是目标聚光灯、Free Spot（自由聚光灯）、目标平行光、自由平行光、泛光灯、天光、mr 区域泛光灯和 mr 区域聚光灯。

1）目标聚光灯。目标聚光灯就像手电筒一样是一种投射光，可影响光束内被照射的物体，产生一种逼真的投影效果。它包含两部分，即“投射点”和“光源”。聚光灯有两种投影区域，矩形特别适合制作电影投影图像、窗户投影等。圆形适合路灯、车灯、台灯等灯光。

2）自由聚光灯。自由聚光灯是一种能够产生锥形照射区域的灯光，它是一种没有“投射目标”的聚光灯，通常用于运动路径上，或与其他物体相连而以子对象方式出现。自由聚光灯主要应用于动画的制作。

3）目标平行灯。目标平行灯产生一个圆柱状的平行照射区域，是一种与目标聚光灯相似的“平行光束”。目标平行光主要用于模拟阳光、探照灯、激光光束等效果。在制作室外建筑效果图时，主要用目标平行光来模拟阳光照射产生的光影效果。

4）自由平行光。自由平行光是一种与自由聚光灯相似的平行光束。但它的照射范围是柱形的，一般多用于制作动画。

5）泛光灯。泛光灯是一种可以向四面八方均匀照射的“点光源”，是一种比较常用的灯光类型。它的照射范围可以任意调整，可以对物体产生投影阴影。泛光灯在效果图制作中应用最广泛，一般用来照亮整个场景。

6）天光。天光是一种类似于日光的灯光类型，它需要使用光线跟踪器。可以设置天空的颜色或者为它赋予贴图。

7）mr 区域泛光灯。使用 mental ray 渲染场景时，区域泛光灯用于在一个球形或者圆柱形的区域发射光线，而不是从一个点发光。在 3ds Max 中，区域泛光灯由 MAXScript 脚本生成。只有使用 mental ray 渲染器时，才可以使用区域泛光灯参数面板的参数。

8）mr 区域聚光灯。使用 mental ray 渲染场景时，区域聚光灯用于在一个矩形或弧形区域发射光线，而不是从一个点发光。在 3ds Max 中，区域泛光灯由 MAXScript 脚本生成。只有使用 mental ray 渲染器时，才可以使用区域泛光灯参数面板的参数。

（2）光度学灯光

光度学灯光是一种使用光能值的灯光，使用这种灯光可以更为精确地模拟自然界中的灯光，这种灯光具有多种光分布和颜色特性，渲染出来的效果也更加自然。

3ds Max 提供了 3 种光度学灯光，在灯光创建面板中的下拉列表中选择“光度学”选项，即可进入到光度学创建面板中，它们分别是目标灯光、自由灯光和 mr Sky 门户灯光。

1）目标灯光。目标灯光使用一个目标物体发射光线，具有指向性。这种灯光有3种类型的分配方式，而且有对应的3个图标。在添加目标灯光后，系统将自动赋予它一个“观看”控制器，并把灯光的目标物体作为“观看”目标。在室内建筑效果图中，一般用于制作筒灯。

2）自由灯光。自由灯光没有目标物体。可通过调整让它发射光线，它也有3种光能分配方式及图标。在室内建筑效果图中，一般用于制作主灯光。

3）光度学灯光的类型设置。在场景中使用光度学灯光后，需要使用支持光度学灯光的渲染器进行渲染，比如，光能传递渲染器、Lightscape、VRay等。在制作室内效果图时，一般在“灯光分布”面板中把灯光类型设置为“统一漫反射”，并在“图形/区域阴影”面板中设置灯光的开关或照明的方式。

2. 摄影机

通常，制作出的最终效果图都是使用摄影机视图进行渲染的，因为可以通过调整摄影机的视角来选择需要的效果部分，尤其是在制作动画时，更需要借助摄影机来完成需要的效果。

（1）摄影机简介及类型

在3ds Max中，摄影机的工作原理与现实生活中的摄影机是相同的，也具有镜头焦距和视野。焦距是透镜到摄影机胶片之间的距离，而视野用于决定看到物体或者场景的多少。

摄影机分为两种类型，即目标摄影机和自由摄影机。

1）目标摄影机具有一定的目标性，当摄影机移动时，它的镜头总是对着一个目标点。

2）自由摄影机就如同它的名字，可以自由旋转，没有约束。

（2）创建摄影机

目标摄影机和自由摄影机的创建都非常简单，但稍微有所不同。

1）目标摄影机的创建方法。在创建面板中执行“创建”→“摄影机”命令，再单击“目标”，在视图中单击鼠标左键确定摄影机的位置，然后向目标点拖曳，最后松开鼠标键即可。

2）自由摄影机的创建。执行“创建”→“摄影机”→“自由”命令，然后在视图中单击一下即可。

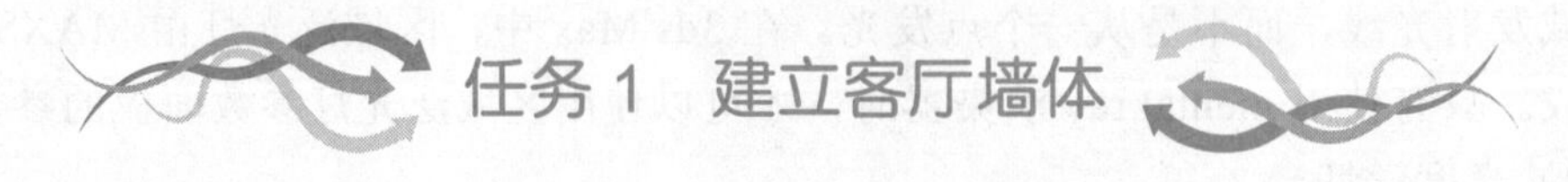

操作步骤

1）启动3ds Max 2012（中文版），将单位设置为“毫米”。

2）在顶视图创建一个4000×7000的矩形，如图9-1所示。

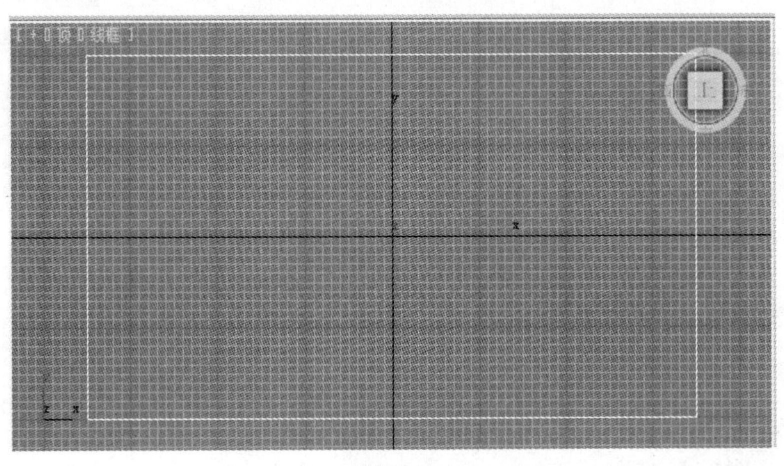

图 9-1

3）在顶视图再创建 1 个 3000×3000 的矩形，用“对齐”工具分别将其与第 1 个矩形对齐，具体设置和结果如图 9-2 和图 9-3 所示。

同时选中两个矩形，变换为较醒目的黄色，以便观察。在顶视图将第 2 个矩形复制 1 份作为第 3 个矩形，将其长度修改为 3100，并用上述方法在顶视图再次用“对齐”工具将第 3 个矩形与第 1 个矩形进行对齐设置，对齐后的效果如图 9-4 所示。

4）在“捕捉”工具按钮上按住鼠标左键稍停，选中捕捉开关，在捕捉开关按钮上单击鼠标右键，打开“栅格和捕捉设置”对话框，如图 9-5 所示。在此对话框中选择“顶点”后，关闭该对话框。

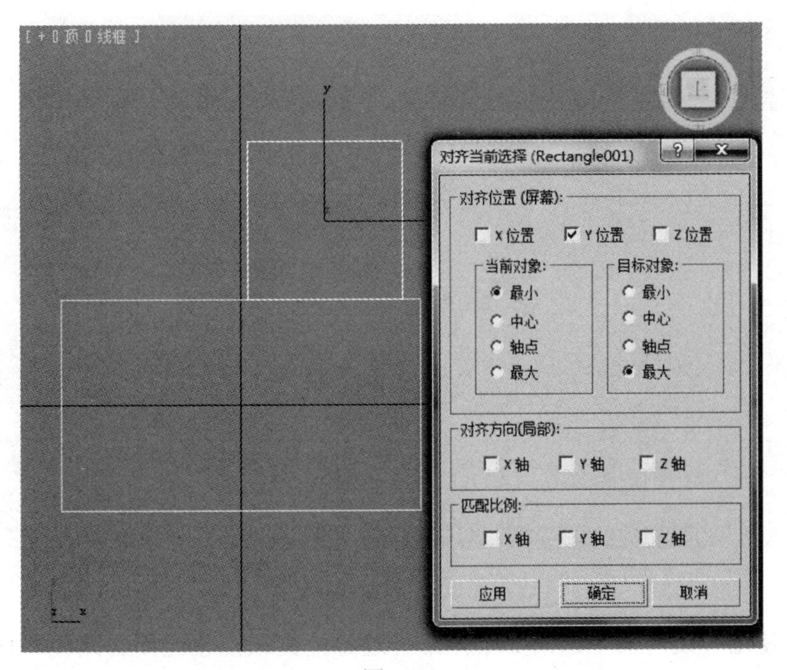

图 9-2

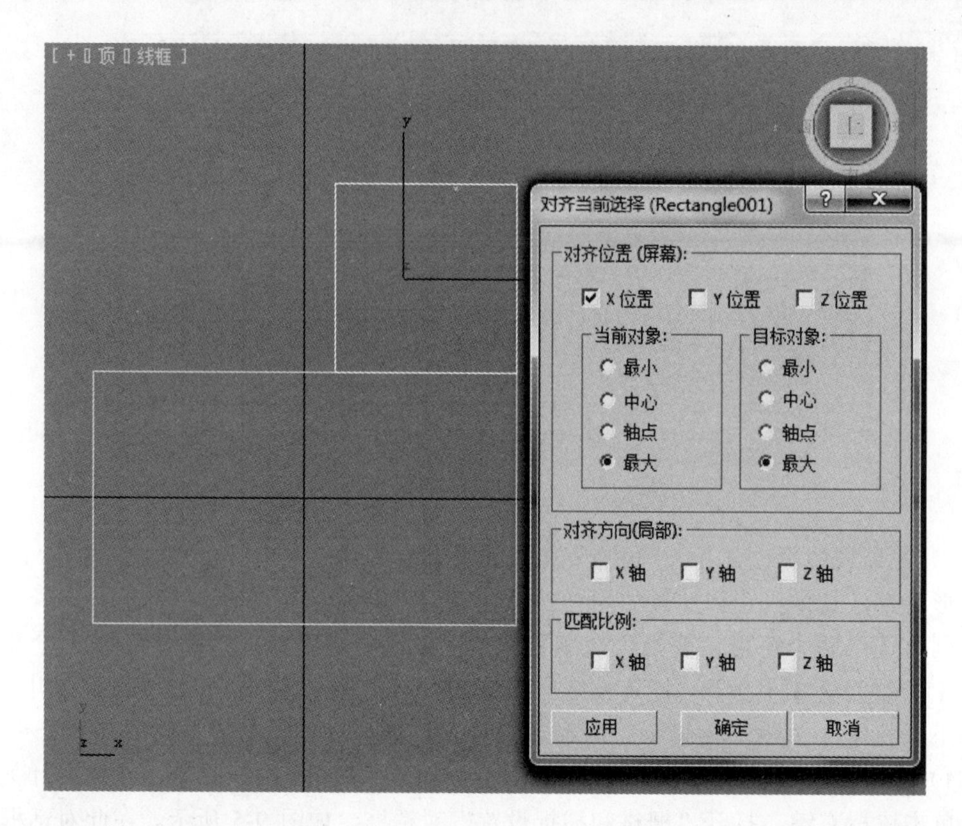

图 9-3

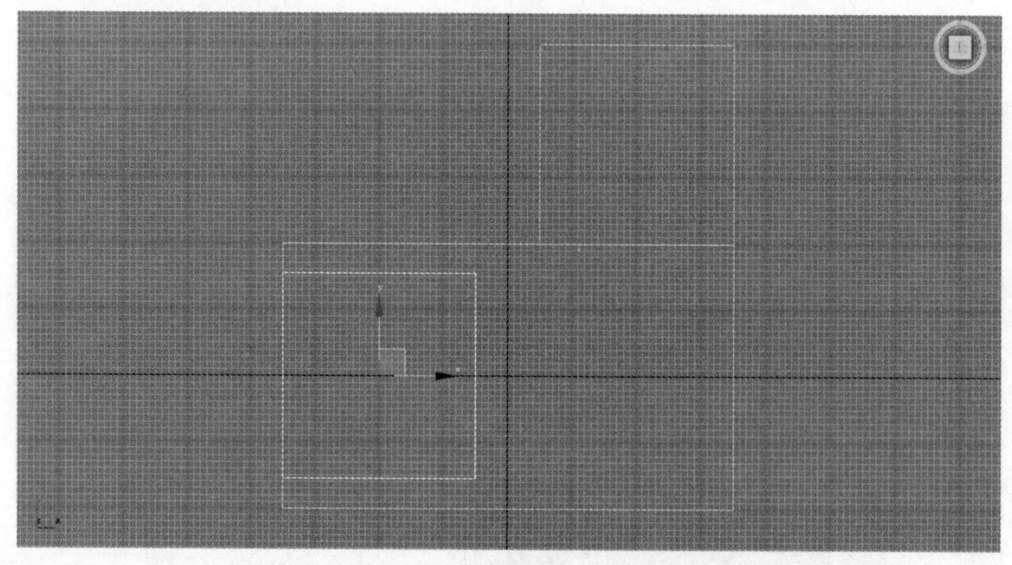

图 9-4

此时可使用“线”命令，沿 3 个矩形外边缘捕捉顶点创建闭合路径，作为客厅墙体内部封闭线形，如图 9-6 所示，单击“是”按钮，闭合线形创建完毕。

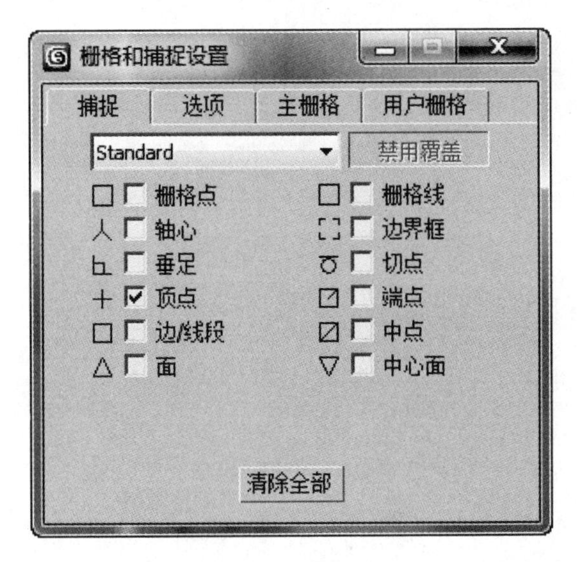

图 9-5

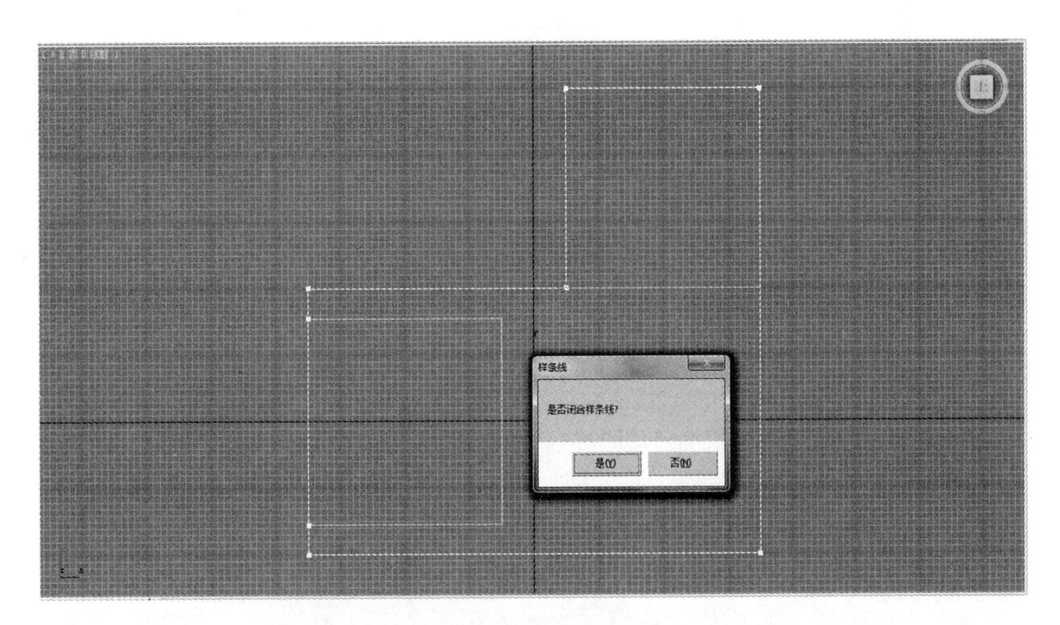

图 9-6

5）关闭捕捉开关，删除 3 个矩形，保留“客厅墙体内部封闭线形”，如图 9-7 所示。

6）为绘制的线形执行“挤出”修改命令，设置“数量”为 2700（即房间的层高为 2.7 m）。按<F4>键，显示墙体的结构线，参数及透视效果如图 9-8 所示。

7）将挤出后的墙体转换为“可编辑多边形”，单击修改堆栈中的“元素”，进入“元素”子对象层级，按<Ctrl+A>组合键，选中所有元素。单击“编辑元素”卷展栏下的 翻转 按钮，将法线翻转，如图 9-9 所示。

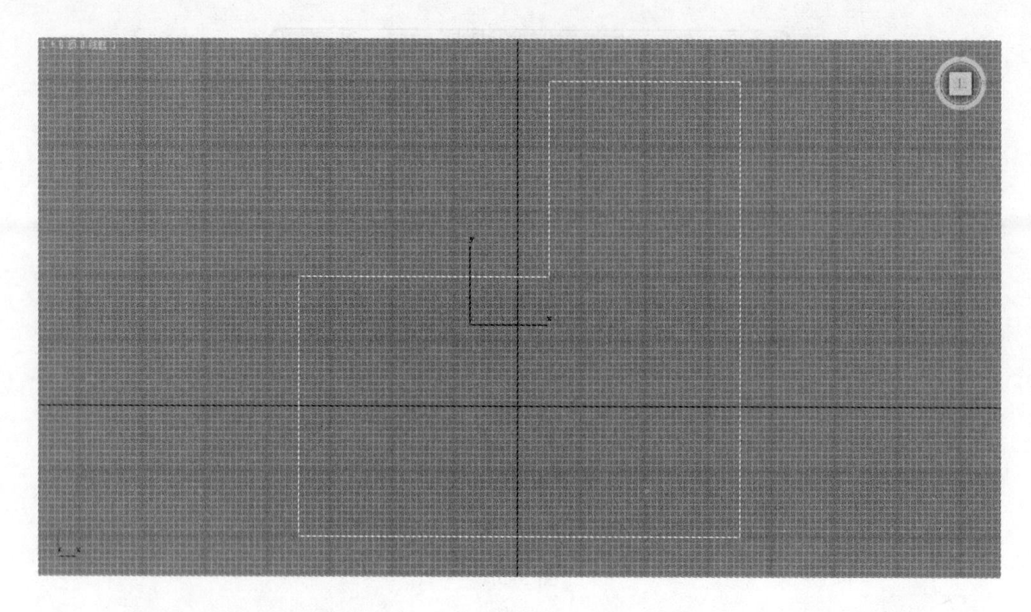

图 9-7

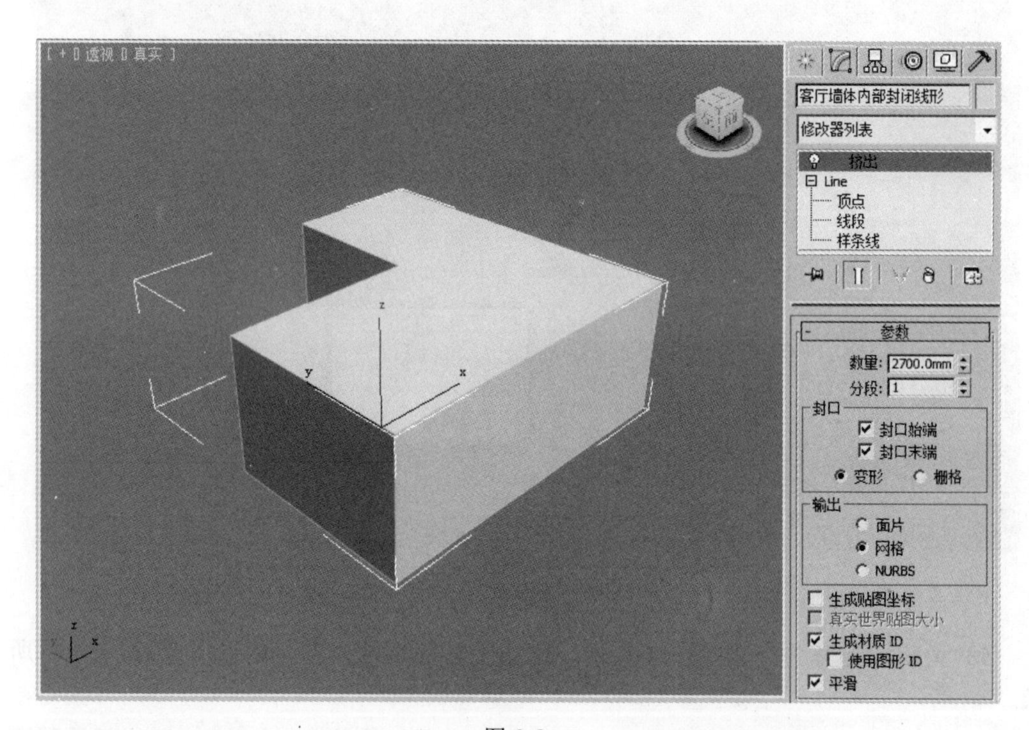

图 9-8

8）为了方便观察，可以对墙体进行消隐，在透视图中选择墙体，单击鼠标右键，在弹出的快捷菜单中选择“对象属性”命令，在“对象属性”对话框中选中“背面消隐”复选框，如图 9-10 所示，最后单击“确定”按钮。消隐后的效果如图 9-11 所示。

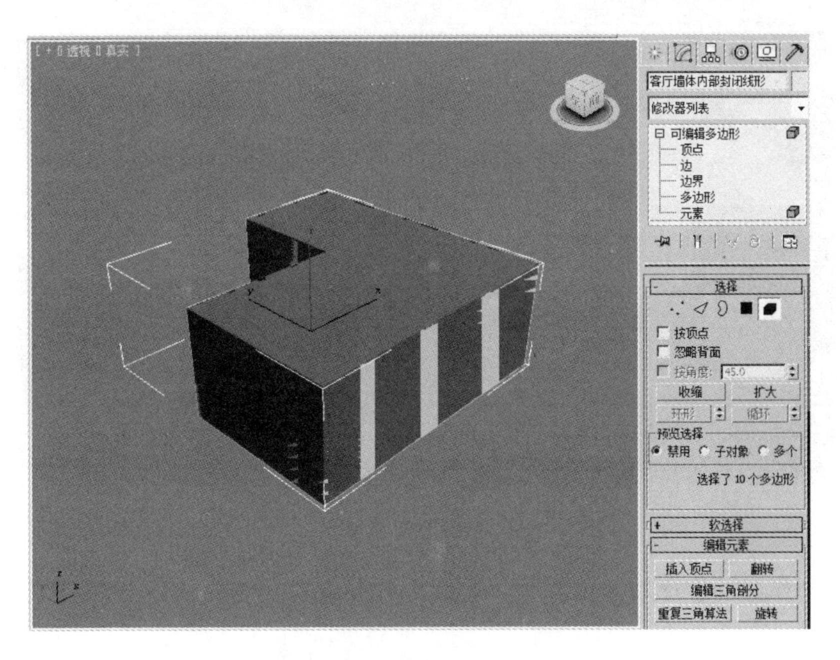
客厅墙体内部封闭线形
修改器列表
可编辑多边形
顶点
边
边界
多边形
元素
选择
按顶点
忽略背面
按角度:
收缩
扩大
环形
循环
预览选择
禁用
子对象
多个
选择了 10 个多边形
软选择
编辑元素
插入顶点
翻转
编辑三角剖分
重复三角算法
旋转

图 9-9

对象属性
常规
高级照明
mental ray
用户定义
对象信息
名称: 客厅墙体内部封闭线形
尺寸: X: 7000.0mm
Y: 7000.0mm
Z: 2700.0mm
材质名: 无
层: 0 (默认)
顶点: 16
面数: 10
父对象: 场景根
子对象数目: 0
在组/集合中: 无
交互性
隐藏
冻结
显示属性
透明
按对象
显示为外框
背面消隐
仅边
顶点标记
轨迹
忽略范围
以灰色显示冻结对象
永不降级
顶点通道显示
顶点颜色
明暗处理
贴图通道: 1
渲染控制
可见性: 1.0
按对象
可渲染
继承可见性
对摄影机可见
对反射/折射可见
接收阴影
投影阴影
应用大气
渲染阻挡对象
G 缓冲区
对象 ID: 0
运动模糊
倍增: 1.0
按对象
启用
无
对象
图像
确定
取消

图 9-10

图 9-11

9）将制作好的客厅墙体保存为“客厅墙体.max”。至此，客厅墙体制作完成。

任务 2　制作客厅窗户

1）启动 3ds Max 2012（中文版），将单位设置为“毫米”。

2）打开“客厅墙体.max”文件，然后在其基础上进行编辑、修改，制作出客厅的窗户。

3）首先制作窗洞。按<2>键，或单击修改堆栈中的“边”，进入（边）子对象层级，在透视图中选择阳台位置，绘制如图 9-12 所示的两条边。

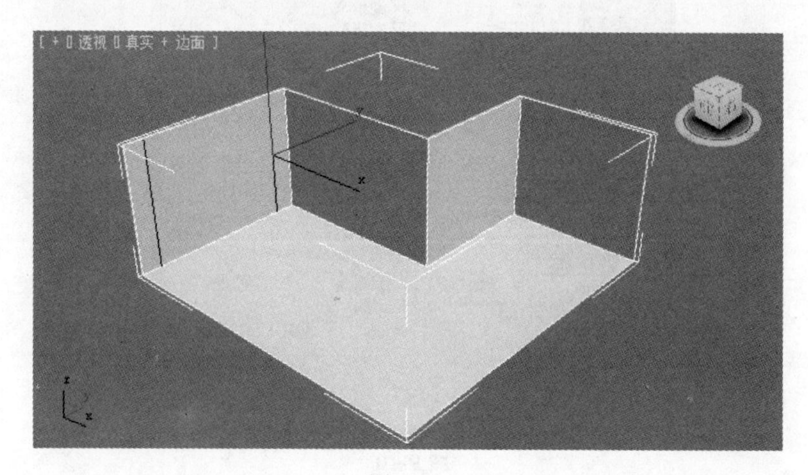

图 9-12

4）单击“编辑边”卷展栏下 连接 右面的□按钮，设置分段为 2，单击✓按钮，如图 9-13 所示。

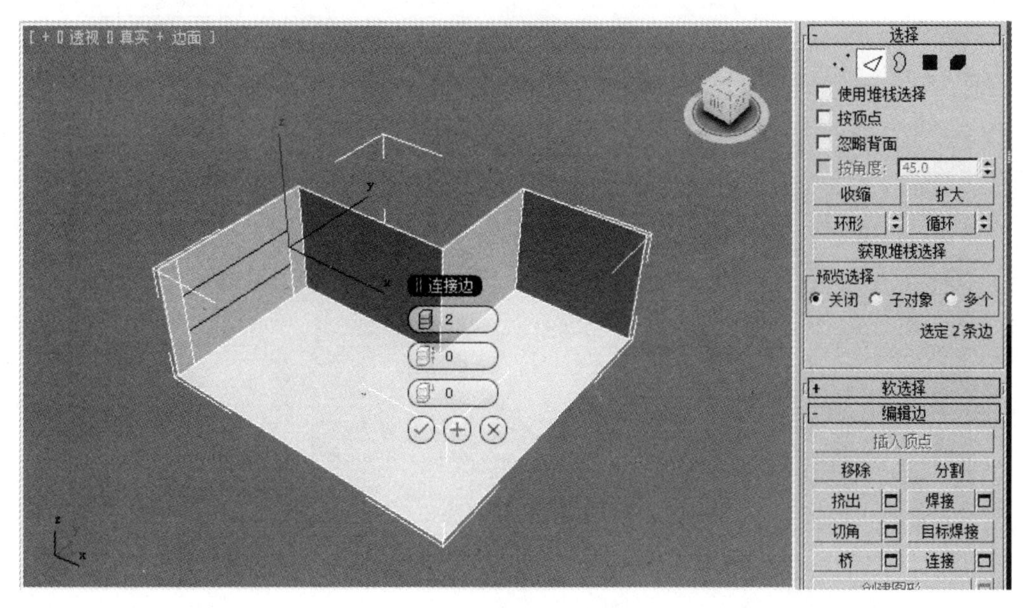

图 9-13

5）按<4>键，进入多边形■子对象层级，在透视图中选择阳台墙体中间的面，如图 9-14 所示。

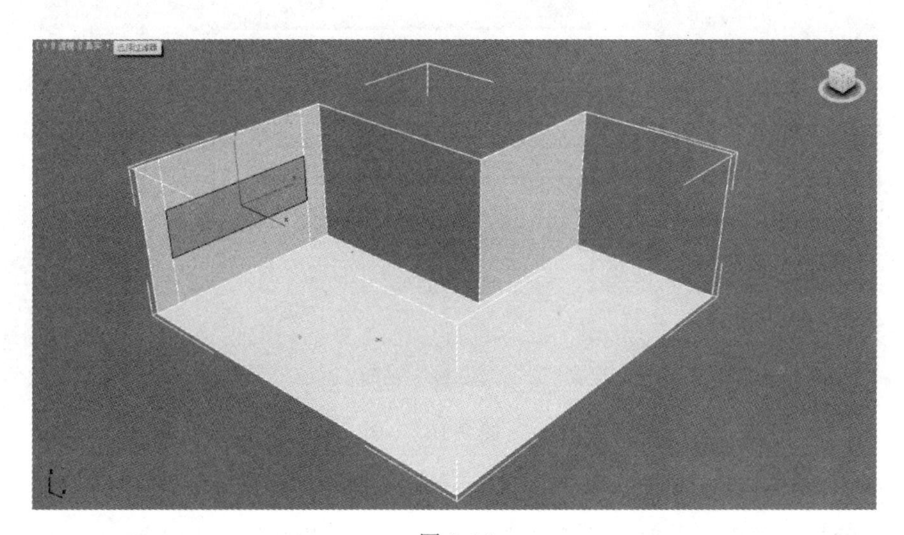

图 9-14

6）单击“编辑多边形”卷展栏下的 挤出 右面的□按钮，输入挤出数值为-240，如图 9-15 所示，最后单击✓按钮，完成窗洞的制作。

7）按<1>键，进入“顶点”子对象层级，确认“移动”工具✥处于激活状态，在前视图中选择“窗户”上面的一排顶点，在上单击鼠标右键或按<F12>键，在打开的“移动变换输入”对话框中设置 Z 的数值为 2400，按<Enter>键，如图 9-16 所示。

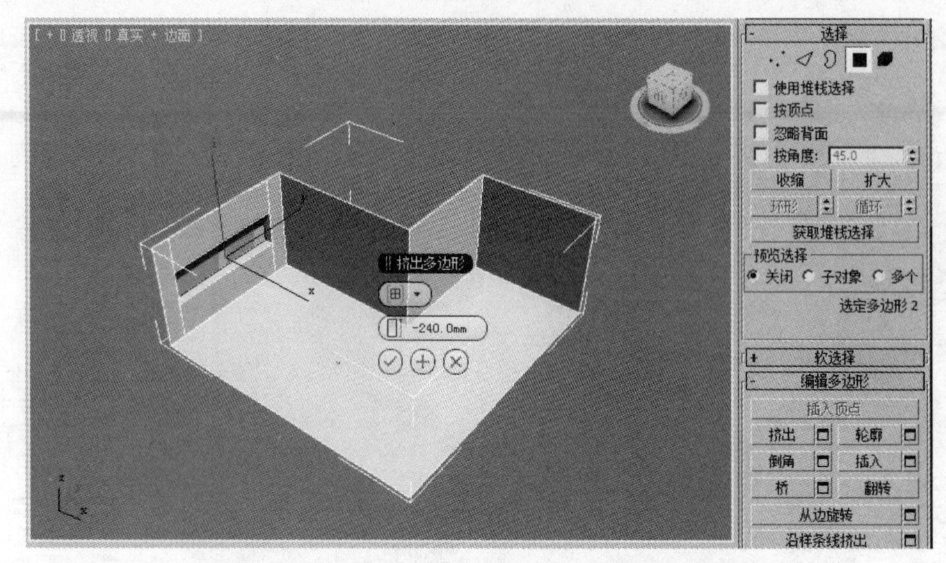

图 9-15

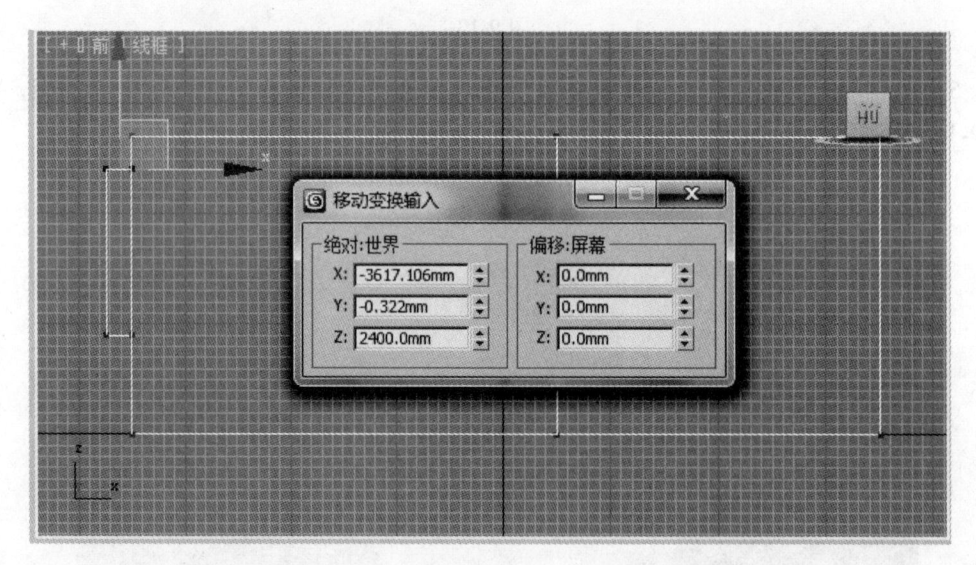

图 9-16

8）用同样的方法将下面的顶点移动到 Z 值为 300 的位置，如图 9-17 所示。

9）删除挤出的面，此时就将窗洞制作出来了，效果如图 9-18 所示。

注意：客厅门洞的设计与制作方法与此类似，在此不再制作。有兴趣的读者，可以自己设计制作一个门洞。

10）在左视图用“捕捉”顶点的方法绘制一个 2100×3100 的矩形，作为窗框的外轮廓线，如图 9-19 所示。

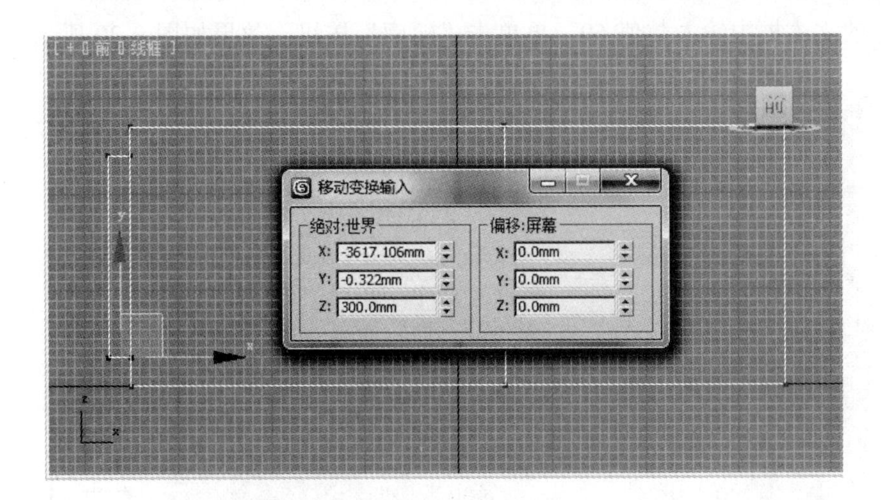

图 9-17

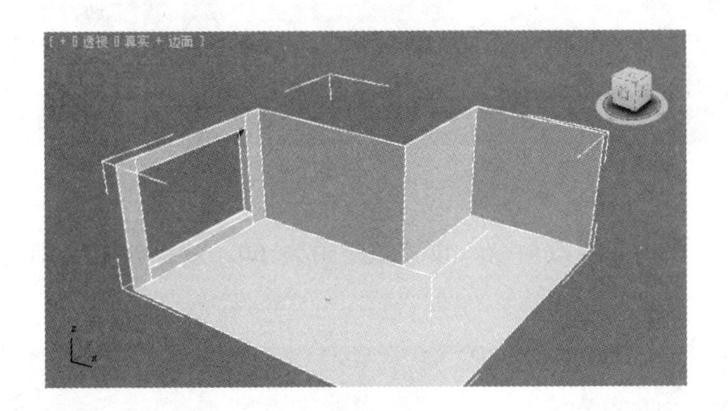

图 9-18

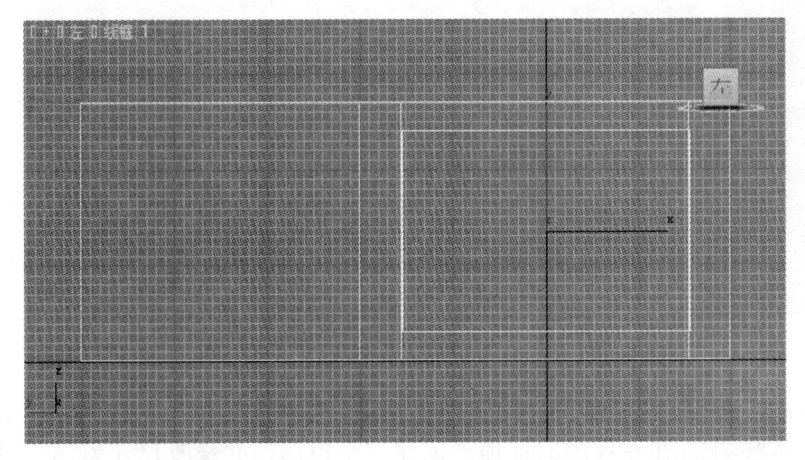

图 9-19

11）对矩形执行“编辑样条线”修改命令，选择修改堆栈中的“样条线”，进入 “样条线”子对象层级，在“几何体”卷展栏下，为其添加数值为 60 的轮廓。即在“轮廓”右侧的文本框中输入数值60，再单击“轮廓”按钮，效果如图9-20所示。

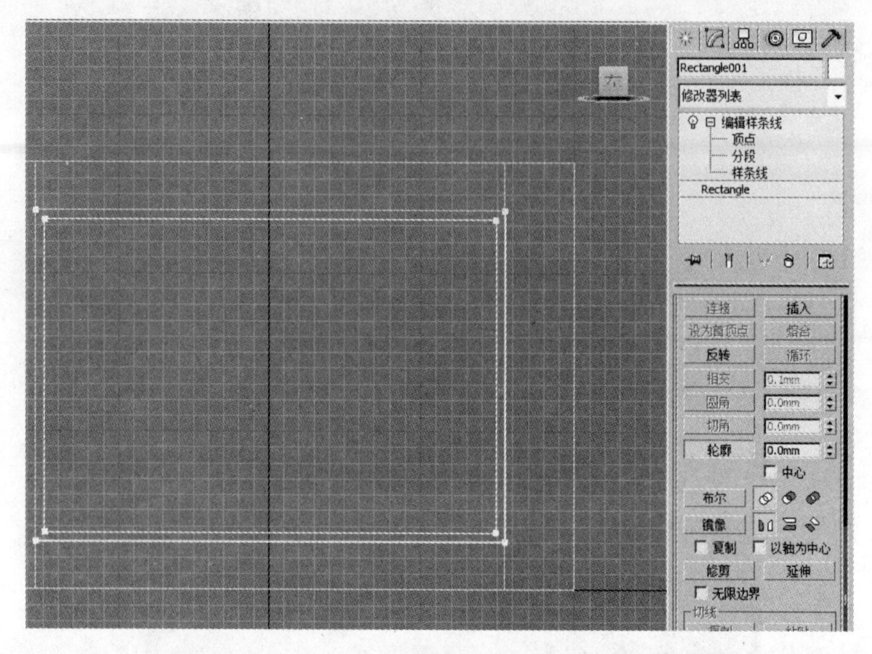

图 9-20

再对其执行“挤出”修改命令，设置数量值为60，效果如图9-21所示。此时窗框制作完成。

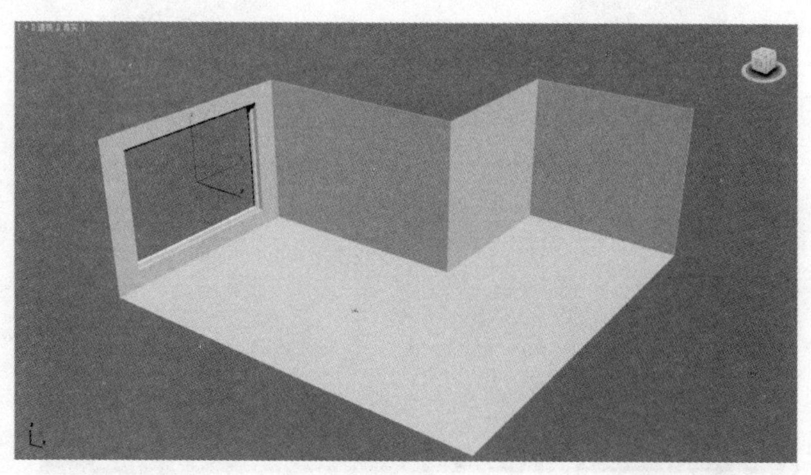

图 9-21

12）在中间的位置制作出窗户的横撑和竖撑。单击“捕捉”工具，单击“矩形”工具按钮 矩形 ，在左视图捕捉顶点创建一个矩形，并修改尺寸为60×3100，再对矩形执行“挤出”修改命令，设置挤出“数量”为60，然后将其移至如图9-22所示的位置，并命名为“横撑”。

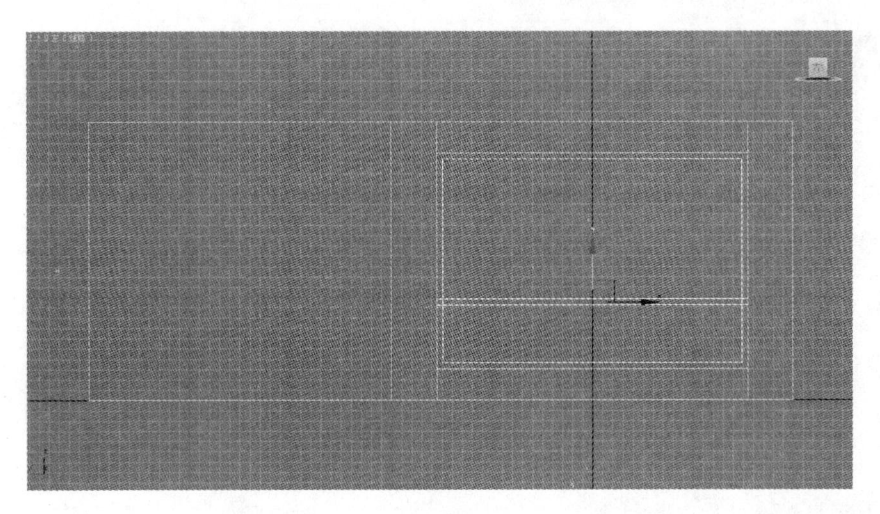

图 9-22

13）确定创建的“横撑”处于选择状态，单击“选择并旋转”工具按钮，使其处于激活状态，再在“角度捕捉切换”按钮上单击鼠标右键，打开“栅格和捕捉设置”对话框，如图 9-23 所示，设置角度为 90° 后，将对话框关闭。

在左视图将“横撑”旋转复制一份作为“竖撑”，如图 9-24 所示，单击“确定”按钮。

修改“竖撑”的尺寸为 60×2100，并将“竖撑”移到如图 9-25 所示的位置。

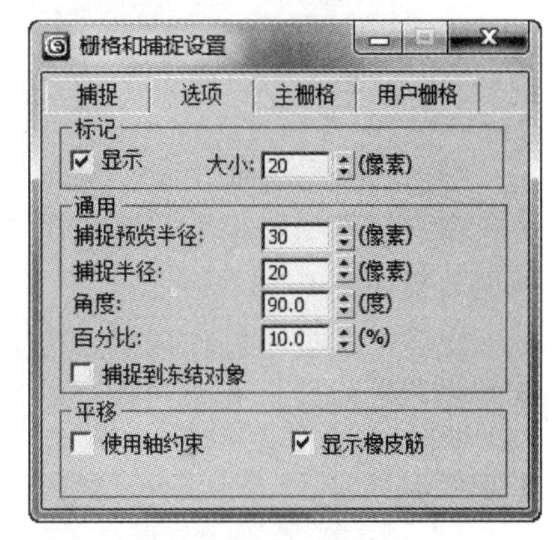

图 9-23

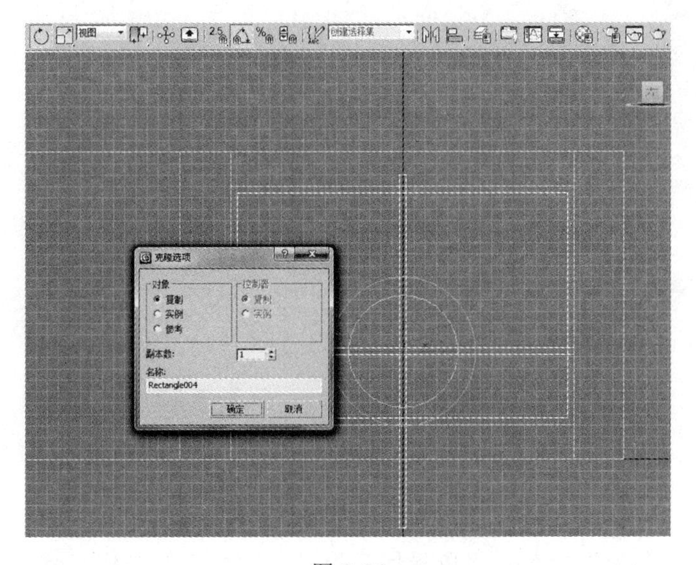

图 9-24

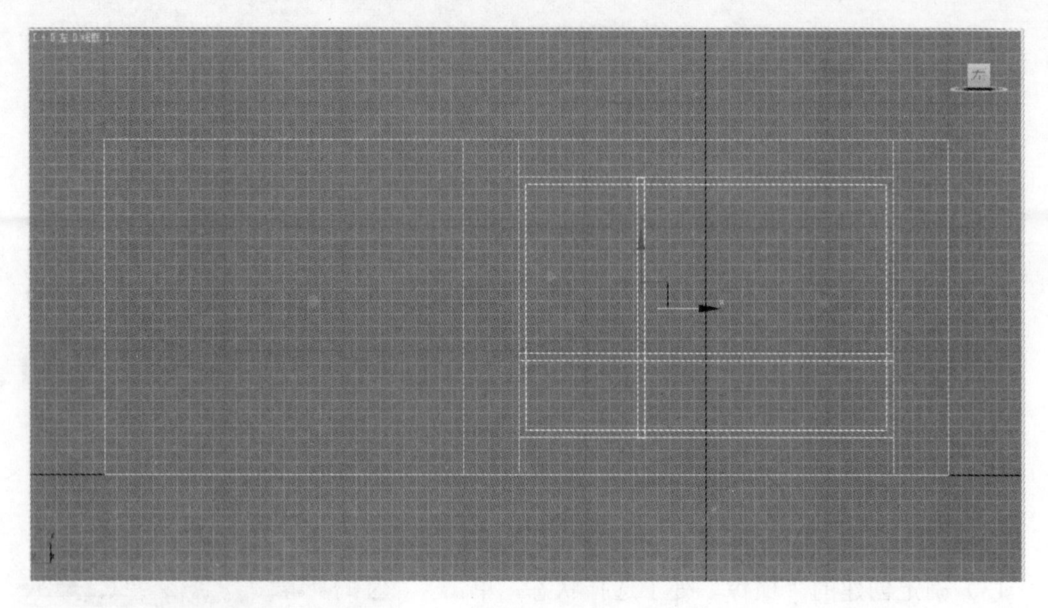

图 9-25

14）再移动复制一份“竖撑”，并将其移到合适的位置，此时窗户模型制作完成。选中窗户框和横竖撑，将其成组并取名为“窗户”，最后选择银白色作为窗户的颜色。透视效果如图 9-26 所示。

说明：此处不制作玻璃，因为窗户前面要放窗帘，所以一些细节就不表现了。具体制作方法在项目 8 中已作了介绍。

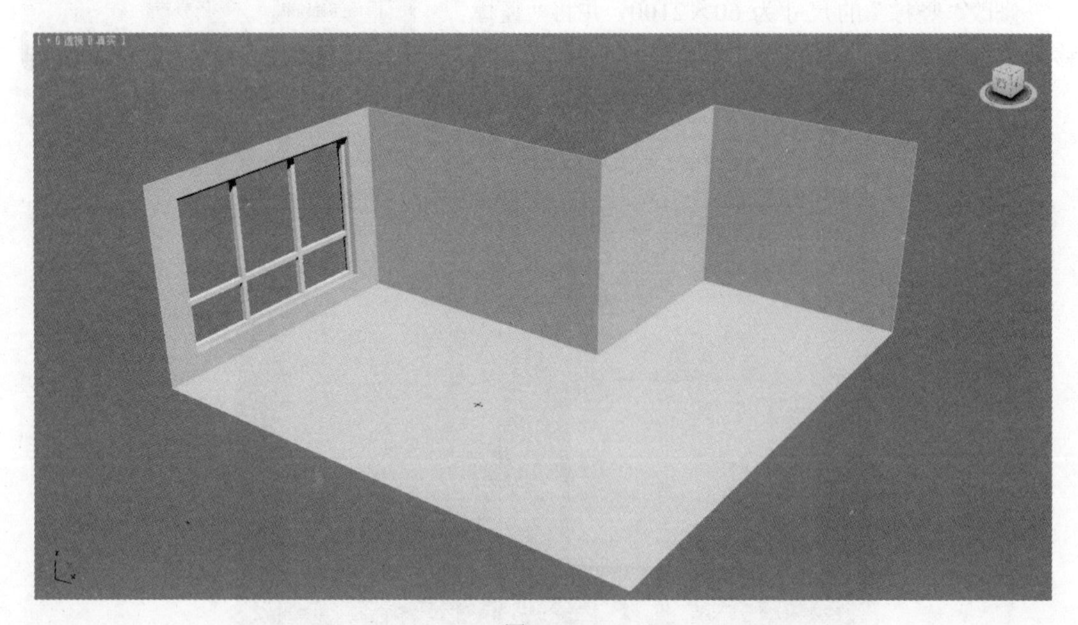

图 9-26

15）执行“另存为”命令，将场景保存为“客厅窗户的制作.max”。

任务3 制作客厅天花

操作步骤

1）启动 3ds Max 2012（中文版），将单位设置为“毫米”。

2）打开“客厅窗户的制作.max”文件。

3）单击顶点“捕捉”按钮，在顶视图中使用“线”命令沿客厅墙体捕捉顶点绘制出天花的外轮廓线，再在里面绘制一个 2300×2600 的矩形作为内轮廓线，调整好位置后，将二者附加为一体，如图 9-27 所示。

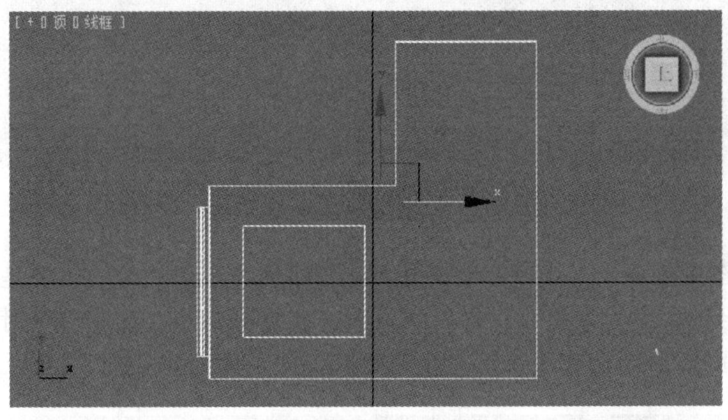

图 9-27

4）对绘制的线形执行“挤出”修改命令，并设置“数量”为 80（即天花板的厚度为 8 cm），在前视图中将其放在顶的下方（中间的距离为 220），效果如图 9-28 所示。如果想优化对象，则可以将天花转换为“可编辑多边形”，将上面及四周的面删除。

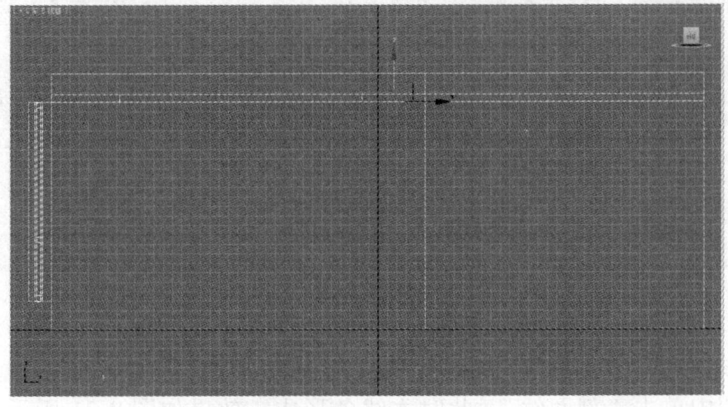

图 9-28

5）制作木线条。在顶视图中“捕捉”天花内部轮廓顶点绘制一个 2300×2600 的矩形作为“截面”（图中为随机生成的红色线），如图 9-29 所示。读者在制作线形时可将此线形颜色改为黄色，以便于观察。

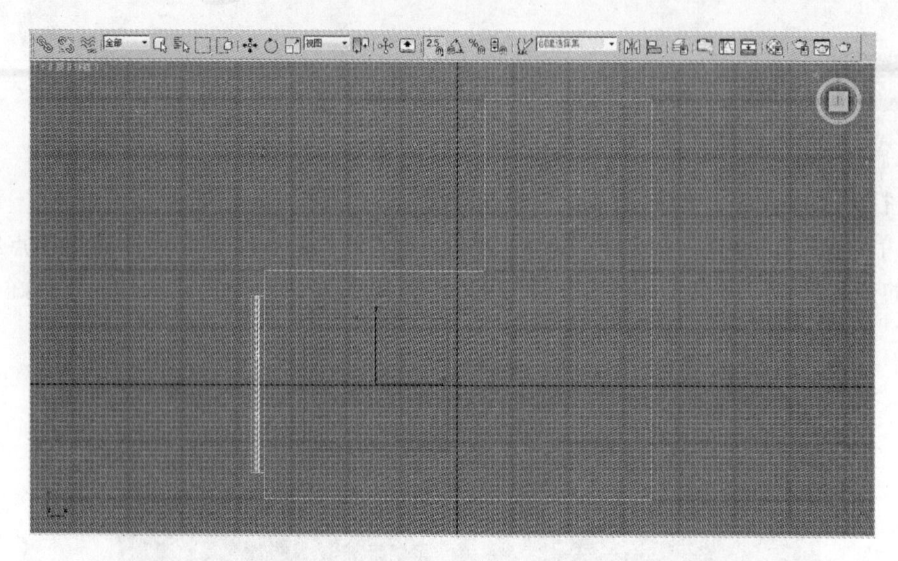

图 9-29

6）在左视图中创建一个 100×80 的矩形，创建这个矩形的目的主要是用来作参照尺寸，再以矩形的大小为参照，执行“线”命令捕捉栅格点，绘制一个封闭线形作为木线条的“剖面线”，绘制完线形后将矩形删除，线形的形态如图 9-30 所示。

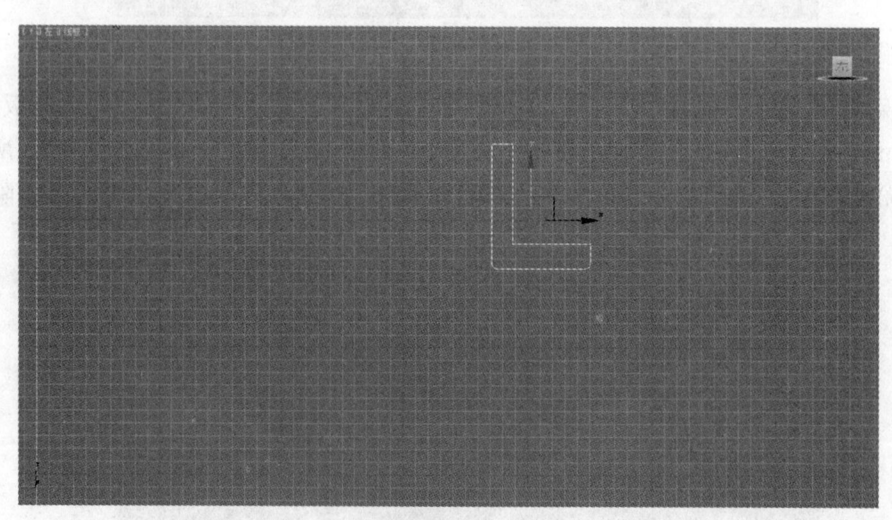

图 9-30

7）确认矩形（截面）处于选中状态，对其执行“倒角剖面”命令，并单击 拾取剖面 按钮，在左视图中单击“剖面线”，此时木线条形成，效果如图 9-31 所示。

图 9-31

8）将文件另存为“客厅天花的制作.max”。

任务 4 制作客厅

操作步骤

1）启动 3ds Max 2012（中文版），将单位设置为“毫米”。

2）打开“客厅天花的制作.max”文件。

3）执行“创建”→“摄影机”命令，在“对象类型”下选择 目标 ，在顶视图拖动鼠标创建一个目标摄影机，如图 9-32 所示。

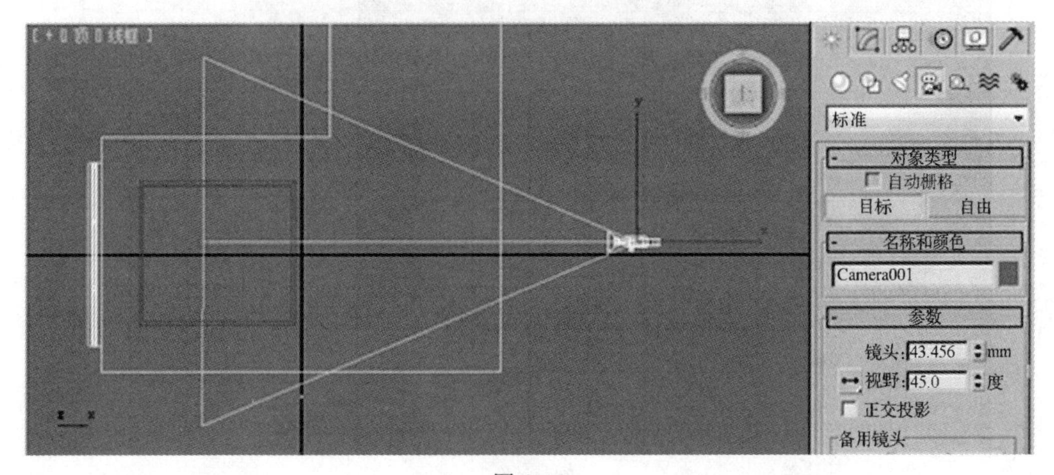

图 9-32

4）激活透视图，按<C>键，透视图即可变成摄影机视图。在前视图中选中“摄像机”和“目标点”之间的连线，即同时选择摄影机和目标点，如图 9-33 所示。

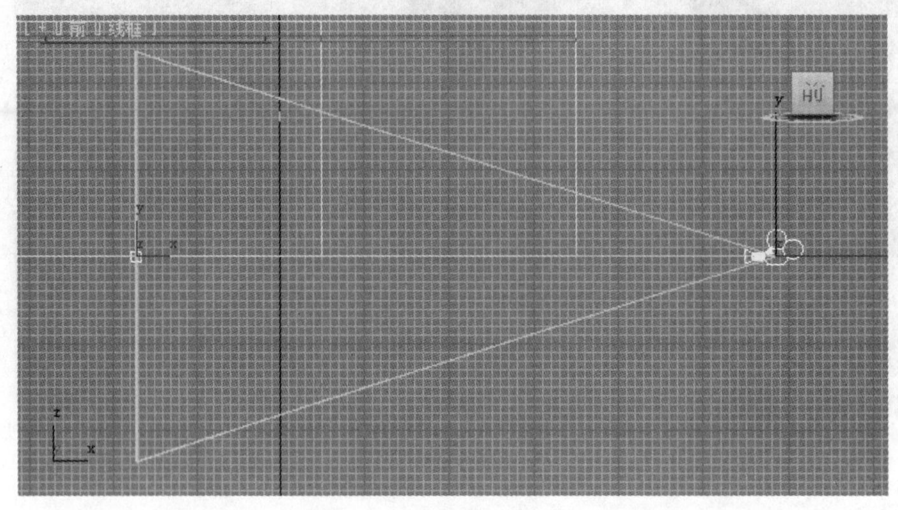

图 9-33

5）将摄影机移动到高度为 1200 左右的位置。单击按钮，将状态栏的 Z 坐标值设置为 1200 后按<Enter>键。可以看到，在前视图中已经将它移到了 1200 的位置。设置“镜头”为 28，如图 9-34 所示。

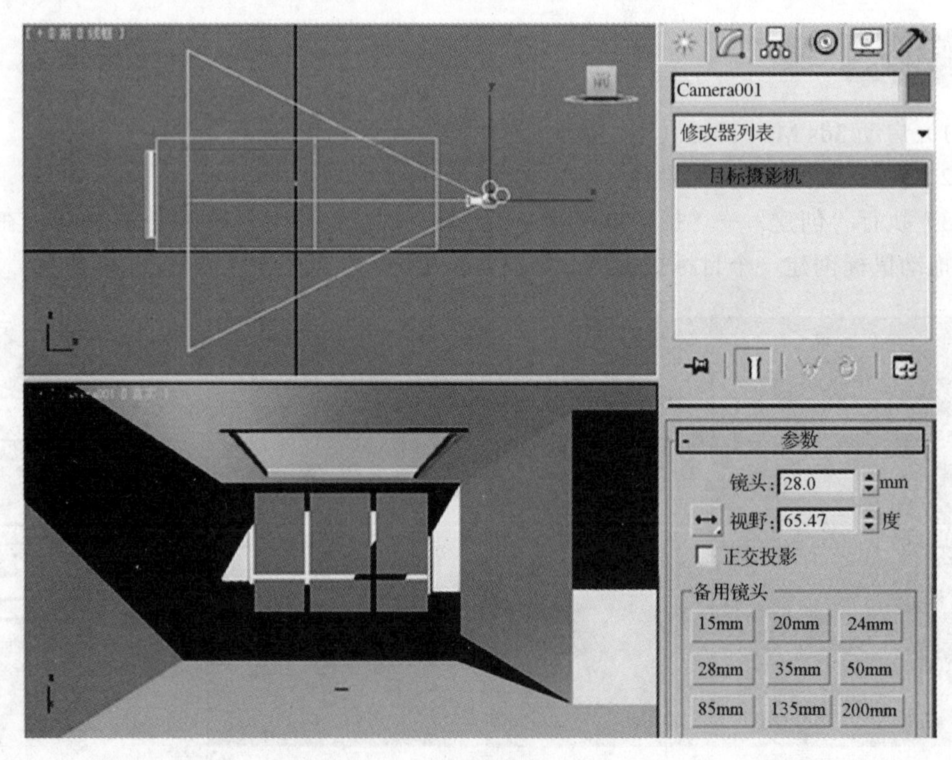

图 9-34

6）为客厅添加材质。单击“材质编辑器”按钮，打开“材质编辑器”对话框，选择第 1 个材质球，将材质命名为“白色乳胶”，单击“漫反射”右面的 按钮，设置“漫反射”的 RGB 为（245，245，245），如图 9-35 所示。

用同样的方法，单击“高光反射”右面的 按钮，设置反射值的 RGB 为（23，23，23），如图 9-36 所示。

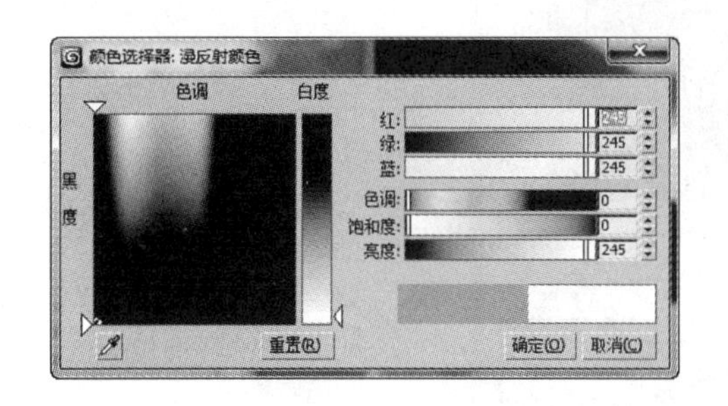

图 9-35

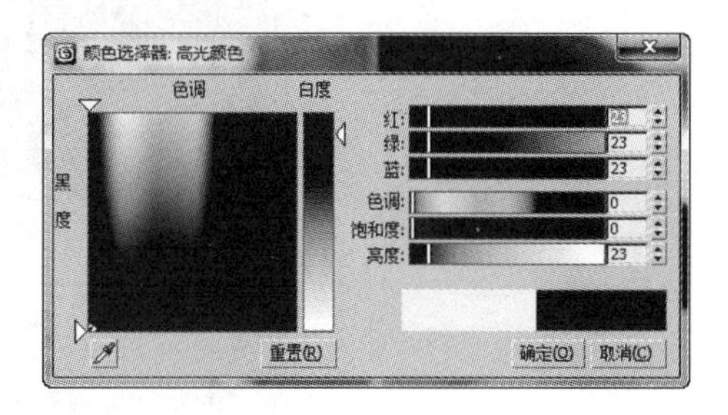

图 9-36

调制好的材质球效果如图 9-37 所示。将调整好的材质赋给墙体、顶、天花。

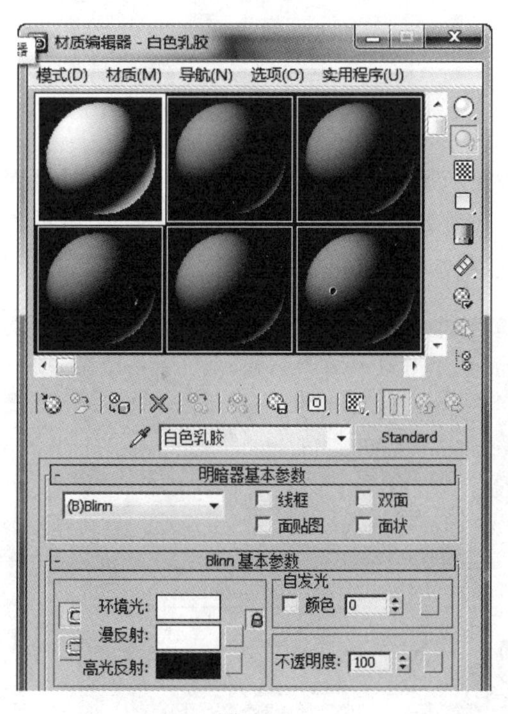

图 9-37

7）选择第 2 个材质球，将材质命名为“地砖”，单击 + 贴图 卷展栏，再单击“漫反射颜色”右边的 None 按钮，在打开的“材质/贴图浏览器”对话框中选择“位图”，在“选择位图图像文件”对话框中选择一幅位图文件，此处选择“瓷砖 20”，再单击“反射”右面的 None 按钮，在打开的“材质/贴图浏览器”对话框中双击“光线跟踪”，然后单击材质球下的“转到父对象”按钮，将“反射”数量值设置为 20，如图 9-38 所示。

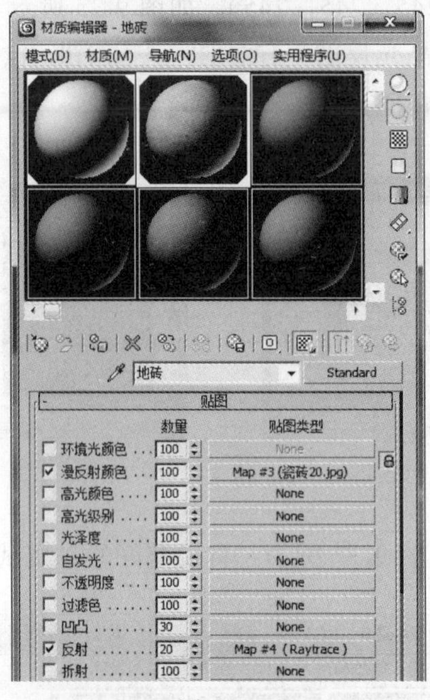

图 9-38

8）将调制好的地砖材质赋给地面，并为其添加一个“UVW 贴图”修改器，选择贴图类型为“长方体”，设置长、宽均为 800，如图 9-39 所示。最后再选择第 3 个材质球，为其添加一种木纹材质，并将材质赋予“木线条”。

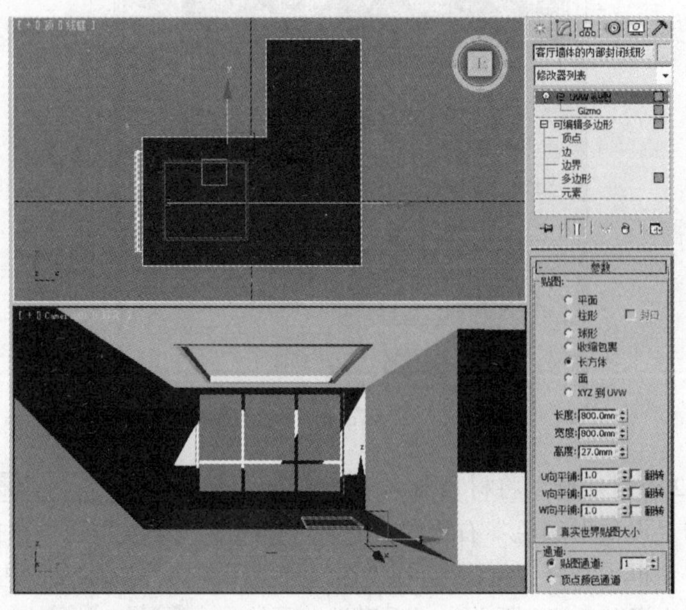

图 9-39

9）为照亮场景，创建自由点光源。首先在命令面板中执行“创建”→“灯光”命令，在“光度学”下的“对象类型”卷展栏下选择“自由灯光”，在[- 图形/区域阴影]卷展栏下的下拉列表中设置“从（图形）发射光线”为“点光源”，再在“强度/颜色/衰减”下设置“强度”值为 100，如图 9-40 所示。

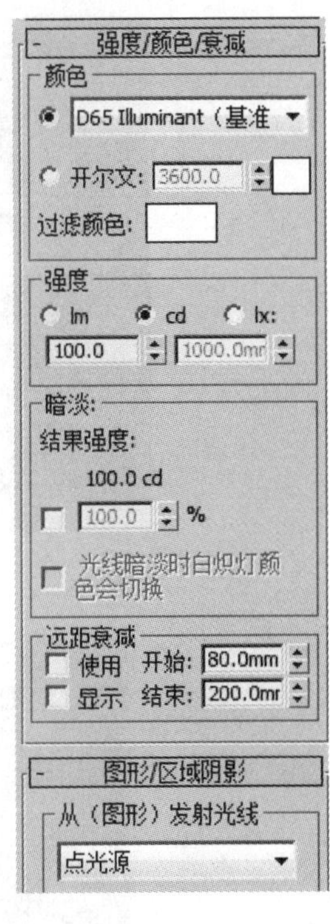

图 9-40

在顶视图中单击，创建一个自由点光源，并在前视图和左视图适当移动其位置。位置和效果如图 9-41 所示。

此时发现场景较原来变暗了，这是因为系统自带的光源随着新光源的创建已经熄灭。为了增加场景的亮度，需在场景中再实例复制几盏自由点光源。此处又复制了 7 盏，最终效果如图 9-42 所示。可以看到，场景较刚才变亮了。

10）为制作灯带效果，创建自由线光源。在命令面板中执行“创建”→“灯光”命令，在“光度学”下的“对象类型”卷展栏下选择“自由灯光”，在[- 图形/区域阴影]下选择“线”，然后在顶视图中单击，创建一个自由线光源，设置参数，线的长度为 1300，强度为 200。然后分别再实例复制 7 盏自由线光源，位置和效果如图 9-43 所示。照亮的场景及灯带效果如图 9-44 所示。

11）创建目标聚光灯，制作筒灯效果。在命令面板中执行“创建”→“灯光”命令，在“标准”下的“对象类型”卷展栏下选择“目标聚光灯”，在前视图中拖动鼠标创建一个目标聚光灯，在[- 强度/颜色/衰减]卷展栏下设置倍增为 0.6，选中“远距衰减”选项组中的“使用”复选框，“开始”设置为 1200，“结束”设置为 2500，在[- 聚光灯参数]卷展栏下设置“聚光区/光束”为 60，“衰减区/区域”为 100，如图 9-45 所示。

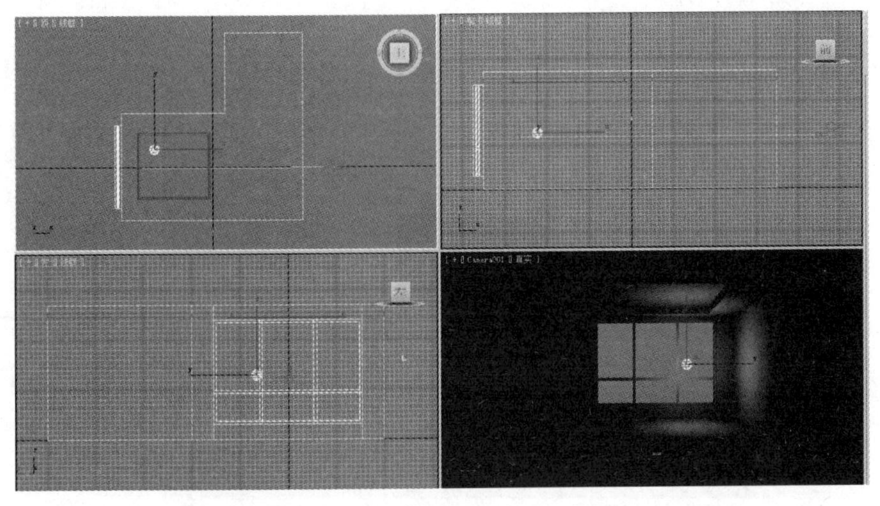
图 9-41

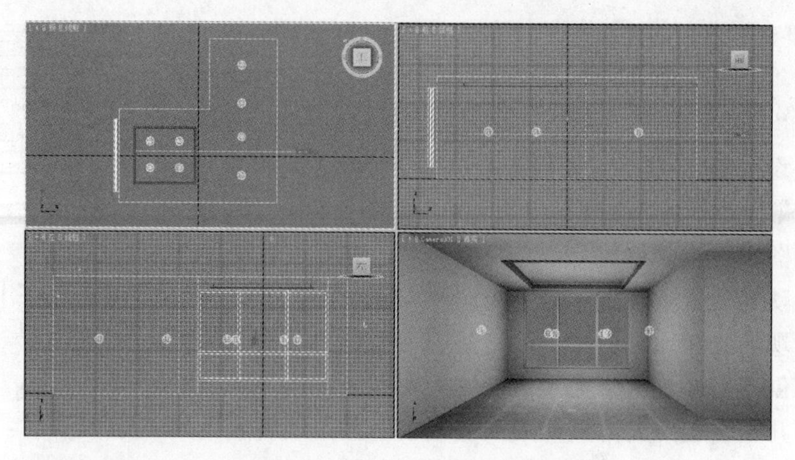

图 9-42

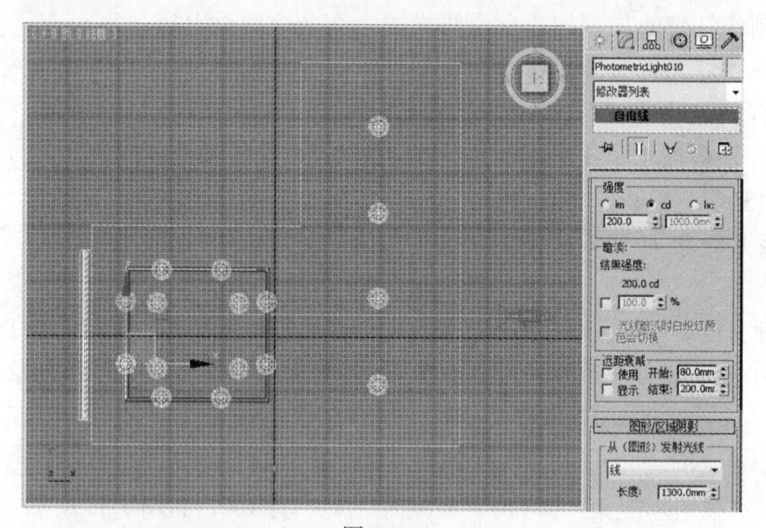

图 9-43

图 9-44

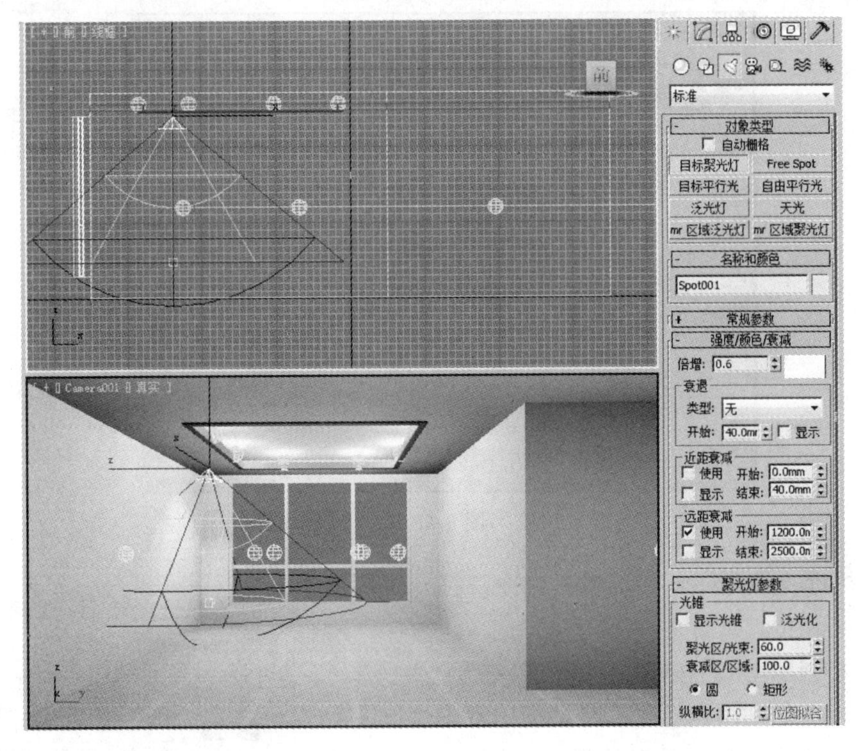

图 9-45

12）在顶视图选中聚光灯和目标点之间的连线，适当调整其位置，并将其实例复制一份（读者在操作时也可实例复制两份，设置出更好的灯光效果）。同时选中创建的 2 盏目标聚光灯，再实例复制一份，并将新复制的 2 盏灯移到天花的另一侧，如图 9-46 所示。渲染后的效果如图 9-47 所示。

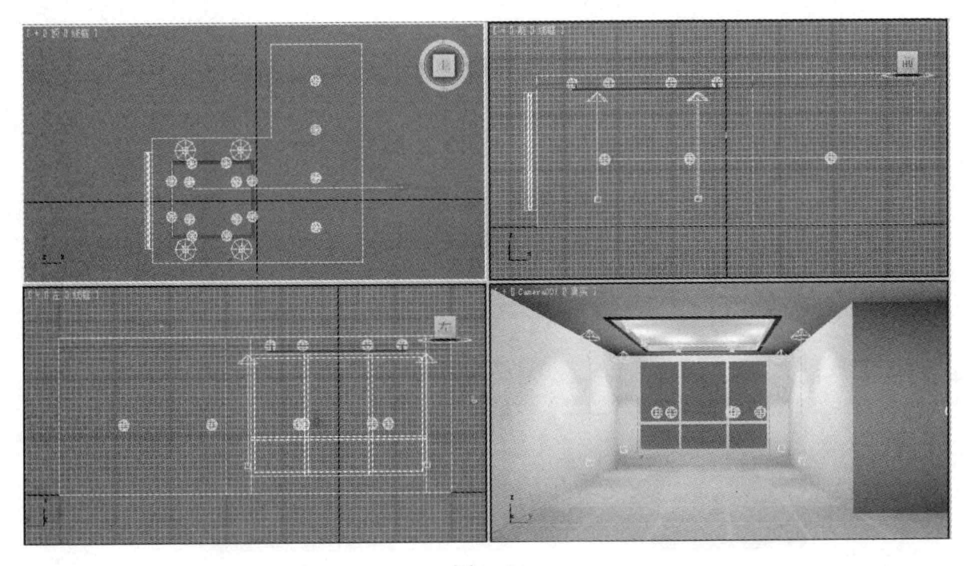

图 9-46

图 9-47

13）执行“渲染”→“环境”命令，打开“环境和效果”对话框，如图 9-48 所示。

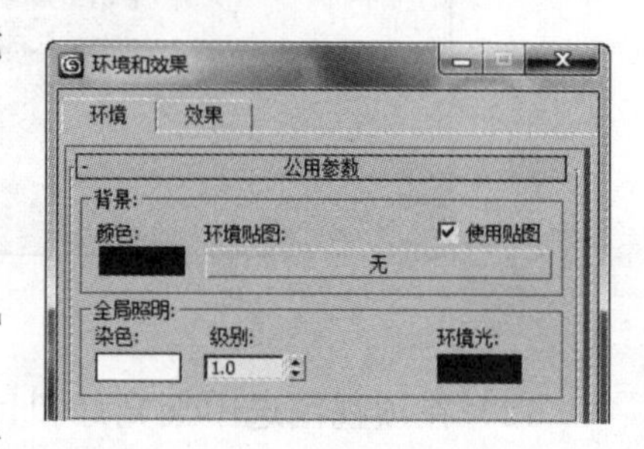

图 9-48

单击该对话框中的按钮 无 ，在打开的“材质/贴图浏览器”对话框中双击“位图”，即可打开如图 9-49 所示的对话框，在其中选择一幅风景图片，单击“确定”按钮。

14）单击摄影机视图，使其处于激活状态，单击主工具栏中的按钮，渲染结果如图 9-50 所示。如果感觉室内灯光暗，则可以适当修改照亮场景的“自由点光源”的强度值。至此，客厅效果图制作完成。

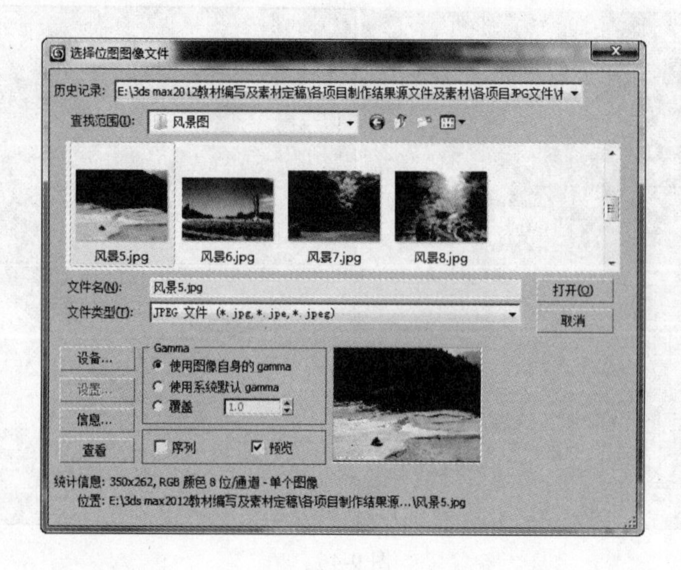

图 9-49

图 9-50

15）制作游历客厅场景。

①执行“线”命令，在顶视图沿室内空间创建一个二维图形，如图 9-51 所示。

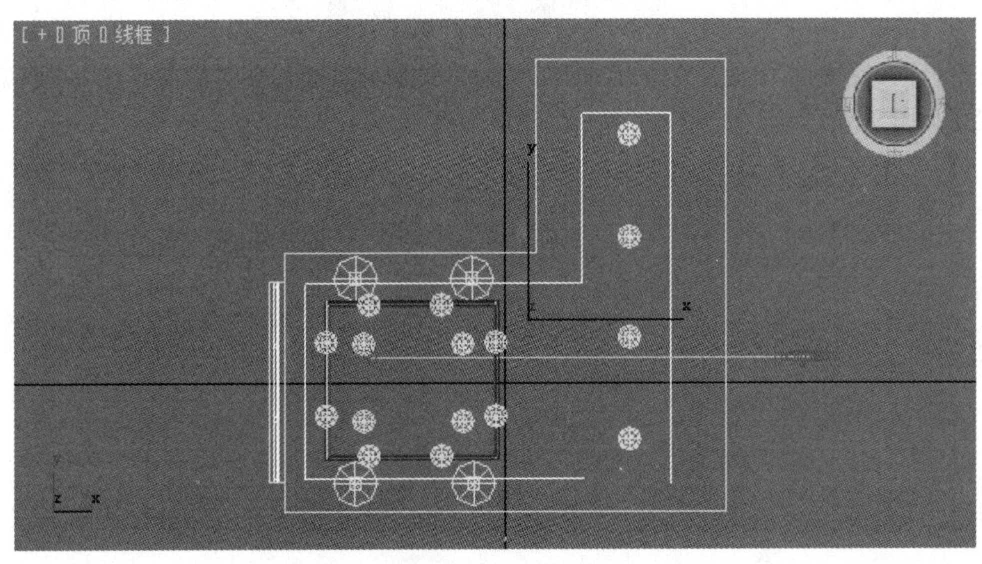

图 9-51

②单击“修改”按钮，在修改堆栈中单击“顶点”，进入“顶点”子对象层级，进入修改状态，依次调整各点，使之变得平滑，如图 9-52 所示。

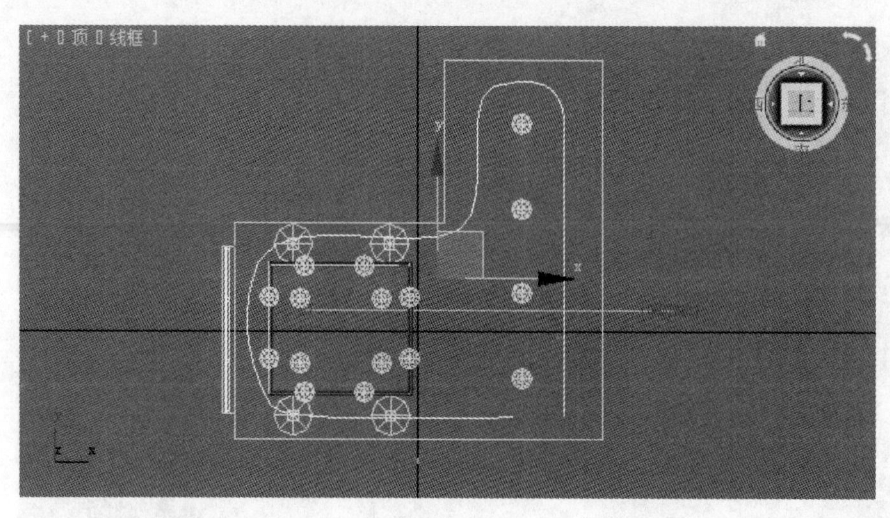

图 9-52

③退出“顶点”编辑状态，用“选择并移动”工具在前视图或左视图沿 Y 轴向上适当移动一定的位置，以调整路径图形的高度。

④创建自由摄影机。执行“创建”→“摄影机”→“自由摄影机”命令，在前视图创建一架“自由摄影机”，激活摄影机视图，并将摄影机视图由 Camera001 切换到 Camera002。

⑤设置动画时间。单击动画控制栏中的“时间配置”按钮，在打开的对话框中将动画长度设置为 600 帧。

⑥将二维图形作为运动路径指定给摄影机。在顶视图中选中自由摄影机，执行“动画”→“约束”→“路径约束（P）”命令，此时界面右侧的“运动”命令面板自动随之打开，同时视图中出现带有连线的十字光标。此时移动光标使其指向路径中的任意位置，如图 9-53 所示。

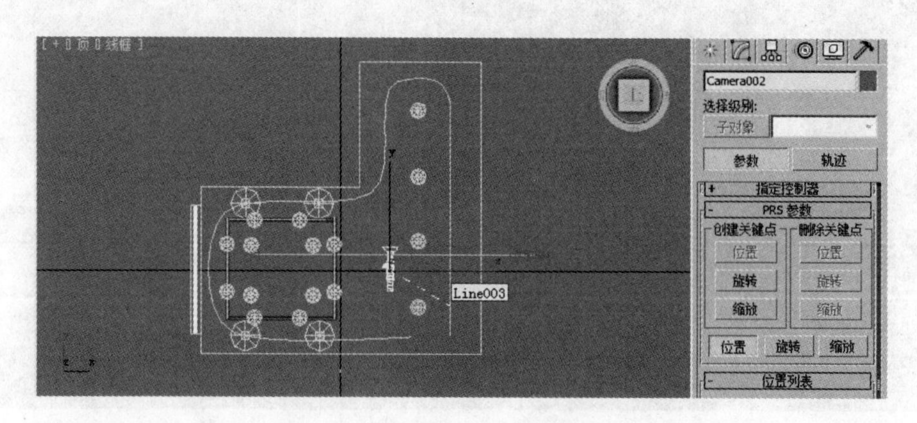

图 9-53

在路径任意处单击鼠标，即可将自由摄影机指定给路径。可以发现，自由摄影机自动定位到了路径的起始点处，如图 9-54 所示。

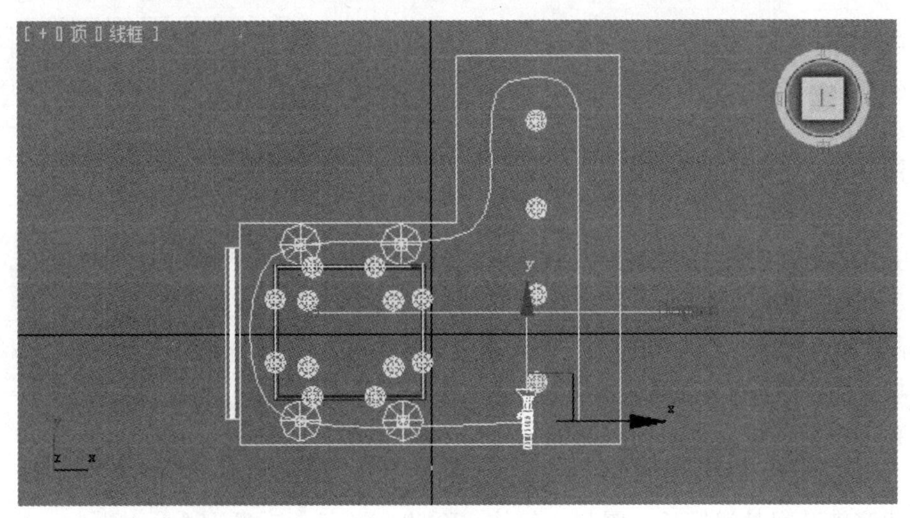

图 9-54

⑦设置路径跟随。确认自由摄影机被选中，在“运动”命令面板中的“路径参数”卷展栏下，选中“路径选项”选项组中的“跟随”复选框，此时自由摄影机可跟随路径移动。为了使摄影机的头部始终指向路径前进的方向，单击工具栏中的“选择并旋转”按钮，在顶视图绕 Z 轴将自由摄影机旋转一定角度，使摄影机的头部朝着路径前进的方向，如图 9-55 所示。

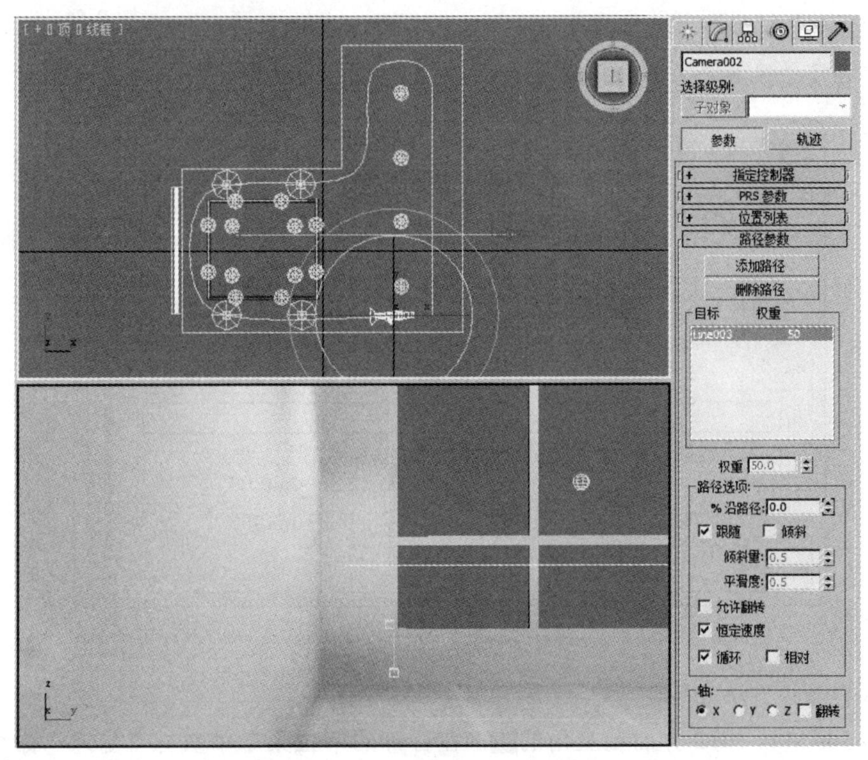

图 9-55

⑧激活摄影机 Camera002 视图，单击“播放”按钮观看动画效果。

⑨渲染动画。单击工具栏中的“渲染设置”按钮，打开如图 9-56 所示的对话框。

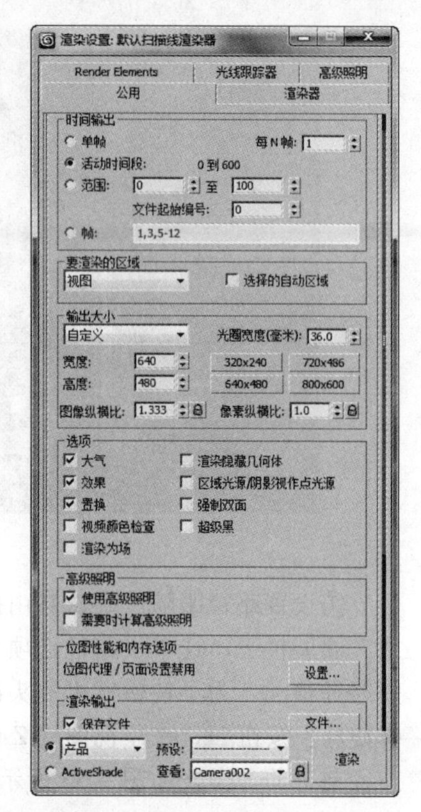

图 9-56

在“公用参数”卷展栏下的“时间输出”选项组中，选中“活动时间段”单选按钮，再在“渲染输出”选项组下单击 文件... 按钮，在打开的“渲染输出文件”对话框中选择文件保存的位置，输入文件名为“游历客厅场景”，文件类型选择“AVI 文件（*.avi）”，单击“保存”按钮，最后再单击“渲染设置”对话框右下角的 渲染 按钮，开始渲染动画，渲染过程如图 9-57 所示。此渲染过程时间较长，需耐心等待。至此，游历客厅场景的动画制作完成。

注意：①游历客厅场景的制作方法对室内外场景的游历动画制作都适用。

②按制作流程，室内家具及装饰物在布设灯光前就应先合并到场景中。但在此为了给读者留有足够的布局设计和想象空间，在本任务中并未将前面制作的模型合并进来。具体合并哪些模型，合并后如何摆放，将留给读者自己来完成，以发散思维。

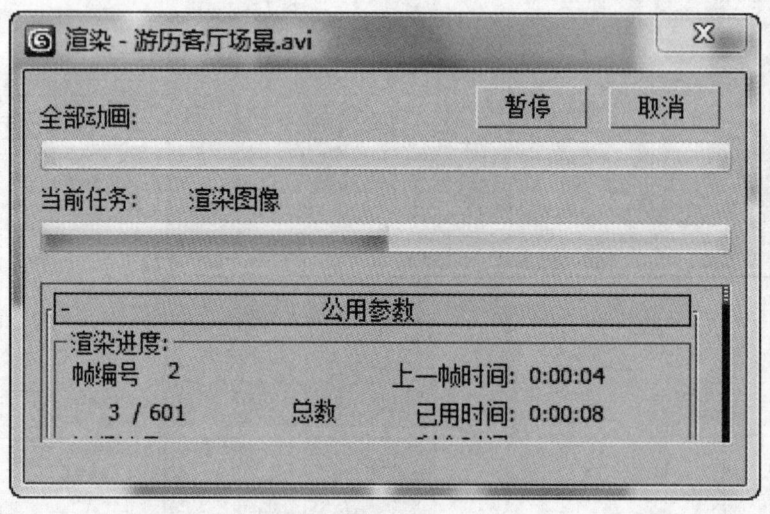

图 9-57

具体的合并方法如下。

单击 3ds Max 2012 界面左上角的，在打开的下拉菜单中执行“导入”命令，即可打开下一级子菜单，如图 9-58 所示。

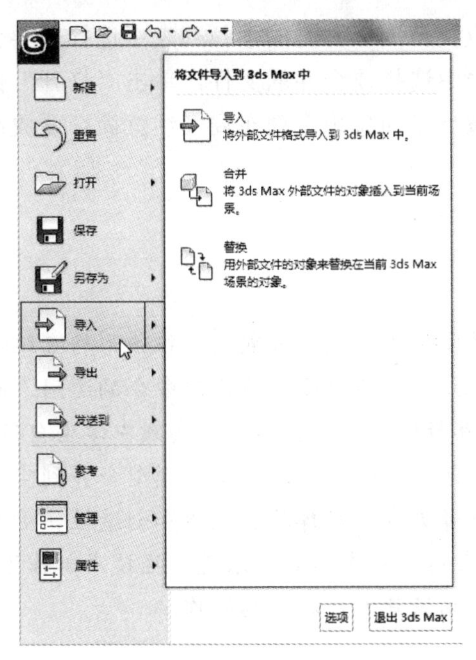

图 9-58

执行“合并”命令，打开“合并文件”对话框，如图 9-59 所示。

图 9-59

在该对话框中的“查找范围”右侧的下拉列表中选择需要合并的文件所在的文件夹，在其下方的名称列表中选择要合并的文件，单击“打开”按钮，即可将要合并的文件合并至场景中，并按自己的思想合理布局（注意筒灯要放在目标聚光灯处）。

本项目通过客厅效果图制作，进一步熟悉二维线形转三维物体的修改方法，尤其是“挤出”“可编辑多边形”“倒角剖面”等修改命令的运用。此外还重点学习了“灯光”“摄影机”的布设和参数修改技巧。为上机实践中学生自行设计制作卧室、餐厅、书房等室内效果图起了示范和引领作用。没有把模型合并到空间中，只是把合并方法告知读者，目的在于让读者更多地发挥其自主性和创造性，更利于培养和提高学习者的思维能力和审美能力。最后用自由摄影机跟随路径技术制作了游历客厅场景的动画，此方法适用于室内、外一切场景游历动画的制作。

设计制作卧室、书房、餐厅效果图，并制作游历场景动画。

项目 10　制作动画

本项目共安排了 2 个任务，任务 1 即弥补了前面项目中未涉及文字制作的不足，又是简单动画制作的入门，使读者能初步了解动画制作流程。任务 2 对知识的学习和运用也较综合一些，运用了“连接技术”“曲线编辑器”等技巧，使学习者的动画制作技术能更上一个层次。

1）掌握三维文字的制作方法。

2）熟练掌握“编辑网格”“倒角”“挤出”等修改命令的运用技巧。

3）熟练掌握“材质编辑器”的运用方法。

4）掌握动画制作的一般流程

5）掌握“连接技术”“路径约束”“曲线编辑器”的运用方法。

相关知识介绍

1. 文本

“文本”命令用于创建文本图形，是创建三维文字造型的基础。

1）创建文本的方法。执行“创建”→“图形”命令，在“对象类型”卷展栏下单击“文本”按钮后，在任意视图中单击鼠标，即可创建一个“MAX 文本”图形，然后在“参数”卷展栏的“文本”文本框中输入文本内容，“MAX 文本”图形即可改变成相应的文本内容。

2）“文本”命令的主要参数如下。

①“字体列表”：用于设置文本的字体。

②“文本格式”按钮：用于设置文本的字形和对齐方式。

③“大小”：设置文本的大小，默认为 100。

④“字间距”：设置文本的字间距。

⑤“行间距”：设置文本的行间距。

⑥“文本”：可在该文本框中输入文本的内容，按<Enter>键可以产生多行文本。

2. 关键帧动画的有关概念

在 3ds Max 中，只需要制作出关键画面（即一个动作开始之前和完成之后的两个画面），关键画面之间的所有中间画面可以由计算机自动且精确地生成。

1）帧是构成连续动画的每一幅单独的画面。当一组连续变化的画面以 15 帧/秒以上的速度播放时，就形成了动画的视觉效果。

2）关键帧。一个动画是由一组画面构成的，在 3ds Max 中制作动画时，并不需要逐一制作出所有的画面，而只需设计出动作从一种状态变为另一种状态的转折点所在的画面，这种画面就是关键帧。两个关键帧之间的画面称为中间帧，3ds Max 将自动生成中间帧，从而得到一个动作流畅的动画。

在 3ds Max 中可以改变任何参数，包括对象位置、角度、大小比例、各类参数、材质特征等，都可以被设置成动画。

设置了关键帧，可以在时间轴上观察到关键帧标记。移动对象产生的关键帧，其关键帧标记为红色；旋转对象产生的关键帧标记为绿色；缩放对象产生的关键帧标记为蓝色。

3）动画时间。时间是动画中的一个重要因素，不同的帧分布在时间轴上不同的位置。在默认情况下，3ds Max 的时间单位为帧，动画总长度为 100 帧，帧数为 101，即从 0 帧开始至 100 帧结束，动画播放的速度为 30 帧/秒。从一个关键帧到下一个关键帧之间的帧数可以反映一个动作变化成另一个动作所经历的时间长短，即动作的快慢。

单击动画控制区中的时间配置按钮，即可打开“时间配置”对话框，在该对话框中可以设置帧速率和动画长度等时间参数。“时间配置”对话框中常用参数如下。

①“帧速率”：该选项组用于设置动画的播放速度，其中包含以下 4 个单选按钮。

“NTSC”：该单选按钮表示采用美国录像播放制式标准，其帧速率为 30 帧/秒（FPS）。

“电影”：该单选按钮表示采用电影播放制式标准，其帧速率为 24 帧/秒（FPS）。

“PAL”：该单选按钮表示采用欧洲录像播放制式标准，其帧速率为 25 帧/秒（FPS）。

“自定义”：选中该单选按钮后，即可在下面的“FPS”文本框中输入数值，自定义帧速率。

②“动画”：该选项组用于设置动画长度及活动时间段等参数。

“开始时间”和“结束时间”：分别用于设置活动时间段的起始帧和终止帧。活动时间段是当前可以访问的帧的范围，默认范围是从第 0～100 帧。对于一个总帧数太多的动画，如果暂时只想处理其中的某一部分，为了方便操作，则可以将想要处理的这部分帧设置成活动时间段。

“长度”：在该文本框中可设置动画长度。

4）动画控制区。在 3ds Max 2012 中预览动画时，可以直接拖动视图下方的时间滑块，也可以使用屏幕底部的动画控制区。

设置关键点：单击该按钮后，可将所选对象的状态记录在当前帧，并将当前帧设置为关键帧。

自动关键点 自动关键点：该按钮用于录制动画。该按钮被单击后处于激活状态，呈红色，这时对场景中对象的编辑都将作为动画信息被记录下来。再次单击该按钮使之恢复灰色后，即可结束动画的录制。单击该按钮后，一旦在非 0 帧编辑了场景中的对象，对象的原始数据就会被记录在第 0 帧，而改变后的新的数据则会被记录在当前帧，这时，0 帧和当前帧都会成为关键帧。

转至开头：单击该按钮后，时间滑块会移动到当前活动时间段的第 1 帧。如果正在播放动画，单击该按钮将停止动画的播放，同时时间滑块会移到活动时间段的第 1 帧。

上一帧：单击该按钮后，时间滑块将移到当前帧的前一帧。

播放动画：该按钮用于在当前视图中播放动画。动画播放期间，该按钮会被“停止动画”按钮所取代，单击按钮即可停止播放动画。按下“播放动画”按钮不放，可以弹出另一个按钮，它的作用是在当前视图中播放所选对象的动画。

下一帧：单击该按钮后，时间滑块将移到当前帧的下一帧。

转至结尾：单击该按钮后，时间滑块会移动到当前活动时间段的最后一帧。如果正在播放动画，那么单击该按钮将停止动画的播放，同时时间滑块会移到当前活动时间段的最后一帧。

关键点模式切换：单击该按钮后，“上一帧”按钮会变成“上一关键点”按钮，“下一帧”按钮会变成“下一关键点”按钮。

0 文本框：该文本框用于设置当前帧。在文本框中输入数值并按<Enter>键后，时间滑块即可直接移到数值所指定的帧。

3. 曲线编辑器

单击工具栏中的“曲线编辑器”按钮，即可打开“轨迹视图-曲线编辑器”对话框，其操作界面可以分为 5 个部分，即菜单栏、工具栏、层级列表框、编辑窗口、显示控制工具栏。

1）菜单栏：包含了各类相关命令。其中“控制器”菜单下的“超出范围类型（O）…”命令是动画设置中的一个重要命令。单击“控制器/超出范围类型（O）…”，可以打开“参数曲线超出范围类型”对话框，在该对话框中有“恒定”“周期”“循环”“往复”“线性”“相对重复”6 种类型，可根据需要选择合适的类型，以便设置动画的重复过程。

2）工具栏：主要包括一组用于编辑关键帧的按钮，其中常用按钮的功能如下。

移动关键点：当该按钮处于激活状态时，可在编辑窗口中移动所选关键点的位置。

绘制曲线：单击该按钮后，可在编辑窗口中直接绘制动画曲线。

插入关键点：单击该按钮，可在编辑窗口中的动画曲线上单击鼠标增加关键点。

将切线设置为自动：单击该按钮后，可在编辑窗口中通过关键帧两端的控制柄来调整关键点前后的曲线弯曲程度。

将切线设置为加速：单击该按钮，可将所选关键点前后的动画曲线设置为加速变化的效果。

将切线设置为慢速：单击该按钮，可将所选关键点前后的动画曲线设置为减速变化的效果。

将切线设置为阶梯式：单击该按钮，可将所选关键点前后的动画曲线设置为阶梯状变化的效果。

将切线设置为平滑：单击该按钮，可将所选关键点前后的动画曲线设置为平滑过渡的变化效果。

3）层级列表框。它在窗口左边，其中列出了场景中的所有对象及其动画特性，包括声音、材质、环境和对象等项目。

4）编辑窗口。层级列表框右边是编辑窗口，可在其中移动或复制动画关键帧，修改关键帧的属性及调整动画曲线。在层级列表框中选择的项目不同，编辑窗口内就会显示出不同的内容。层级列表框的“对象”项目下列出了位移、旋转和缩放 3 个变换方式及 X 轴、Y 轴、Z 轴 3 个坐标轴，可选择其中一种变换方式的一个轴向进行动画曲线的编辑。

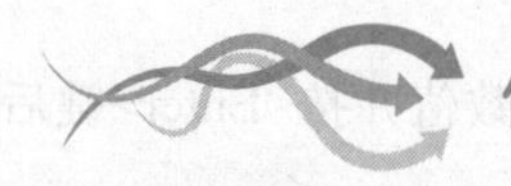

任务 1　制作旋转的三维文字

操作步骤

1）启动 3ds Max 2012（中文版），将单位设置为“毫米”。

2）执行“创建”→“图形”命令，在对象类型中单击“文本”按钮，在“参数”卷展栏下的下拉列表中选择一种英文字体，如“Arial Black”，大小为默认值 100，在文本框中输入“3ds Max”。在前视图单击鼠标，即可创建二维文字“3ds Max”，如图 10-1 所示。

图 10-1

3）制作倒角三维文字。确认文字处于选中状态，单击“修改”按钮，在修改器下拉列表中选择“倒角”修改命令，在“倒角值”卷展栏下设置倒角参数。“级别 1”的“高度”为 5，“轮廓”为 2；“级别 2”的“高度”为 10，“轮廓”为 0；“级别 3”的“高度”为 5，“轮廓”为-2，透视效果及参数设置如图 10-2 所示。

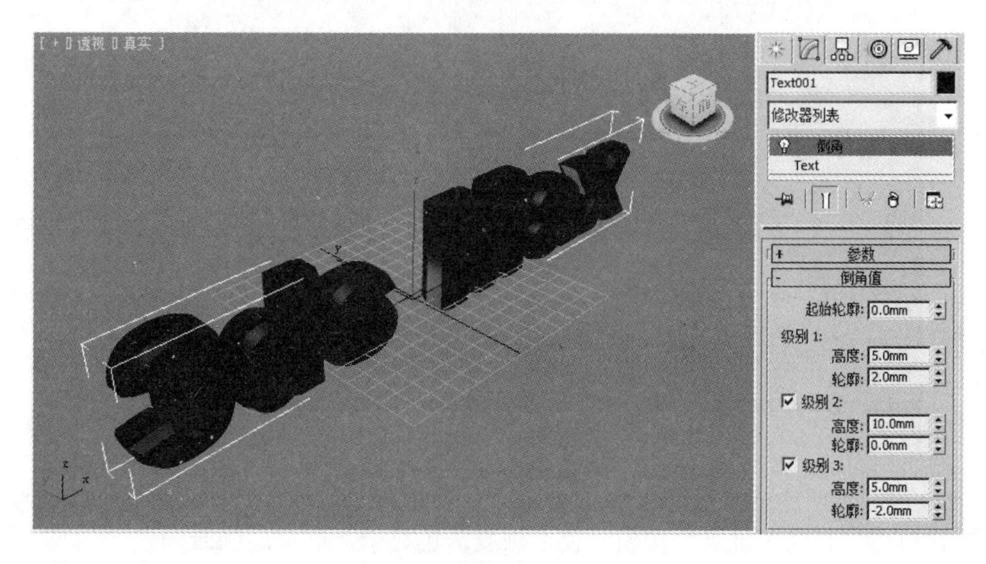

图 10-2

4）设置动画时间。动画时间默认为 100 帧，此处为了使动画时间更长一些，需要重新设置动画时间。单击动画控制区中的“时间配置”按钮，在打开的“时间配置”对话框中的“动画栏”中，设置动画长度为200，其他参数不变，设置完参数后单击“确定”按钮，如图10-3所示。

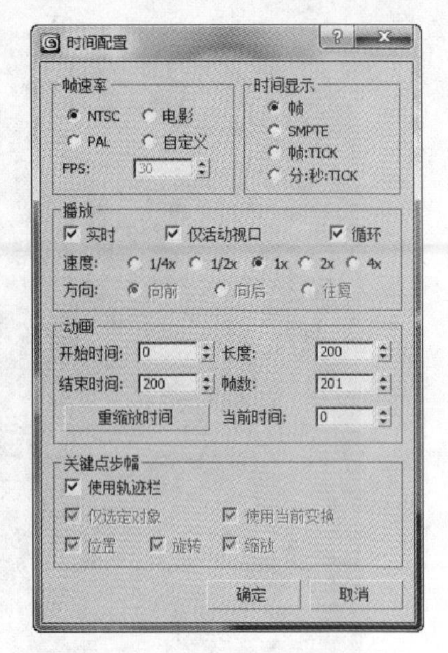

图 10-3

5）制作旋转文字动画。单击透视图下动画控制区中的“自动关键点”按钮，使其处于激活状态（显示深红色），进入动画录制状态，如图10-4所示。

6）在前视图选中文字，确认当前帧为第0帧，文字处于初始位置。用鼠标左键按住时间滑块向右拖动至最右侧200帧的位置，单击“选择并旋转”按钮和“角度捕捉切换”按钮，使它们都处于激活状态。在前视图将倒角文字绕Y轴逆时针旋转三周即1080°，（注意，在旋转过程中可从状态栏中的Y轴数值中看到变换的角度值，当转到显示数值为1080时停止转动即可），如图10-5所示。

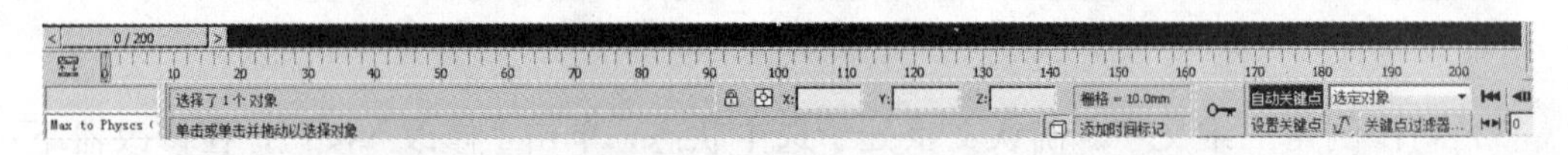

图 10-4

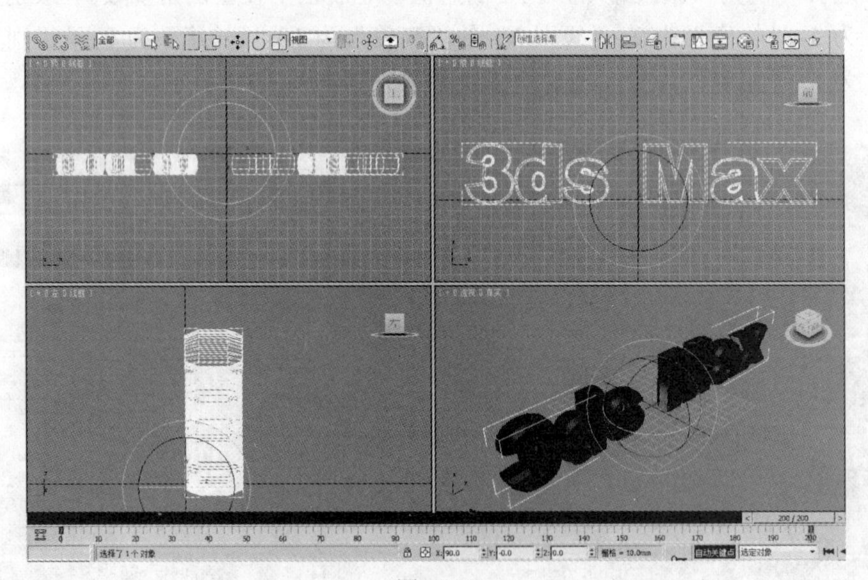

图 10-5

再次单击“自动关键点”按钮，使之恢复灰色显示，结束动画录制。

7）预览动画。单击透视图，使其处于激活状态，再单击屏幕右下方动画控制区的“播放动画”按钮预览动画效果。

8）渲染动画。激活透视图，再单击屏幕右下角的“最大化视口切换”按钮，使透视图最大化显示。单击工具栏中的“渲染设置”按钮，打开“渲染设置”对话框。在“公用参数”卷展栏下的“时间输出”选项组中，选中“活动时间段”单选按钮，再在“渲染输出”栏下单击 文件... 按钮，在打开的“渲染输出文件”对话框中选择要保存的位置，保存类型选择“AVI 文件(*.avi)”，文件名输入“旋转的三维文字”，单击“保存”按钮后，还将打开“AVI 文件压缩设置”对话框，如图 10-6 所示，在该对话框中直接单击“确定”按钮即可。

最后单击“渲染设置”对话框底部的“渲染”按钮，逐帧渲染动画。渲染过程如图 10-7 所示。

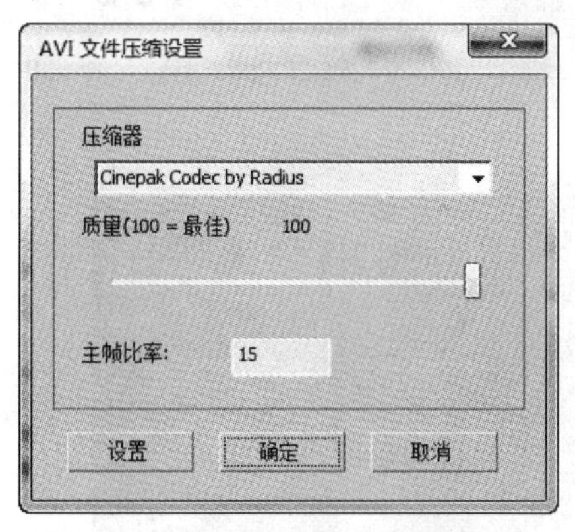

图 10-6

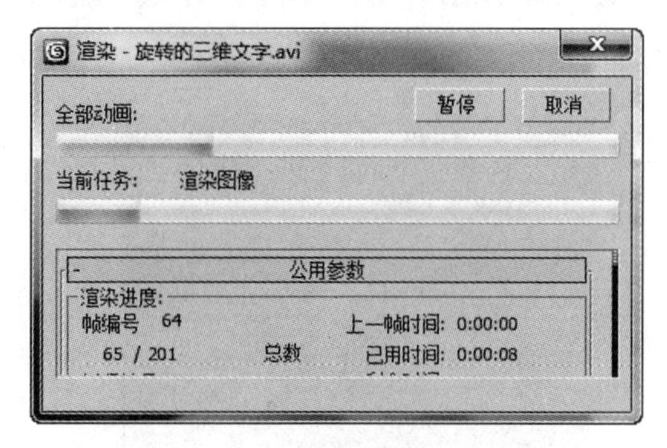

图 10-7

9）观看动画文件效果。双击“旋转的三维文字.avi”视频文件，即可在播放器中观看到三维文字的旋转效果。

任务 2 制作花草丛中翩翩起舞的蝴蝶

操作步骤

1）启动 3ds Max 2012（中文版），将单位设置为“毫米”。

2）制作蝴蝶的身体。

①在前视图创建一个半径为 40 的球体，在修改器列表中选择“编辑网格”，再在修改堆栈中单击“顶点”，进入“顶点”子对象层级，如图 10-8 所示。

②修改蝴蝶身体的形状。在顶视图按住鼠标左键沿 X 轴方向框选如图 10-9 所示的一排顶点。用“选择并均匀缩放”工具，在顶视图沿 X 轴方向自右向左拖动鼠标，使各选中的顶点向 Y 轴靠拢。同样，在左视图沿 Y 轴方向自上而下拖动鼠标，使各选中的顶点向 X 轴靠拢，如图 10-10 所示。

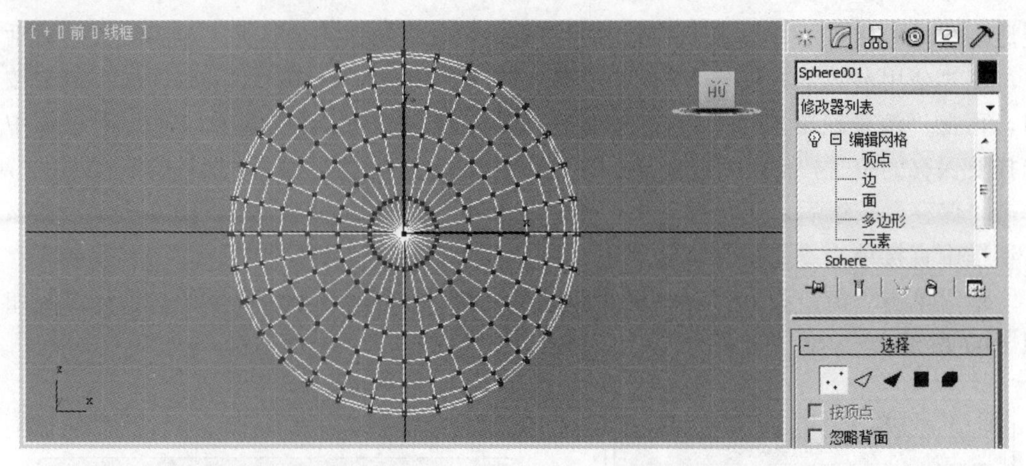

图 10-8

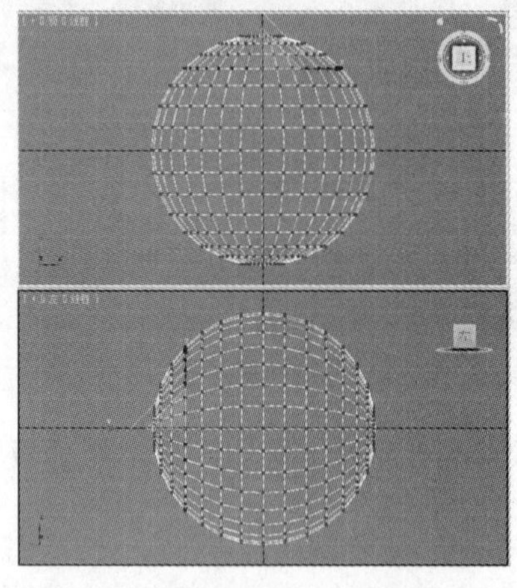

图 10-9

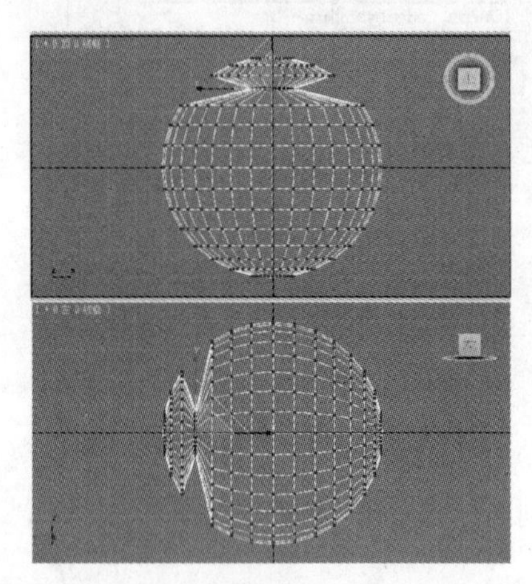

图 10-10

③用同样的方法分别在顶视图和左视图选中其他顶点，进行适当缩放，并使用“选择并移动工具” ，边调整位置边看效果，如图 10-11 所示。

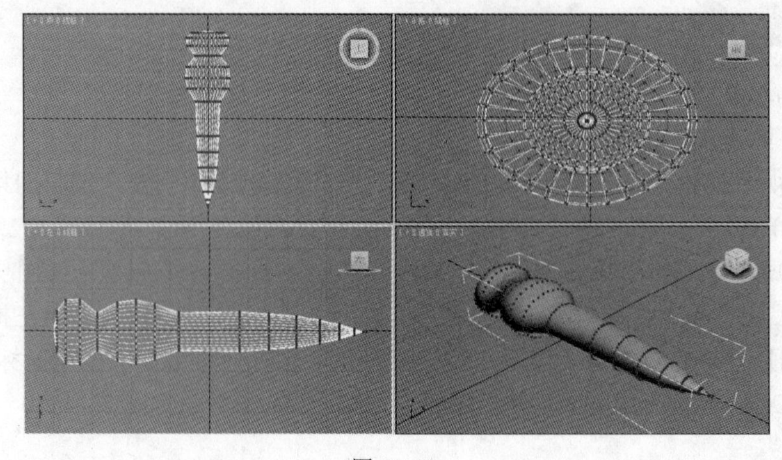

图 10-11

3）制作蝴蝶翅膀。

①用“线”命令在顶视图绘制一个封闭的蝴蝶翅膀形状，并在修改堆栈中单击“顶点”，进行各顶点的修饰，修饰后的效果如图 10-12 所示。

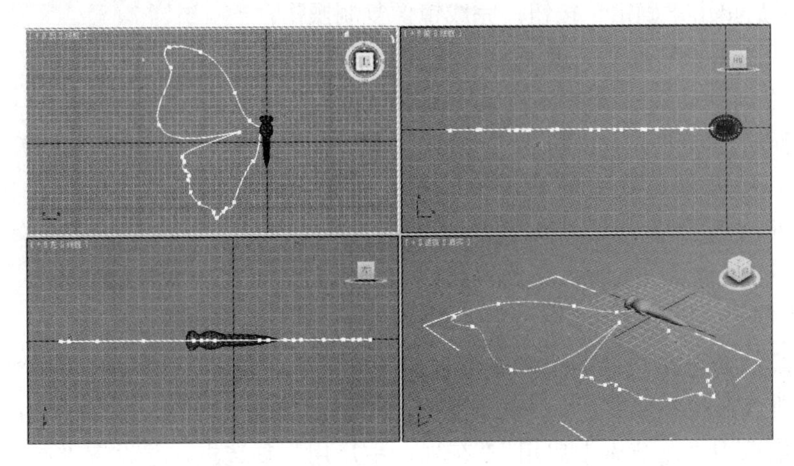

图 10-12

②退出顶点修改状态，确认翅膀线形处于选定状态，单击“修改”按钮，在修改器列表中执行“挤出”命令，为蝴蝶翅膀设置厚度，此处设置为 0.2，效果如图 10-13 所示。

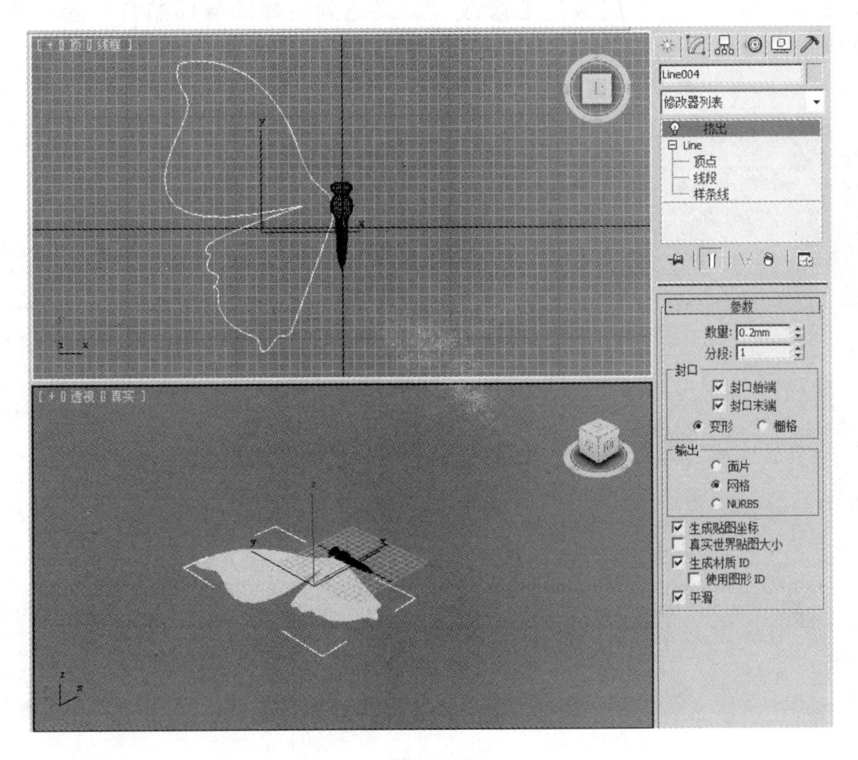

图 10-13

③在顶视图选中翅膀，再单击工具栏中的“镜像”按钮▯，打开“镜像”对话框，如图 10-14 所示。在对话框中“镜像轴”选中“X”单选按钮，“克隆当前选择”选中“实例”单选按钮，最后单击“确定”按钮，完成镜像复制操作。

④在顶视图用“移动”工具将镜像复制的另一侧蝴蝶翅膀沿 X 轴方向移动到蝴蝶身体的另一侧合适位置，效果如图 10-15 所示。

提示：此处移动蝴蝶翅膀的操作，也可通过在“镜像”对话框中设置“偏移”来完成，可边调值边看图中的效果。

4）制作蝴蝶头上的触角。

①用“线”命令在顶视图绘制线形，作为蝴蝶头上的触角，修改顶点形状和位置后，退出顶点操作，在“渲染”卷展栏下分别选中“在渲染中启用”“在视口中启用”复选框，并设置“厚度”为 0.3，如图 10-16 所示。

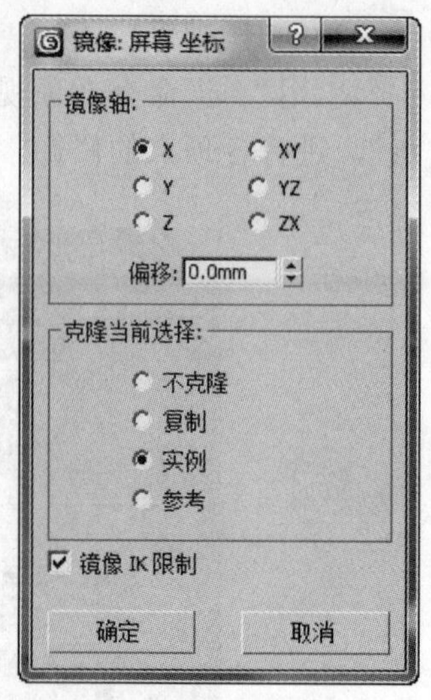

图 10-14

②在顶视图用镜像复制的方法，沿 X 轴实例复制一份，并用“移动”工具将其移动到头部的另一侧适当位置，再执行“组”→“成组”命令，在打开的“组”对话框中输入组名“触角”，单击“确定”按钮。若感觉翅膀造型与身体接触处造型不太合理，还可进入翅膀线形“顶点”层级稍加修改，最终达到与蝴蝶身体贴合紧凑的效果。至此蝴蝶模型制作完成，如图 10-17 所示。

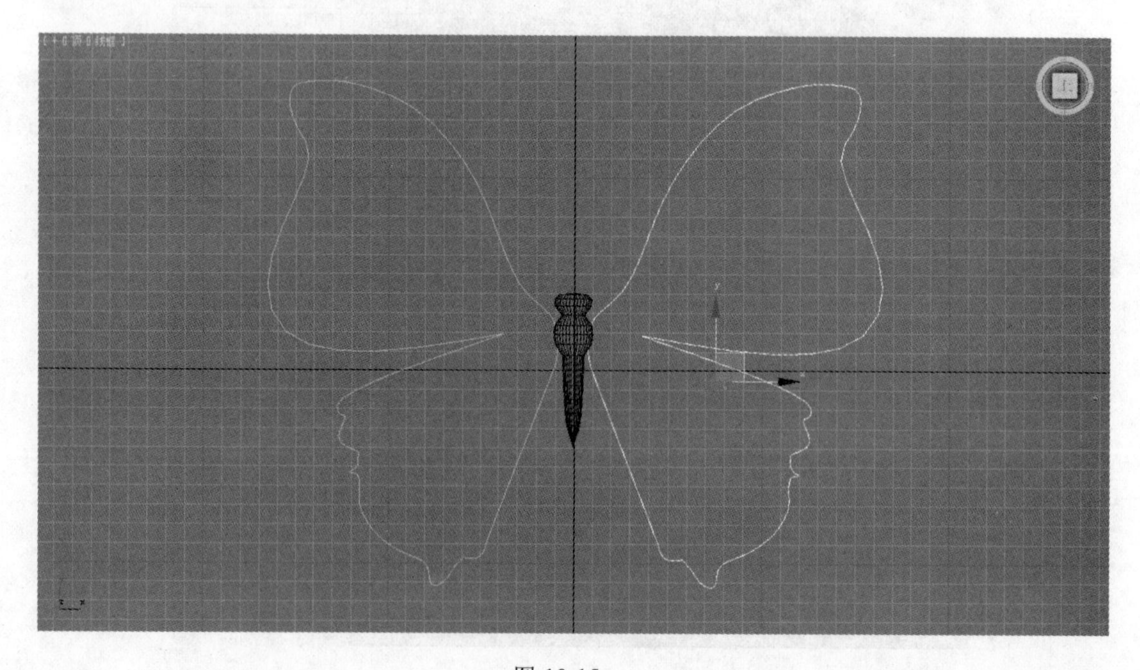

图 10-15

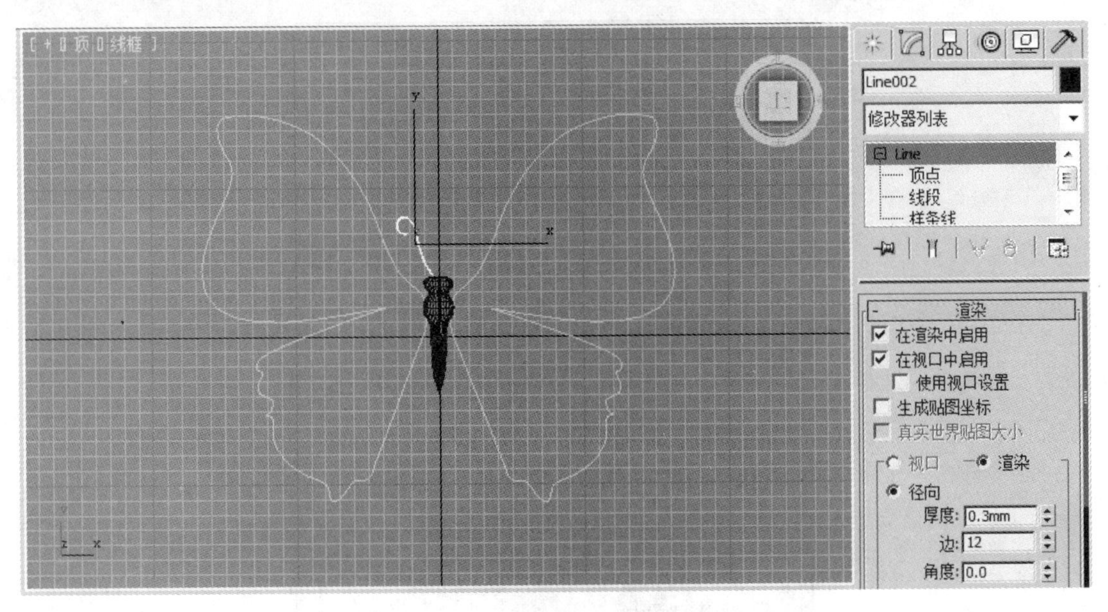

图 10-16

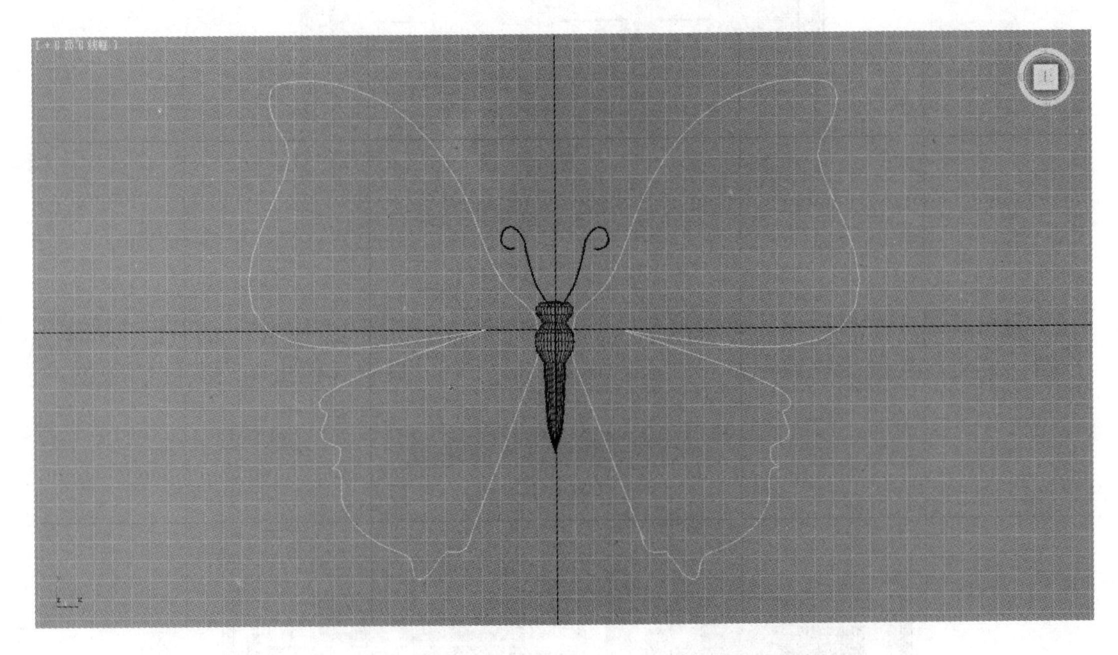

图 10-17

5）为蝴蝶添加材质。

①选中“蝴蝶翅膀”，单击工具栏中的“材质编辑器”按钮，在打开的“材质编辑器”对话框中单击第 1 个材质球，为其添加“蝴蝶”位图贴图材质，并将坐标卷展栏下的瓷砖 U、V 值均设置为 0.6。参数及材质球如图 10-18 所示。最后将材质赋予选中对象“蝴蝶翅膀”。

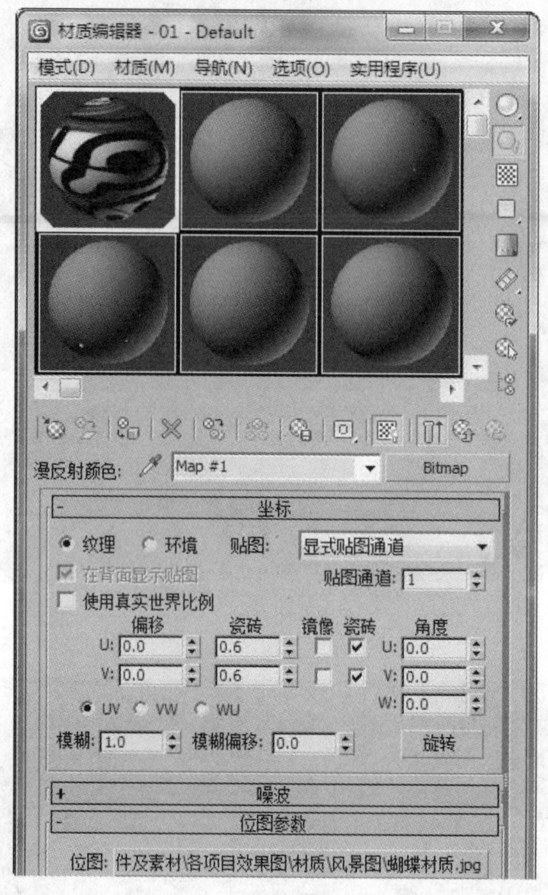

图 10-18

②单击第 2 个材质球，调整“漫反射”颜色参数，如图 10-19 所示，单击“确定”按钮，并将材质赋予蝴蝶身体和触角。此处读者还可以调整其他更贴近实际的颜色。

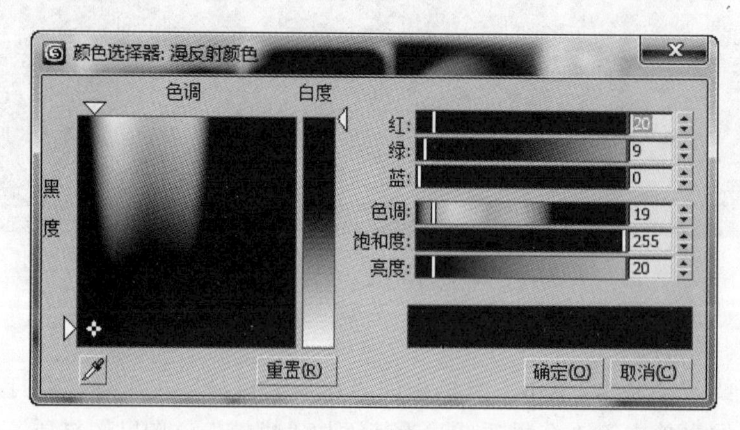

图 10-19

添加材质后的蝴蝶透视效果如图 10-20 所示。

图 10-20

6）制作蝴蝶飞舞的动画。

①建立蝴蝶翅膀与身体的连接关系。单击工具栏中的“选择并连接”按钮，再在顶视图中分别将蝴蝶的两只翅膀连接到身体上。具体连接方法为用鼠标左键按住一只翅膀并拖动至蝴蝶身体处单击，即可将这只翅膀与蝴蝶身体连接起来。用同样的方法将另一只翅膀与蝴蝶身体也连接起来。

②设置翅膀轴心。单击命令面板上方的“层次”按钮，进入“层次”命令面板，单击“调整轴”卷展栏下的“仅影响轴”按钮，用“选择并移动”工具在顶视图沿 X 轴分别将两只翅膀的轴心调整到身体的轴心位置，如图 10-21 所示。调整后再次单击“仅影响轴”按钮，使之恢复灰色显示，退出轴的操作。

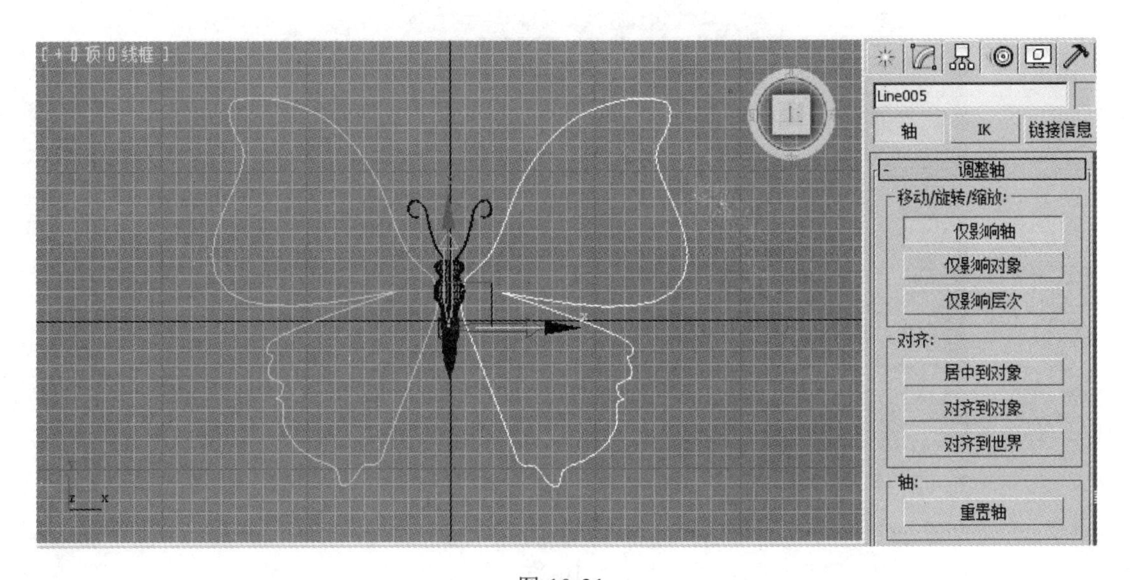

图 10-21

③设置动画时间。单击动画控制区中的“时间配置”按钮，在弹出的“时间配置”对话框中，将动画时间长度修改为500，然后单击“确定”按钮，如图10-22所示。

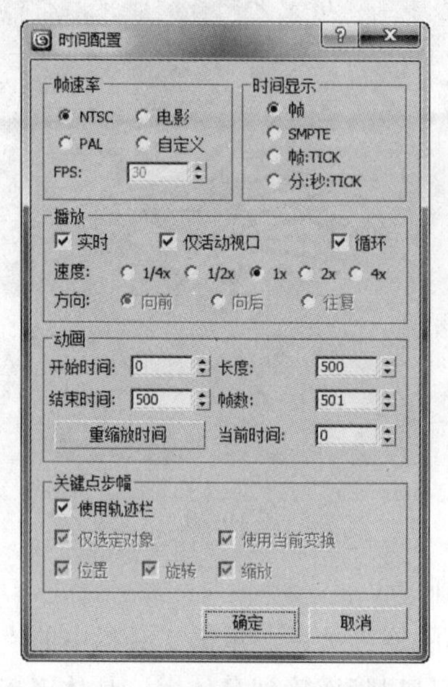

图 10-22

④设置翅膀的动作。单击动画控制区的自动关键点按钮，使之显示深红色，开始录制动画，确认初始状态对应0帧。将时间滑块移至10帧处，单击工具栏中的“选择并旋转”按钮和“角度捕捉切换”按钮，使它们均处于激活状态。在前视图分别将蝴蝶的两只翅膀绕Z轴旋转60°，效果如图10-23所示。最后再次单击“自动关键点”按钮，使之恢复灰色，结束动画录制。

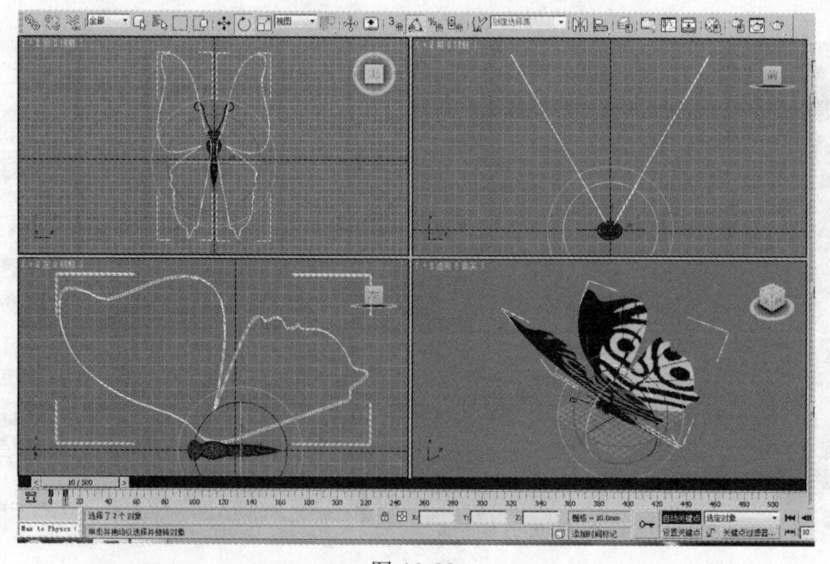

图 10-23

⑤设置翅膀张合的重复效果。同时选中蝴蝶的两只翅膀后，单击工具栏中的“曲线编辑器”按钮，打开如图 10-24 所示的对话框。在该窗口中执行“控制器”→“超出范围类型（O）…”命令，打开“参数曲线超出范围类型”对话框，如图 10-25 所示。在该对话框中单击“往复”按钮，最后单击“确定”按钮，结束整个动画过程的重复设置。单击“确定”按钮后“轨迹视图-曲线编辑器”窗口如图 10-26 所示。

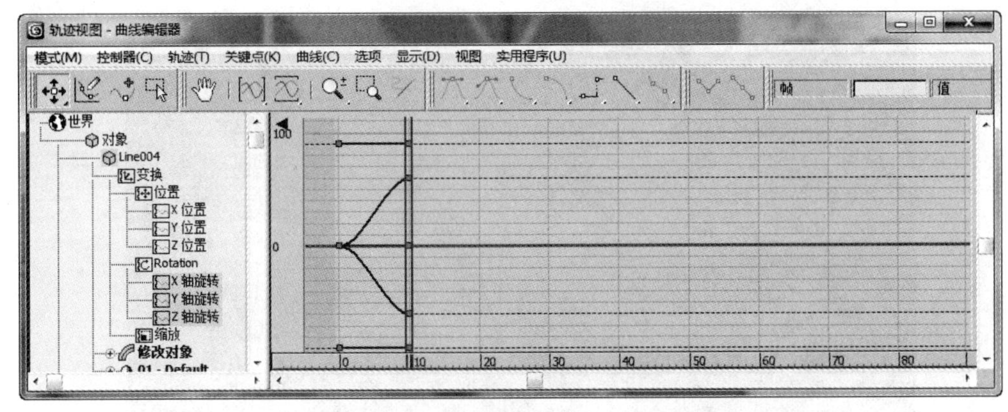

图 10-24

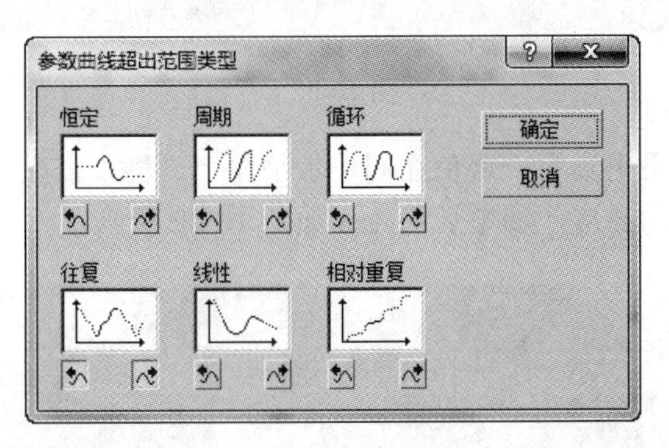

图 10-25

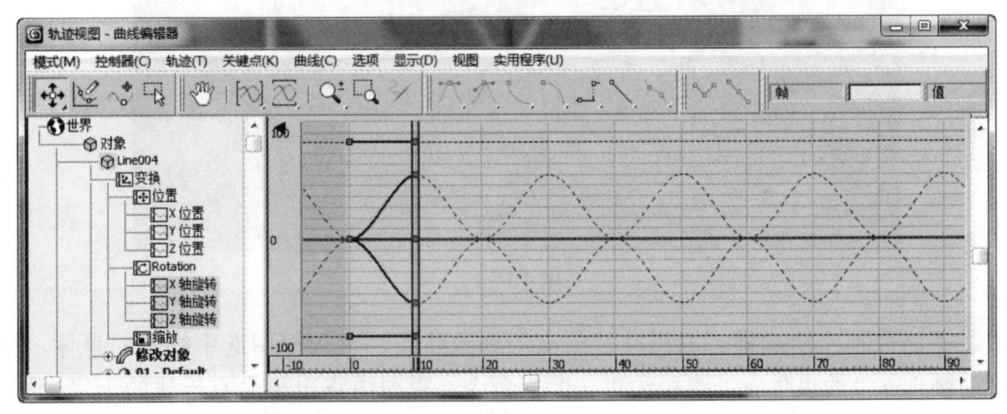

图 10-26

⑥绘制蝴蝶飞舞路径。用“缩放”工具将顶视图中的蝴蝶模型缩小，目的是方便画出使蝴蝶在更广阔的空间中飞舞的路径。在顶视图创建一条曲线，并适当调整各顶点的形状和位置。具体方法为创建曲线后，在修改堆栈中选择“顶点”，进入顶点子对象层级，开始进行顶点的修饰。用“选择”工具将全部顶点选中，单击鼠标右键，选择“平滑”命令，再用“选择并移动”工具适当移动各顶点的位置，效果如图 10-27 所示。

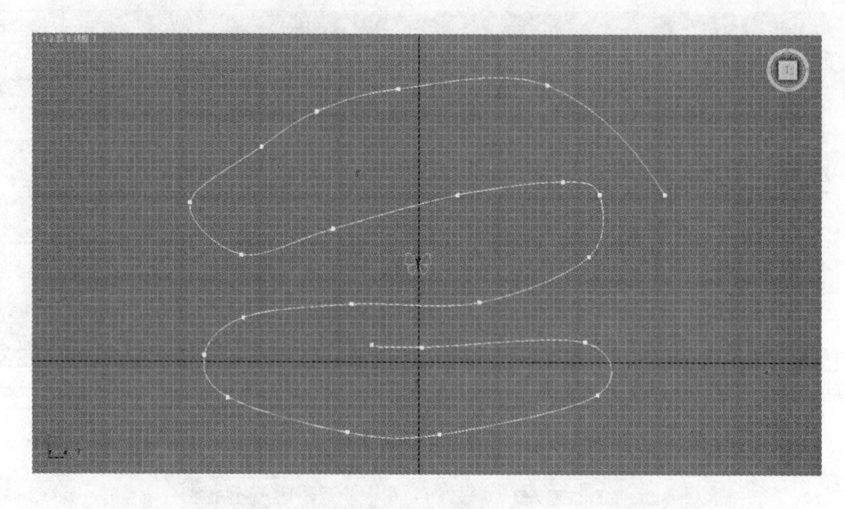

图 10-27

为使蝴蝶飞舞效果更真实，避免在同一水平面上飞舞，需在前视图或左视图适当调整飞舞路径上各点的高度，调整后的效果如图 10-28 所示。

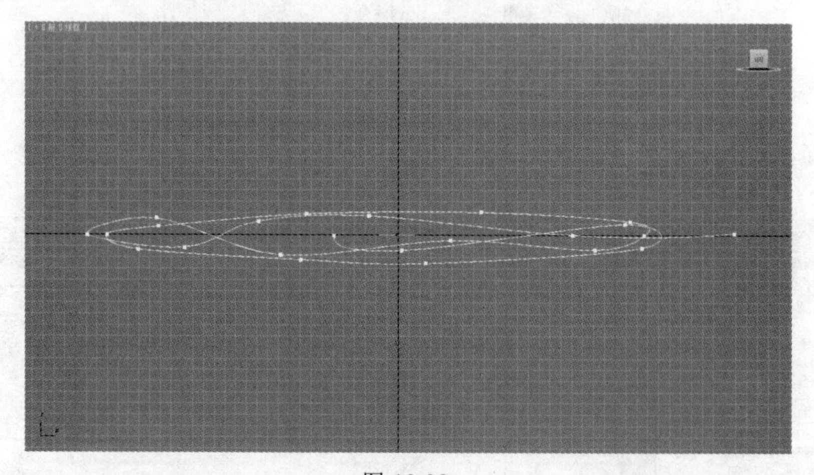

图 10-28

⑦将路径指定给蝴蝶。退出路径顶点的修改状态，在顶视图选中蝴蝶的身体，执行“动画”→“约束”→“路径约束（P）”命令，视图中将出现带有连线的十字光标，此时移动光标使其指向路径中的任意位置，如图 10-29 所示。然后单击鼠标左键，即可将蝴蝶指定给路径，如图 10-30 所示。

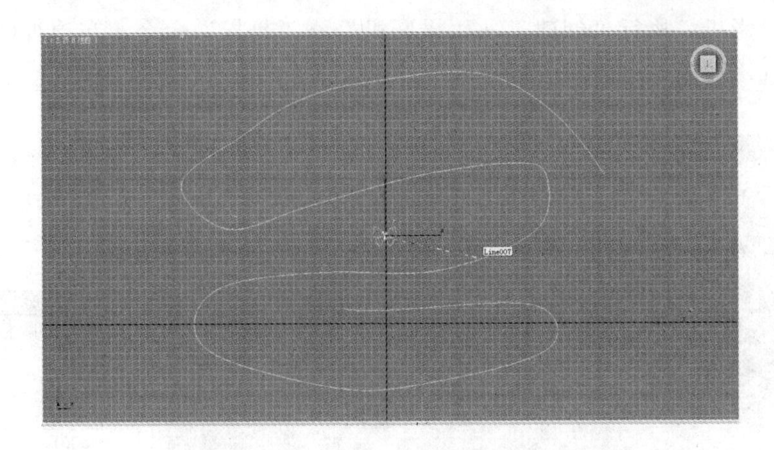

图 10-29

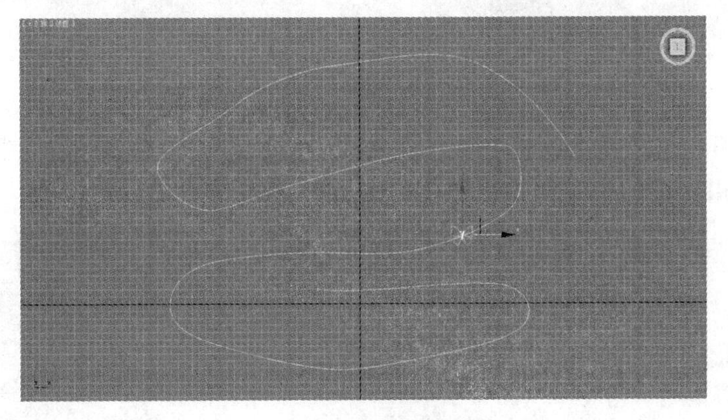

图 10-30

⑧设置路径跟随。确认蝴蝶身体被选中，单击命令面板中的“运动”按钮，在“路径参数”卷展栏中的“路径选项”下选中“跟随”复选框，此时蝴蝶自动移至路径初始位置。单击工具栏中的“选择并旋转”按钮，在顶视图绕 Z 轴旋转蝴蝶身体，使其头部面向路径前进的方向，如图 10-31 所示。

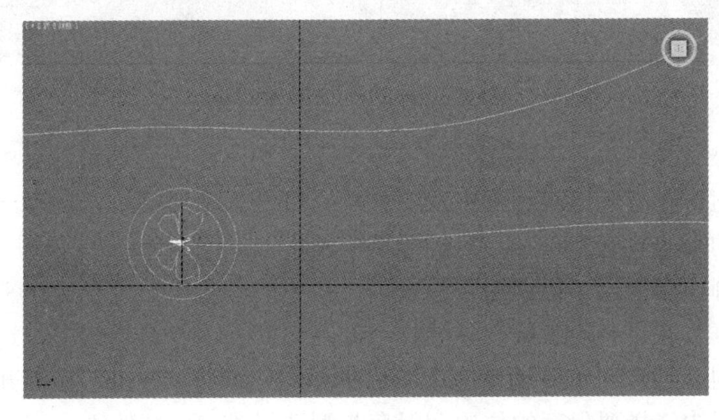

图 10-31

⑨创建摄影机。执行“创建”→“摄影机”→“目标”命令，在顶视图中创建一个目标摄影机，如图 10-32 所示。

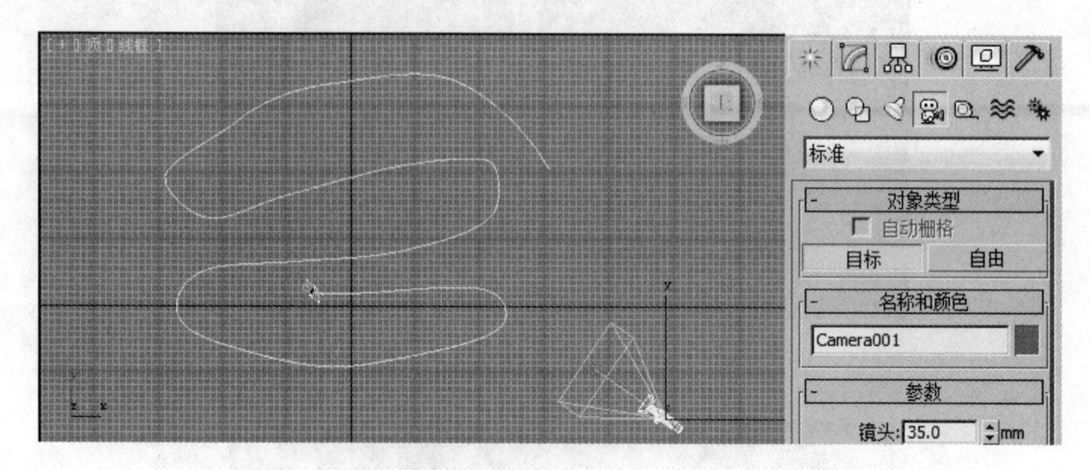

图 10-32

激活透视图，按键盘上的<C>键，将透视图切换为摄影机视图后，将摄影机镜头调至 35，调整摄影机的位置和拍摄角度，最终效果如图 10-33 所示。

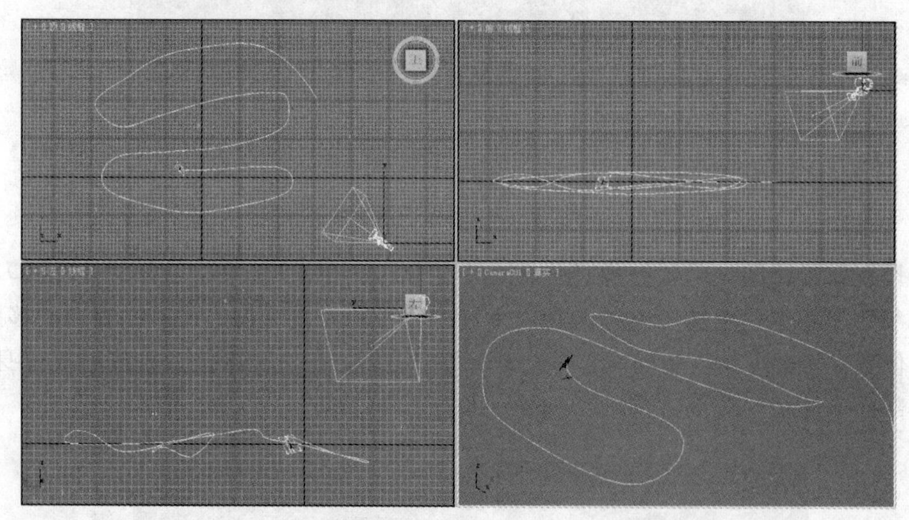

图 10-33

⑩设置渲染背景。执行“渲染”→“环境”命令，在打开的对话框中的背景栏中单击“无”按钮，在打开的对话框中双击位图，打开一个对话框，选择一幅花草风景图片作为动画的背景。

⑪渲染动画。激活摄影机视图，单击工具栏中的“渲染设置”按钮，打开“渲染设置”对话框。在“公用参数”卷展栏下的“时间输出”选项组中，选择“活动时间段”单选按钮，再在“渲染输出”选项组中单击 文件... 按钮，在打开的“渲染输出文件”对话框中选择要保存的位置，保存类型选择“AVI 文件(*.avi)”，文件名输入

“花草丛中翩翩起舞的蝴蝶”，单击“保存”按钮。最后单击“渲染设置”对话框底部右下方的“渲染”按钮，逐帧渲染动画。渲染后的效果如图 10-34 所示。

图 10-34

⑫双击“花草丛中翩翩起舞的蝴蝶.avi”文件，即可在播放器中播放动画文件。

通过“旋转的三维文字”制作，重点学习了“倒角”三维文字的创建方法。在完成“花草丛中翩翩起舞的蝴蝶”的制作过程中，为了使蝴蝶“身体”按照指定路径飞舞的同时，蝴蝶“翅膀”始终连接在“身体”上，并保持“翅膀”自身一张一合的动作，学习了“连接”工具的应用技术。为了生成蝴蝶“翅膀”反复张合、循环出现的重复动作，学习了“曲线编辑器”的运用方法，通过“路径约束”控制器的使用，使蝴蝶按照指定路径飞舞。

设计制作一只飞翔的小鸟动画。

参 考 文 献

[1] 侯廷华，王彬，郭圣路，等.3ds Max 2012 中文版从入门到精通[M].北京：电子工业出版社，2012.

[2] 新视角文化行，王玉梅，姜杰，等.3ds Max 8 效果图制作实战从入门到精通[M].北京：人民邮电出版社，2007.

[3] 张妍霞，等.3ds Max 职业应用实训教程（9.0 中文版）[M].北京：机械工业出版社，2009.

[4] 新视角文化行，王玉梅，胡爱玉，等.3ds Max 2012/VRay 效果图制作实战从入门到精通[M].北京：人民邮电出版社，2013.

[5] 焦灵，肖健，刘鑫，等.中文 3ds Max/VRay 室内装饰设计实例[M].北京：高等教育出版社，2012.

[6] 向华，等.三维动画制作（3ds Max7.0）[M].2 版.北京：电子工业出版社，2009.